多模 GNSS 融合精密单点定位理论与方法

Theory and Method of Multi-GNSS Integrated Precise Point Positioning

蔡昌盛　著

科学出版社
北　京

内 容 简 介

本书对多模 GNSS 融合精密单点定位的理论与实现方法进行了系统全面的阐述，详细推导了 GPS/GLONASS 组合精密单点定位的观测模型和随机模型，在此基础上进一步讨论了 GPS/GLONASS 组合精密单点定位模糊度固定解方法；发展并建立了单频 GPS/GLONASS 组合精密单点定位模型，提出了一种利用 GLONASS 观测数据自主识别 GLONASS 卫星频率信道号的方法；进一步将 GPS/GLONASS 双系统组合精密单点定位拓展到 GPS、GLONASS、BDS 和 Galileo 四系统组合，并进行了软件实现与结果分析；最后将多系统组合精密单点定位技术应用到对流层水汽三维层析中，验证了多系统组合定位的优势。

本书将为促进多模 GNSS 融合精密单点定位技术的应用奠定理论基础，可供从事大地测量学、卫星导航等领域的相关研究人员、工程技术人员及高等院校相关专业的师生参考。

图书在版编目(CIP)数据

多模 GNSS 融合精密单点定位理论与方法＝Theory and Method of Multi-GNSS Integrated Precise Point Positioning/蔡昌盛著. —北京：科学出版社，2017

ISBN 978-7-03-051823-1

Ⅰ.①多…　Ⅱ.①蔡…　Ⅲ.①卫星导航-全球定位系统　Ⅳ.①P228.4

中国版本图书馆 CIP 数据核字(2017)第 032455 号

责任编辑：裴　育　纪四稳 / 责任校对：桂伟利
责任印制：吴兆东 / 封面设计：蓝　正

科学出版社 出版
北京东黄城根北街 16 号
邮政编码：100717
http://www.sciencep.com

北京凌奇印刷有限责任公司 印刷
科学出版社发行　各地新华书店经销

*

2017 年 3 月第　一　版　开本：720×1000　B5
2022 年 1 月第五次印刷　印张：12 1/2
字数：241 000

定价：88.00 元

(如有印装质量问题，我社负责调换)

前　言

全球导航卫星系统(GNSS)是空间信息领域发展的重要方向之一。由于其可以提供高精度、连续性、实时性的定位、导航和授时服务,已成为世界强国间新一轮的竞争焦点。精密单点定位技术是利用载波相位和伪距观测值以及精密卫星产品数据实现高精度绝对定位的一种方法,该技术自 1997 年首次提出以来已经过了近 20 年的发展。在此期间,精密单点定位技术由静态发展到动态、由事后发展到实时、由双频拓展到单频和多频、由 GPS 单系统发展到 GNSS 多系统、由模糊度浮点解发展到模糊度固定解,这些进展极大地拓展了精密单点定位技术的应用领域。随着我国北斗导航卫星系统(BDS)建设的提速,欧盟 Galileo 系统的稳步推进,全球导航卫星系统家族迎来了 BDS 和 Galileo 两位新成员。增强 GPS、GLONASS、BDS、Galileo 这四大全球导航卫星系统之间的兼容与互操作已经成为 GNSS 发展的一种趋势。在此背景下,作者将多年来在 GNSS 多系统组合定位方面的研究工作进行了系统总结与整理,撰写出版本书。其目的在于系统阐述多模 GNSS 融合精密单点定位的理论、方法和实现,使读者能够对精密单点定位技术有一个系统、全面的理解,对 GPS、GLONASS、BDS、Galileo 四大全球导航卫星系统的组合定位方法有一个清晰的认识,促进我国 BDS 与其他 GNSS 在高精度定位领域的组合应用。

为了保证技术体系的完整性,尽管作者在精密定轨、误差源及处理、粗差探测、钟跳处理、参数估计方法等方面开展的研究工作较少,但书中仍包含这些方面的内容。GPS、BDS、Galileo 系统都已经开始播发多频观测数据,作者在多频精密单点定位方面的研究工作还在进行中,研究成果还不完善,因而关于多频精密单点定位方面的内容未包含在本书中。作者在 GPS 和 GLONASS 组合精密单点定位方面开展了较多的研究工作,因而此部分内容在本书中占有较大的篇幅。

为了方便读者了解,这里对本书内容进行简要介绍。

第 1 章阐述 GNSS 定位技术的发展过程,对 GNSS 精密单点定位技术的发展进行回顾,分析国内外研究现状,概括本书包含的主要技术内容。

第 2 章介绍 GPS 和 GLONASS 的现代化计划以及 BDS 和 Galileo 系统建设的进展情况;从系统设计参数与时空基准方面比较 GPS、GLONASS、BDS 和 Galileo 四大全球导航卫星系统。

第 3 章介绍卫星运动理论、卫星动力学模型和数值积分方法,对轨道摄动力模型进行阐述,分析 GPS、GLONASS、BDS 和 Galileo 精密定轨的研究现状。

第 4 章讨论卫星定位中通常需要考虑的误差源及其处理方法,以及精密单点定位中需要特别对待的误差源及其改正方法。

第 5 章介绍几种常用的粗差探测方法;对非差载波相位观测值的周跳探测与修复方法进行讨论,提出一种基于宽巷组合的移动窗口滤波法,与电离层残差二次时间差法联合探测与修复周跳;对接收机存在钟跳的情况进行介绍。

第 6 章介绍几种参数估计方法,包括序贯最小二乘、卡尔曼滤波、自适应卡尔曼滤波和抗差估计方法;归纳总结 GPS 精密单点定位常用的四种定位模型,即传统模型、UofC 模型、非组合模型和消模糊度模型;阐述精密单点定位处理中的数据质量控制方法。

第 7 章推导融合 GPS/GLONASS 的传统精密单点定位模型和 UofC 精密单点定位模型,讨论两种模型的观测值随机模型和参数随机模型;发展单频 GPS/GLONASS 精密单点定位处理方法,提出一种 GLONASS 卫星频率信道号的自主识别方法,对双系统组合 PDOP 计算方法进行定义。

第 8 章回顾几种典型的 GPS 精密单点定位中固定模糊度的方法,在此基础上建立融合 GPS/GLONASS 的精密单点定位模糊度固定解方法;通过实例数据验证 GPS/GLONASS 组合精密单点定位模糊度固定解方法的优越性。

第 9 章建立 GPS/GLONASS/BDS/Galileo 四系统组合精密单点定位的观测模型和随机模型,开发多模 GNSS 融合精密单点定位软件(MIPS-PPP),基于此软件利用实例数据从定位精度与收敛时间两个方面对其性能进行评估。

第 10 章展示多模精密单点定位技术在对流层水汽三维层析反演中的应用;阐述联合使用非迭代与迭代重构算法进行层析计算的思想。

本书在撰写与出版过程中,得到了加拿大卡尔加里大学高扬教授,香港理工大学刘志赵教授,武汉大学张小红教授,中南大学朱建军教授、戴吾蛟教授、匡翠林博士、易重海博士、崔先强博士等的帮助;研究生潘林、何畅、董州楠、孙清峰、龚阳昭参与了本书的撰写与整理工作;科学出版社为本书的出版给予了大力支持;同时,本书得到了国家重点研发计划(2016YFB0501803)、国家自然科学基金(41004011、41674039)等项目的资助,在此一并致谢。

限于作者水平,书中疏漏或不妥之处在所难免,欢迎读者批评指正。最后,愿本书能为 GNSS 精密单点定位技术的推广应用尽绵薄之力。

蔡昌盛
中南大学
2016 年 8 月

目　录

第1章 绪　　论

1.1 概　　述

全球导航卫星系统(Global Navigation Satellite System,GNSS)是一种全球、全天候、全天时、高精度的无线电导航定位系统,它能提供三维位置、速度和时间信息。当前的全球导航卫星系统包括美国的GPS、俄罗斯的GLONASS、中国的北斗导航卫星系统(BeiDou Navigation Satellite System,BDS)和欧盟的Galileo系统。其中,GPS是历史最悠久、系统最完善、应用最广泛的一种全球导航卫星系统。第一颗GPS卫星于1978年发射,1993年达到了24颗卫星,1995年美国国防部宣布GPS具备完全工作能力。早年的GPS卫星信号包括民用C/A码、军用P码、两种载波L1和L2以及数据码。P码是一种军用码,民用用户一般只能利用C/A码和载波相位观测值进行定位。整个系统的初始设计目标是提供两种单点定位服务,一种是为民用用户提供的利用C/A码进行的标准定位服务(standard positioning service,SPS),另一种是为美国军方以及授权用户提供的利用P码进行的精密定位服务(precise positioning service,PPS)。这两种服务模式均是采用一台GPS接收机,因而将受到所有GPS误差源的影响。选择可用性(selective availability,SA)政策取消以前,标准定位的标称精度为100m,2000年5月1日SA政策取消后,标准定位服务提供的定位精度回到了30m左右的水平,相比SA政策取消前精度有显著提高(蔡昌盛等,2002)。然而,这样的精度仍然满足不了精密导航和测量用户的需要。

随着GPS定位技术的发展,GPS已经超越了初始的设计目标。一个最主要的突破是提出了差分定位技术,差分定位技术分为局域差分和广域差分。局域差分GPS实时定位技术由基准站、数据通信链路和用户站组成。基准站和用户站间隔在一定范围内(一般不超过150km)并同步观测相同的GPS卫星。对于同一卫星同一历元的观测值,由于误差的空间相关性,基准站和用户站包含近似相同的误差。因此,在基准站计算出每一颗GPS卫星的误差改正信息后,通过数据通信链路传输至用户站,用户站对观测值进行改正,即可提高定位精度。一般用户站定位精度为1～5m。由于基准站和用户站的误差相关性随它们之间距离的增加而降低,所以用户站定位精度的改善在很大程度上受基准站和用户站之间距离的限制。广域差分GPS技术的基本思想是对GPS的卫星轨道误差、卫星钟差及电离层延迟等主要误差源加以区分，并单独对每一个误差源分别加以“模型化”，计算其误差修正值，然后将计算出的每一误差源的数值通过数据通信链路传输给用户，以对用户 GPS 接收机的观测值误差加以改正，达到削弱这些误差源、改善用户定位精度的目的(刘经南等，1999)。因而，在广域差分 GPS 系统中，只要数据链路有足够能力，基准站和用户站之间的距离原则上是没有限制的。在一般情况下，广域差分 GPS 的定位精度在 1000～1500km 的范围内为 1～5m。局域差分和广域差分 GPS 定位技术显然还无法满足高精度测量的要求。

长期以来，人们在利用载波相位观测值进行定位方面做了大量的卓有成效的研究工作，其中载波相位相对定位技术得到了广泛的应用。类似于伪距码差分定位技术，载波相位相对定位采用两台及以上接收机进行同步观测。静态相对定位技术一般可以达到厘米级或毫米级的定位精度。在利用载波相位观测值进行动态定位方面，人们又提出了实时动态差分(real-time kinematic，RTK)技术，它是一种实时处理两个测站载波相位观测量的差分方法。载波相位差分可分为两类：一类是修正法，另一类是差分法。所谓修正法，即将基准站的载波相位修正值发送给用户，以改正用户接收到的载波相位，再求解坐标。所谓差分法，即将基准站采集的载波相位发送给用户，进行求差解算坐标(徐绍铨等，2003)。对于单基准站动态定位，一般要求基准站和用户站之间的距离为 10～15km，定位的精度为厘米级。为了不受距离的限制，人们又提出了多基准站 RTK、虚拟参考站(virtual reference stations，VRS)等技术，利用这些技术在 50～70km 内可实现厘米级实时动态定位。

载波相位相对定位虽然可以达到很高的精度，但通常要受到测站之间距离的限制。对于有些应用如海洋测绘、航空测量、海岛礁测绘、西部无人区测图等由于缺少基准站或者与基准站相距甚远，原有的定位手段无法满足需求，需要寻求新的定位方式或技术。在这种情况下，精密单点定位(precise point positioning，PPP)技术应运而生。精密单点定位概念首先由美国喷气推进实验室(Jet Propulsion Laboratory，JPL)的 Zumberge 等于 1997 年提出(Zumberge et al，1997)，并在他们开发的数据处理软件“GIPSY”上给予了实现。精密单点定位是一种利用精密卫星轨道和精密卫星钟差数据，以及测码伪距和载波相位观测值进行的一种高精度绝对定位的方法。其静态单天解的精度约为：水平方向±1cm，高程方向±2cm。非差单点定位模式和差分相对定位模式相比具有很多优点，例如，保留了所有观测信息、能直接得到全球精度均匀的测站坐标、测站之间没有距离限制、数据处理容易、数据采集简单等。精密单点定位所能获得的精度在很大程度上依赖于精密卫星轨道和钟差数据的质量。国际 GNSS 服务(International GNSS Service，IGS)所提供的优于 5cm 的 GPS 卫星精密轨道和优于 0.1ns 的精密卫星钟差数据为精密单点定位技术的出现奠定了基础。

自精密单点定位技术诞生后约十年的时间里，精密单点定位技术的实现都是基于GPS观测数据。但作为一种基于卫星的定位技术,它的可用性、定位结果的可靠性和精度在很大程度上取决于观测到的卫星的数量。在有些场合如城市峡谷、露天矿区和山区,可见卫星的数量往往是不够的。增加系统可用性和可靠性的一个可行的办法是联合多GNSS进行组合定位。随着俄罗斯GLONASS的复苏、我国BDS的迅速崛起和欧盟Galileo系统建设步伐的稳步推进,GPS一统天下的局面已经被打破,多GNSS的共存与融合将是GNSS发展的必然趋势。作者在GNSS多系统组合定位方面开展了一系列的研究工作(Cai et al,2007;Cai et al,2008;Cai et al,2009;Cai et al,2013a;Cai et al,2013c;Cai et al,2014b;Cai et al,2014c;Cai et al,2014d;Cai et al,2015a;Cai et al,2015b),本书在总结已有研究工作的基础上,系统阐述GNSS多系统融合精密单点定位的理论、方法与结果。

1.2　精密单点定位技术的发展

精密单点定位概念最初由美国JPL的Zumberge等于1997年提出,并在他们开发的数据处理软件"GIPSY"上实现(Zumberge et al,1997)。在此期间约20年的时间里,精密单点定位技术得到了迅速的发展,并取得了许多实质性的成果。Kouba和Héroux(2000)采用GPS传统精密单点定位模型获得了厘米级精度的定位结果。传统模型是分别在码和码之间、相位和相位之间形成消电离层组合。加拿大卡尔加里大学的Gao等对精密单点定位进行了深入研究(Gao et al,1997;Gao et al,2002),并提出了GPS精密单点定位的UofC模型,该模型不像传统模型那样在两个频率的码和码观测值之间形成消电离层组合,而是分别在两个频率的相位和码观测值之间形成消电离层组合。试验结果证明,该模型比传统模型具有更好的性能(Shen,2002)。美国JPL的Muellerschoen等(2001)提出了全球实时动态精密单点定位技术,该技术利用非差双频载波相位观测值,在经过一段时间初始化后进行单历元实时动态精密单点定位。试验结果表明平面位置的定位精度为±(10~20)cm。经过近些年的发展,精密单点定位技术已由原来的双频精密单点定位扩展到单频精密单点定位(Le et al,2007)和三频精密单点定位(Geng et al,2013),由GPS单系统定位拓展到多系统联合定位(Cai et al,2007),由事后静态处理发展到实时动态处理(Chen et al,2008),这些发展极大地拓展了精密单点定位技术的应用领域。近年来,一些学者在精密单点定位模糊度固定解方面进行了研究(Ge et al,2007;Collins,2008;Geng et al,2009;Zhang et al,2013a;Li et al,2016),利用模糊度参数的整数特性,模糊度固定解技术能在一定程度上减少位置滤波的收敛时间,但模糊度固定需要分离卫星和接收机端的初始相位偏差,而分离该偏差项需要借助跟踪站网的数据以获取相位小数偏差改正值,这同时也增加了精密单点定位技术实现的难度和复杂度。为了加快精密单点定位模糊度收敛速度，近几年区域地基增强 PPP-RTK 方法应运而生（Li et al，2011；Geng et al，2011；Odijk et al，2014；Teunissen et al，2015），它是一种固定整周模糊度的实时点定位方法。利用该方法可以有效实现 PPP 与网络 RTK 数据处理模式的统一和无缝衔接(邹璇等，2014)。

国内学者也对精密单点定位技术进行了深入研究。武汉大学的叶世榕在博士论文中利用其自行研制的精密单点定位处理软件进行了试算，结果表明，单天解的精度纬度方向优于 1cm，经度方向优于 2cm，高程方向优于 3cm。动态定位时初始化时间约为 15min，初始化后单历元解在纬度、经度和高程方向的精度均优于 20cm，大部分解的精度优于 10cm(叶世榕，2002)。刘经南等(2002)利用 GPS 的精密预报星历和实时卫星钟差数据计算得到的实时动态定位的精度为 40cm。武汉大学的张小红对精密单点定位进行了深入研究，独立研发了后处理精密单点定位软件“TriP”，并成功地将其应用于航空测量，试验结果表明，采用精密单点定位技术可以获得几厘米的动态定位精度(张小红等，2005；张小红等，2006)。香港理工大学的胡丛玮等比较了非差、卫星间单差、历元间单差、历元卫星间差四种不同单点定位差分模型的定位精度和其他指标(Hu et al，2005)。在整周模糊度固定解研究方面，国内学者也取得了丰硕的成果(张小红等，2010a；张宝成等，2012；郑艳丽，2013)。除此之外，也有多位学者对区域地基增强的 PPP-RTK 方法进行了研究，并取得了一系列研究成果(姜卫平等，2012；张小红等，2013b；张宝成等，2015)。随着我国北斗系统的快速崛起，北斗精密单点定位技术也逐渐引起学者的重视和关注(Li et al，2014b；Guo et al，2016)。

一种有效的提高精密单点定位性能的方法是进行多星座 GNSS 组合。在 GNSS 双系统组合精密单点定位研究方面，作者于 2007 年首次发表了组合 GPS/GLONASS 精密单点定位的初步结果(Cai et al，2007)，随后一些学者在该领域进行了积极的探索(Hesselbarth et al，2008；Li et al，2009；Píriz et al，2009；Melgard et al，2009；Tolman et al，2010；Cai et al，2013a)。Hesselbarth 等(2008)利用 30s 间隔的钟差数据进行 GPS/GLONASS 组合精密单点定位计算后发现，增加 GLONASS 观测值能显著提高位置滤波的收敛速度。Melgard 等(2009)利用实时卫星轨道和钟差产品进行了 GPS/GLONASS 组合精密单点定位处理，结果表明，双系统组合定位相比 GPS 单系统能有效地改善位置滤波的收敛时间。特别是当 GPS 卫星数量不足时，即使增加少量的几颗 GLONASS 卫星数据，精密单点定位的性能也能得到明显改善(Li et al，2009)。通常情况下，GPS/GLONASS 双系统 PPP 的收敛时间需 20～30min。随着 BDS 的迅速发展和 Galileo 系统建设的稳步推进，一些学者开始研究 GPS/BDS 组合精密单点定位(Li et al，2014b；Li et al，2013a；Qu et al，2013)及 GPS/Galileo 组合精密单点定位(Shen et al，2006；Cao et al，2010)技术。在多 GNSS 融合精密单点定位方面，Kjørsvik 等(2007)利用模拟的观测数据实现了 GPS/GLONASS/Galileo 三系统组合精密单点定位，但由于卫星定位受到众多误差的影响，模拟数据很难反映真实的情况。BDS 和 Galileo 播发真实信号后，Tegedor 等(2014)采用传统精密单点定位模型首次利用实测数据实现了 GPS/GLONASS/BDS/Galileo 四系统组合精密单点定位，他们在单天解结果中阐述了四系统动态 PPP 相比于双系统能明显地改善定位精度，但在静态 PPP 中改善不明显。另外，由于文献中未对收敛时间进行评估，所以收敛时间的改善情况不得而知。

国内学者在多系统组合精密单点定位方面也开展了卓有成效的研究工作。张小红等(2010b)在原有基于 GPS 的精密单点定位软件 TriP 1.0 基础上扩展了 GPS/GLONASS 组合精密单点定位模块，试算结果表明，当 GPS 卫星数较少时，引入 GLONASS 卫星进行 GPS/GLONASS 组合精密单点定位能有效改善收敛速度及定位精度。孟祥广和郭际明(2010)利用自编的软件对 GPS/GLONASS 双系统数据进行了处理，结果表明，双系统相比单系统能有效地提高收敛速度和改善定位精度。Li 及 Zhang(2014a,2014b)采用卫星之间单差模型分析了 GPS/GLONASS/BDS 精密单点定位的精度和收敛时间，结果表明，GPS 单系统收敛时间为 45.1min，GPS/BDS 为 39.6min，GPS/GLONASS 为 20.7min，GPS/GLONASS/BDS 为 19.3min。作者采用静态和动态试验数据分析了 GPS/GLONASS/BDS/Galileo 四系统组合精密单点定位在短时段的定位精度和收敛时间改善情况，验证了多系统组合定位的优势(Cai et al,2015a)。

在软件研制方面，加拿大卡尔加里大学研制了精密单点定位处理软件(P^3)。由欧洲定轨中心(Center for Orbit Determination in Europe,CODE)研制的著名 GPS 数据处理软件 Bernese 在其 4.2 版本中增加了用非差载波相位观测值进行精密单点定位处理的功能。国际上从事非差 GPS 数据处理研究的机构还有美国喷气推进实验室(JPL)、德国地学研究中心(Deutsches Geo Forschungs Zentrum Potsdam,GFZ)、加拿大自然资源部(Natural Resources Canada,NRCan)等。美国 JPL 研制了基于平方根滤波方法，采用非差观测值的定轨、定位软件 GIPSY。德国的 GFZ 研制了基于最小二乘估计的非差相位定轨和定位软件 EPOS。加拿大的 NRCan 开发了 CSRS-PPP 在线精密单点定位处理软件。除此之外，武汉大学卫星导航定位技术研究中心开发了 PANDA 软件，武汉大学的张小红教授开发了 TriP 软件。这些软件的开发成功在很大程度上促进了精密单点定位技术的应用，在多个领域发挥了重要作用。这些软件目前也正在改版升级，以适应 GNSS 多系统的联合处理。

1.3 主要技术内容

精密单点定位技术是最近 20 年发展起来的一门新的定位技术，它在卫星的精密定轨、高精度的坐标框架维持、全球或区域性的科学考察、航空动态测量、海洋测绘等方面都有不可估量的应用前景。长期以来，精密单点定位技术主要基于 GPS 单系统，随着 GLONASS 的复苏，BDS 和 Galileo 系统的兴起，GNSS 多系统组合精密单点定位已经变成了可能。多系统组合将能改善系统的可靠性、可用性和精确性，这无疑开拓了精密单点定位更加广阔的应用前景。本书系统阐述多模 GNSS 融合精密单点定位的理论和方法，涉及误差模型、误差处理方法、数据预处理、理论建模、性能评估等诸多方面。通过实测的多模 GNSS 观测数据和精密卫星轨道和钟差数据对多模 GNSS 融合精密单点定位方法进行评价。本书包含的主要内容概括如下：

1) GNSS 系统设计与基准对比

GPS、GLONASS、BDS 和 Galileo 四大 GNSS 在系统构成、星座设计、卫星信号、观测值类型、定位原理等诸多方面具有非常好的相似性。但同时，这四大 GNSS 系统由不同的国家或组织建立，它们在一些实现细节上存在明显差异，如时空基准、信号频率、卫星轨道设计等。本书首先对四大系统建设的最新进展情况进行介绍，然后对四系统进行全面的比较分析，为不同系统间的兼容使用与互操作奠定基础。

2) GNSS 精密单点定位中的误差改正模型与策略

在相对定位中，许多误差在观测值双差的过程中得以消除或削弱，因而可以不用对它们进行特别处理。而在精密单点定位中，无法利用误差的空间相关性进行消除或削弱，因而需对其进行精确改正。涉及的误差源包括卫星轨道和钟误差、电离层延迟、对流层延迟、接收机钟差、多路径效应、观测值噪声、接收机天线相位中心偏差、卫星天线相位中心偏差、相对论效应、天线相位缠绕、地球固体潮改正、大洋负荷、大气负荷、萨奈克效应、极潮和码观测值兼容性。本书对上述误差改正模型或策略进行阐述，针对 GPS、GLONASS、BDS 和 Galileo 这几种不同的卫星系统，讨论这些误差源处理方式的差异。观测值噪声是建立观测值随机模型过程中需要重点考虑的一个因素，本书通过开展四系统零基线试验，利用零基线试验数据分析比较四系统在观测值噪声方面存在的差异。

3) GNSS 非差相位观测值的周跳探测与修复

数据质量是保证精密单点定位技术精确性和可靠性的前提，对观测数据进行预处理是进行精密单点定位处理的重要步骤。本书对常用的粗差探测方法包括 Baarda 数据探测法、多维粗差同时定位定值法、粗差的拟准检定法进行阐述，对非差载波相位观测值的周跳探测与修复方法进行讨论，通过分析常用的 TurboEdit 周跳探测与修复方法存在的不足，提出一种基于宽巷组合的移动窗口滤波与电离层残差联合探测方法，通过选择电离层活跃程度不同的数据对该方法周跳探测与修复的效果进行验证。对接收机存在钟跳的情况进行分类，阐述其对周跳探测的影响。

4) GPS/GLONASS 双系统组合精密单点定位模型与方法

虽然 GLONASS 是一种非常类似于 GPS 的导航定位系统，但由于 GLONASS

采用了不同的时间和坐标参考，以及频分多址体制引起的不同 GLONASS 卫星信号频率各异，为了能兼容处理 GPS 和 GLONASS 观测数据，需要对 GPS/GLONASS 双系统组合精密单点定位模型进行研究。本书在原有 GPS 精密单点定位模型的基础上通过公式推导建立 GPS/GLONASS 组合精密单点定位模型，通过在参数估计中引入系统时间差参数解决不同系统时间参考差异引起的兼容性问题。在双频精密单点定位模型的基础上，进一步拓展建立单频 GPS/GLONASS 精密单点定位模型和方法。提出一种利用 GLONASS 自身观测值计算 GLONASS 卫星频率信道号的方法，从而可以自主识别 GLONASS 卫星频率，为组合定位算法的实现提供便利。对 GPS/GLONASS 双系统组合定位中的 DOP 值计算方法重新定义，使其能更准确地反映卫星几何分布情况。

5) GPS/GLONASS 双系统组合精密单点定位模糊度固定解方法

在 GPS 精密单点定位模糊度浮点解模型的基础上，实现 GPS 精密单点定位模糊度固定解方法，在此基础上进一步引入 GLONASS 观测值，建立 GPS/GLONASS 组合精密单点定位模糊度固定解方法。提出一种改进的最小星座方法(minimum constellation method，MCM)来减少进行模糊度固定的窄巷模糊度组合的数量，以提高 GPS/GLONASS 精密单点定位模糊度固定解的计算效率。通过实例数据验证 GPS/GLONASS 组合精密单点定位模糊度固定解相比 GPS 单系统模糊度固定解的优势。

6) 多系统组合精密单点定位及软件实现

随着 GPS、GLONASS、BDS 和 Galileo 四大全球导航卫星系统共存格局的形成，利用 GPS、GLONASS、BDS 和 Galileo 多系统数据开展联合定位将是 GNSS 发展的必然趋势。本书在 GPS/GLONASS 双系统组合精密单点定位研究的基础上，将其拓展到 GPS/BDS/GLONASS/Galileo 四系统组合精密单点定位，建立四系统组合精密单点定位的观测模型和随机模型。开发多模 GNSS 融合精密单点定位软件(MIPS-PPP)，对软件的功能进行介绍。基于该软件，利用 IGS 站观测数据从定位精度与收敛时间两方面对四系统组合精密单点定位性能进行评估。

7) 基于多模精密单点定位技术的水汽三维层析

GNSS 卫星信号穿过大气层中的对流层时，每一次卫星信号的穿越都是对对流层水汽的一次直接测量，多卫星系统联合处理可以明显增加可见卫星数和改善卫星的空间几何分布，从而提高层析方法探测水汽的能力。本书从多模精密单点定位技术应用的角度，对水汽三维层析进行研究。利用多模精密单点定位技术反演大气水汽，通过层析方法进行建模。联合使用迭代重构和非迭代重构算法，通过利用香港卫星定位参考站网数据获得香港地区水汽的三维空间分布，通过探空数据检验多模精密单点定位技术进行水汽反演的优越性。

第2章 GNSS系统简介

2.1 概　述

美国国防部在1973年12月批准海陆空联合研制新的卫星导航系统：Navigation Satellite Timing and Ranging/Global Positioning System，缩写为NAVSTAR/GPS，中文名称为卫星测时测距导航/全球定位系统，通常简称为GPS。该系统靠接收卫星信号来进行导航定位，具有全能性(陆、海、空、天)、全球性、全天候、连续性和实时性的导航、定位和授时功能；能提供精确的三维位置坐标、速度和时间信息。

GPS卫星星座由21颗工作卫星和3颗在轨备用卫星组成，卫星分布在6个轨道平面上，每个轨道平面上布设4颗卫星。这样的设计基本上保证了在地球任何位置均能同时观测到4颗卫星(李洪涛等，1999)。卫星通过天顶时，可见时间为5h，在高度角15°以上，平均可同时观测到6颗卫星，最多可观测卫星数达9颗。卫星设计高度为20200km，轨道倾角为55°，卫星运行周期为11h 58min(恒星时12h)，载波频率为1575.42MHz和1227.60MHz。GPS整个系统分为卫星星座、地面控制、用户设备三个部分。GPS计划经历了方案论证(1974～1978年)、系统论证(1979～1987年)和生产试验(1988～1993年)三个阶段。总投资超过200亿美元(徐绍铨等，2003)。

由于GPS定位技术关系到美国的国家安全，美国实施了SA政策，该政策是针对未经美国政府特许的广大GPS用户，采取人为降低实时定位精度的措施，而对能够利用精密定位服务的用户，则可以利用密码消除SA政策的影响。在SA政策的影响下，利用标准定位服务的用户，水平定位精度将降为100m，高程方向定位精度约为150m(周忠谟等，1999)。2000年5月1日午夜，美国政府取消了限制民用精度的SA政策，仅在局部或个别卫星上实施SA技术。除了SA政策，美国还在必要时实施针对精测距码的加密措施，又称“反电子欺骗”(anti-spoofing，AS)措施。该措施使得非特许用户无法应用精测距码(P码)进行精密定位或进行电子欺骗。

GLONASS是苏联紧跟美国GPS计划而发展起来的，GLONASS的起步比GPS晚9年。1982年10月12日，苏联由空间部队在拜哈努尔发射了第一颗GLONASS卫星。在1995年底完成了24颗工作卫星的星座组网工作，整个系统于 1996 年 1 月 18 日开始正常运行。GLONASS 由 24 颗卫星组成，它们均匀分布在三个轨道平面上，每个轨道平面平均分布 8 颗卫星，轨道面之间的夹角为 120°，轨道倾角为 64.8°，轨道的偏心率为 0.01（徐绍铨等，2003）。卫星离地面的高度为 19100km，绕地运行周期约 11h 15min。由于 GLONASS 卫星的轨道倾角大于 GPS 卫星的轨道倾角，所以在高纬度（50°以上）地区的可视性较好。GLONASS 的组成和工作原理与 GPS 极为类似，也是由空间卫星星座、地面控制和用户设备三大部分组成。GLONASS 卫星向空间发射两种载波信号，频率为 1602～1616MHz 和 1246～1256MHz。各卫星之间的识别方法采用频分多址（frequency division multiple access，FDMA）。

北斗卫星导航系统简称 BDS，是我国自主发展、独立运行、并与世界其他卫星导航系统兼容共用的全球卫星导航系统，可在全球范围内全天候、全天时地为各类用户提供高精度、高可靠性的定位、导航与授时服务，并兼具短报文通信能力（杨元喜，2010）。北斗计划始于 20 世纪 80 年代，中国科学院院士陈允芳于 1983 年首次提出在中国利用两颗地球静止轨道通信卫星，实现区域快速导航定位的设想。1989 年，我国开展了双星定位演示验证试验，验证了北斗卫星导航试验系统技术体制的可行性。此后的 1994 年，北斗卫星导航试验系统建设启动。北斗卫星导航系统正按照“三步走”的发展战略稳步推进。具体如下：第一步，2000 年建成北斗卫星导航试验系统，使中国成为世界上第三个拥有自主卫星导航系统的国家；第二步，建设北斗卫星导航系统，2012 年左右形成覆盖亚太大部分地区的服务能力；第三步，2020 年左右，北斗卫星导航系统形成全球覆盖能力。

为了打破 GPS 的垄断地位，摆脱欧洲对 GPS 的依赖，欧盟于 1999 年 2 月 10 日正式公布了研制和建立 Galileo 卫星导航系统的计划，由欧洲委员会和欧空局共同负责完成。2002 年 3 月 24 日，欧盟首脑会议正式批准 Galileo 卫星导航计划，并计划分为四个阶段逐步完成，具体为：第一阶段（2003～2008 年），Galileo 卫星导航系统的定义和可行性分析；第二阶段（2009～2013 年），Galileo 卫星导航系统开发和在轨验证，主要进行卫星与地面控制系统测试；第三阶段（2014～2015 年），Galileo 卫星导航系统部署，达到 18 颗卫星的全面运行能力；第四阶段（2016～2018 年），Galileo 卫星导航系统完全运营阶段，为全球用户提供完整的导航定位服务（Hofmann-Wellenhof，2008）。Galileo 系统是世界上第一个基于民用的全球卫星导航系统，既保证了自身的独立性，又顾及了与其他卫星导航系统互操作和良好的兼容性，其设计精度优于 GPS，系统建成投入使用后将会为全球用户提供高精度、高可靠性和实时性的定位服务（Hofmann-Wellenhof，2008）。

本章首先阐述 GPS 和 GLONASS 的现代化情况，然后介绍 BDS 和 Galileo 的系统建设现状，最后对 GPS、GLONASS、BDS 和 Galileo 这四个 GNSS 从星座、信号、坐标参考、时间参考等方面进行对比。

2.2 GPS 现代化

GPS 现代化是在 1999 年 1 月 25 日由美国时任副总统以文告形式发表的，现代化政策是在美国 GPS 的世界霸权地位受到威胁的背景下提出的。首先是来自俄罗斯 GLONASS 的竞争。俄罗斯的 GLONASS 是一种军事卫星导航定位系统，但它也提供民用。不像 GPS，GLONASS 未采取选择可用性(SA)政策和反电子欺骗(AS)政策，因而为卫星定位用户提供了选择的机会。尽管 GLONASS 在 20 世纪 90 年代末因卫星数量严重不足而影响了其正常使用，但俄罗斯政府在 21 世纪初制定了 GLONASS 复苏的长期规划(2002～2011)，GONASS 的复苏将动摇 GPS 的霸权地位。其次，欧盟也从自身的利益出发着手建立民用的卫星导航定位系统 Galileo，尽管受到了美国的重重阻挠，但最终还是决定建立属于自己的 Galileo 系统，而且设计的定位精度和服务性能要优于 GPS。在这种大背景下，美国对 GPS 进行现代化，将在很大程度上提升 GPS 在国际 GNSS 应用市场中的竞争力。现代化的目的是要加强 GPS 在美军现代化战争中的支撑作用和保持其在全球民用导航领域中的领导地位。其内涵包括：更好地供美方和友方使用，发展军用 M 码，强化军用 M 码的保密性能，加强抗干扰能力；有效地阻止敌方使用 GPS，施加干扰；保持在有威胁地区以外的民用用户能更精确和安全地使用 GPS。现代化的目标是要保证军事行动区的军用服务，防止敌方利用 GPS 并保证军事行动区外的民用服务不中断或降级(王晓海，2006)。

为了实现 GPS 现代化，必须改善和提升军用和民用的定位、导航和授时能力。美国为此制定了一系列的现代化措施。这些措施包括：在卫星 Block ⅡRM 上增加 L2C 即第二民用信号，在 L1 和 L2 上增加 M 军用码，该型号卫星计划在 2005～2012 年发射，实际该类型卫星发射期为 2005～2009 年，共发射 8 颗；计划在 2008～2015 年发射 Block ⅡF 型号卫星，实际该类卫星从 2010 年开始发射，该卫星除拥有 Block ⅡRM 卫星所具备的能力，还增加了为航空和其他救生而设计的第三民用频率信号 L5，并增强抗干扰能力，在 2016 年 2 月已完成了所有 12 颗 Block ⅡF 型号卫星的部署，替换掉较早的 Block ⅡA 卫星；发展第三代 GPS 卫星 Block Ⅲ，该卫星具备向后兼容的能力，增加第四民用信号 L1C，增加精度，增加抗干扰能力，增加可靠性、完整性、安全性，卫星计划在 2013～2021 年发射；更新地面控制网络，以改善系统的精度和可靠性。

美国政府正稳步推进 GPS 现代化计划，随着新型号的 GPS 卫星不断发射升空，一批老旧的 GPS 卫星被替换。自 1974 年以来，美国先后发射了四种不断改进的 GPS 卫星类型，依次为 Block Ⅰ、Ⅱ、ⅡA、ⅡR。其中ⅡR 型卫星相比其以前的型号在体形和功能方面都有很大进步。作为ⅡR 的改进型卫星，第一颗 Block ⅡRM

卫星 PRN17 已于 2005 年 9 月 26 日升空，八颗 Block Ⅱ RM 卫星中的最后一颗卫星 PRN05 于 2009 年 8 月 17 日发射升空。作为 Block Ⅱ 型号中的最后一个改进类型，第一颗 Block Ⅱ F 卫星于 2010 年 5 月 28 日发射升空，并开始正常播发 L5 频率数据，是首颗正常播发第三频率数据的卫星；到 2016 年上半年，已有 12 颗 Block Ⅱ F 卫星发射升空。根据美国最新的发射计划，第三代卫星首颗 GPS Block Ⅲ 预计在 2017 年发射升空(GPS Space Segment，2015)。目前，美国正在发展第三代 GPS，至 2015 年底，洛马公司与其合作伙伴完成了首颗 GPS Block Ⅲ 卫星核心模块的匹配和任务数据单元软件的审定，整星的热真空试验也已于 2015 年秋季启动，然而由于新一代“运行控制系统”的拖延，运行控制系统在 2018 年前才能具备支持第三代卫星运行的能力。因而，即使 GPS Block Ⅲ 卫星在 2017 年发射，却不能立马投入正常运行(刘春保，2016)。

表 2-2-1 提供了 GPS 星座在 2016 年 5 月 12 日正常工作卫星的情况，除 31 颗卫星正常工作外，还有 1 颗卫星处于维护阶段。31 颗正常工作卫星包括 Ⅱ R 卫星 12 颗、Ⅱ RM 卫星 7 颗、Ⅱ F 卫星 12 颗。

表 2-2-1　2016 年 5 月 12 日 GPS 正常工作卫星状况(IAC，2016)

轨道平面	卫星 PRN	卫星类型	发射日期	工作日期
A	31	Ⅱ RM	2006-09-25	2006-10-13
	7	Ⅱ RM	2008-03-15	2008-03-24
	24	Ⅱ F	2012-10-04	2012-11-14
	30	Ⅱ F	2014-02-21	2014-05-30
B	16	Ⅱ R	2003-01-29	2003-02-18
	25	Ⅱ F	2010-05-28	2010-08-27
	28	Ⅱ R	2000-07-16	2000-08-17
	12	Ⅱ RM	2006-11-17	2006-12-13
	26	Ⅱ F	2015-03-25	2015-04-20
C	29	Ⅱ RM	2007-12-20	2008-01-02
	27	Ⅱ F	2013-05-15	2013-06-21
	19	Ⅱ R	2004-03-20	2004-04-05
	17	Ⅱ RM	2005-09-26	2005-11-13
	8	Ⅱ F	2015-07-15	2015-08-12
D	2	Ⅱ R	2004-11-06	2004-11-22
	1	Ⅱ F	2011-07-16	2011-10-14
	21	Ⅱ R	2003-03-31	2003-04-12
	11	Ⅱ R	1999-10-07	2000-01-03
	6	Ⅱ F	2014-05-17	2014-06-10

续表

轨道平面	卫星 PRN	卫星类型	发射日期	工作日期
E	20	ⅡR	2000-05-11	2000-06-01
	22	ⅡR	2003-12-21	2004-01-12
	5	ⅡRM	2009-08-17	2009-08-27
	18	ⅡR	2001-01-30	2001-02-15
	10	ⅡF	2015-10-30	2015-12-09
	3	ⅡF	2014-10-29	2014-12-12
F	14	ⅡR	2000-11-10	2000-12-10
	15	ⅡRM	2007-10-17	2007-10-31
	13	ⅡR	1997-07-23	1998-01-31
	23	ⅡR	2004-06-23	2004-07-09
	32	ⅡF	2016-02-05	2016-03-09
	9	ⅡF	2014-08-02	2014-09-17

2.3　GLONASS 现代化

俄罗斯于 1995 年 3 月正式宣布 GLONASS 无偿对全球民用用户开放，而且不采用像 GPS SA 政策那样的人为降低系统精度的措施。整个系统于 1996 年 1 月 18 日具备完全工作能力，达到了 24 颗卫星。由于 GLONASS 卫星设计寿命只有 3 年，而俄罗斯在 90 年代后期由于财力不足，难以及时补充新的卫星，以至于到 1998 年 2 月中旬，只有 12 颗卫星能正常工作，到 2000 年达到最少，只有 6 颗卫星正常工作，对 GLONASS 的使用造成了极大的困难。GLONASS 的这种状况引起了政府高度重视，俄罗斯总统普京明确表示："出于国家安全战略的考虑，俄罗斯应该使用本国自己的 GLONASS，而不是美国的 GPS 或将来欧洲的 Galileo 系统，GLONASS 免费提供给客户使用"。

俄罗斯政府在 21 世纪初制订了"恢复 GLONASS 卫星星座(2002～2011)"的长期计划，从 2000 年开始，每年年底以一箭三星的方式发射 3 颗卫星。2006 年 1 月 18 日，普京再次颁布总统令，宣布进一步加快 GLONASS 补星(柴霖，2007)。按俄罗斯联邦航天局的计划，GLONASS 星座将在 2007 年末或者 2008 年初达到 18 颗卫星，在 2010 年恢复到初始设计的 24 颗卫星构成的星座状态。GLONASS 现代化的主要内容包括：①发射 GLONASS-M 卫星，分别延长卫星寿命至 5 年或 7 年，并拟在 GLONASS-M 卫星上增设第二个民用导航定位信号；②从 2010 年开始研发第三代 GLONASS 导航卫星，即 GLONASS-K 卫星，该新型卫星上拟增设第三个导航定位信号，并延长卫星寿命至10年；③于2015年开始发射新型的GLONASS-KM卫星，增强系统的整体性能，提高GLONASS的竞争能力；④逐步淘汰老旧卫星型号，重新构成由GLONASS-M和GLONASS-K卫星组成的拥有24颗卫星的星座；⑤在澳大利亚和南美洲设立GLONASS卫星监测站，以改善GLONASS广播星历精度(刘基余，2010)。GLONASS的现代化计划还包括更新地面控制部分并且改善大地参考框架PZ90，使其与国际地球参考框架(International Terrestrial Reference Frame，ITRF)相符，改善卫星钟的稳定性。

俄罗斯发射的GLONASS-M卫星是一种改进型卫星，1999～2002年发射的GLONASS-M卫星寿命为5年，2003年以后发射的GLONASS-M卫星寿命延长为7年，该型号卫星增加了第二民用频率。2010年12月5日，携带3颗GLONASS-M卫星的Proton-M发射器偏离轨道，导致GLONASS恢复进程延迟。2011年2月26日，俄罗斯发射了一颗寿命为10年的第三代卫星GLONASS-K，该型号卫星增加了第三民用频率，此频率信号将应用于生命安全领域，但该卫星目前仍然处于测试中。2011年11月28日，俄罗斯发射了一颗GLONASS-M卫星GLONASS 746，使GLONASS在轨正常工作卫星数量重新达到24颗，自1995年以来第二次具备了完全工作能力。GLONASS的现代化进程在稳步推进中，2014年12月1日，俄罗斯发射了一颗GLONASS-K卫星，该卫星经过一年多的在轨测试，终于在2016年2月15日投入在轨服务。该卫星采用非加压的公用平台，携带2台铯钟和2台铷钟，设计寿命为10年，可发送5种导航信号(L1、L2和L3频带)，包括发送新的码分多址(code division multiple access，CDMA)民用信号。更先进的GLONASS-KM卫星也已经在计划中。

2016年5月12日GLONASS星座卫星共有28颗，其中1颗卫星处于飞行测试状态，1颗卫星备用，1颗卫星处于维护状态，2颗卫星处于卫星承包商检查状态，23颗卫星正常工作。表2-3-1提供了2016年5月12日GLONASS正常工作卫星情况，23个正常工作卫星中包括1颗第三代GLONASS-K卫星。

表2-3-1 2016年5月12日GLONASS正常工作卫星状况(IAC，2016)

轨道面	轨道槽号	频率号	#GC	卫星类型	发射日期	工作日期
A	1	01	730	GLONASS-M	2009-12-14	2010-01-30
	2	−4	747	GLONASS-M	2013-04-26	2013-07-04
	3	05	744	GLONASS-M	2011-11-04	2011-12-08
	4	06	742	GLONASS-M	2011-10-02	2011-10-25
	5	01	734	GLONASS-M	2009-12-14	2010-01-10
	6	−4	733	GLONASS-M	2009-12-14	2010-01-24
	7	05	745	GLONASS-M	2011-11-04	2011-12-18
	8	06	743	GLONASS-M	2011-11-04	2012-09-20

续表

轨道面	轨道槽号	频率号	#GC	卫星类型	发射日期	工作日期
B	9	−6	702	GLONASS-K	2014-12-01	2016-02-15
	10	−7	717	GLONASS-M	2006-12-25	2007-04-03
	11	00	723	GLONASS-M	2007-12-25	2008-01-22
	13	−2	721	GLONASS-M	2007-12-25	2008-02-08
	14	−7	715	GLONASS-M	2006-12-25	2007-04-03
	15	00	716	GLONASS-M	2006-12-25	2007-10-12
	16	−1	736	GLONASS-M	2010-09-02	2010-10-04
C	17	04	751	GLONASS-M	2016-02-07	2016-02-28
	18	−3	754	GLONASS-M	2014-03-24	2014-04-14
	19	03	720	GLONASS-M	2007-10-26	2007-11-25
	20	02	719	GLONASS-M	2007-10-26	2007-11-27
	21	04	755	GLONASS-M	2014-06-14	2014-08-03
	22	−3	731	GLONASS-M	2010-03-02	2010-03-28
	23	03	732	GLONASS-M	2010-03-02	2010-03-28
	24	02	735	GLONASS-M	2010-03-02	2010-03-28

2.4 BDS 现状

BDS 设计由空间星座、地面控制和用户终端三大部分组成。空间星座由 35 颗卫星组成，分别为 5 颗地球静止轨道(geostationary Earth orbit，GEO)卫星、27 颗中圆地球轨道(medium Earth orbit，MEO)卫星和 3 颗倾斜地球同步轨道(inclined geosynchronous orbit，IGSO)卫星。GEO 卫星轨道高度为 35786km，分别定位于东经 58.75°、80°、110.5°、140°和 160°。IGSO 卫星轨道高度为 35786km，均匀分布在 3 个倾斜同步轨道面上，轨道倾角为 55°，升交点赤经相差 120°，3 颗卫星星下点轨迹重合于东经 118°。MEO 卫星轨道高度为 21528km，均匀分布在 3 个轨道面上，轨道倾角 55°，为 7 天 13 圈的回归周期，这样的空间星座构型可以确保全球任何地方的用户可视卫星数至少为 4 颗(北斗办，2013a)。BDS 卫星向空间发射三种载波信号，频率分别为 1561.098MHz(B1)、1207.14MHz(B2)和 1268.52MHz(B3)，其中 B1 和 B2 频率为民用信号，B3 频率为授权信号。

地面控制部分由若干主控站、注入站和监测站组成。主控站的主要任务包括收集观测数据、进行数据处理、生成卫星导航电文、向卫星注入导航电文参数、监测卫星有效载荷、完成任务规划与调度、实现系统运行控制与管理等；注入站主要负责在主控站的统一调度下，完成卫星导航电文参数注入、与主控站的数据交换、时间同步测量等任务；监测站对导航卫星进行连续跟踪监测，接收导航信号，发送给主控站，为导航电文生成提供观测数据（北斗办，2013b）。用户终端部分是指各类能接收北斗卫星数据的用户终端，包括兼容北斗的多模 GNSS 终端，以满足不同领域和行业的应用需求。

北斗卫星导航系统的时间基准为北斗时（BeiDou time，BDT）。BDT 采用国际单位制秒为基本单位连续累计，不闰秒，起始历元为 2006 年 1 月 1 日协调世界时（coordinated universal time，UTC）0 时 0 分 0 秒。BDT 通过中国科学院国家授时中心保持的 UTC，即 UTC(NTSC)与国际 UTC 建立联系，BDT 与 UTC 的偏差保持在 100ns 以内（模 1s）。BDT 与 UTC 之间的闰秒信息在导航电文中播发。北斗卫星导航系统的坐标框架采用中国 2000 大地坐标系统 CGCS2000（北斗办，2013a）。

北斗卫星导航系统建成后将为全球用户提供卫星定位、测速和授时服务，定位精度优于 10m，测速精度优于 0.2m/s，授时精度 20ns。除此之外，北斗系统还为我国及周边地区用户提供定位精度优于 1m 的广域差分服务和 120 个汉字/次的短报文通信服务。与其他 GNSS 相比，北斗是全球第一个拥有三轨混合星座的卫星导航系统，第一个具备三频完整服务能力的卫星导航系统，第一个连续导航与定位报告一体化设计的系统，也是第一个基本导航与星基增强一体化设计的系统（周兵，2016）。

北斗卫星导航系统的设计性能与 GPS 精度相当，从 2007 年成功发射第一颗 MEO 卫星 Compass M-1 开始，北斗卫星发射计划稳步推进，截止到 2012 年 12 月 27 日，北斗全球卫星导航系统完成区域阶段部署，正式向亚太大部分地区提供公开服务，区域系统包括 14 颗卫星，其中 5 颗 GEO 卫星，5 颗 IGSO 卫星和 4 颗 MEO 卫星。2015 年 3 月 30 日，首颗北斗新一代卫星发射成功，标志着我国北斗卫星导航系统由区域运行向全球拓展的战略正式启动实施。

表 2-4-1 是 BDS 星座在 2016 年 5 月 21 日的情况，共有 22 颗北斗卫星，其中新一代卫星 6 颗。

表 2-4-1　BDS 星座在 2016 年 5 月 21 日的状态（GNSS Almanac，2015）

卫星	发射日期	PRN	轨道
第 1 颗北斗卫星	2007-04-14	C30	MEO
第 2 颗北斗卫星	2009-04-15	N/A	GEO
第 3 颗北斗卫星	2010-01-17	C01	GEO
第 4 颗北斗卫星	2010-06-02	C03	GEO
第 5 颗北斗卫星	2010-08-01	C06	IGSO
第 6 颗北斗卫星	2010-11-01	C04	GEO
第 7 颗北斗卫星	2010-12-18	C07	IGSO

续表

卫星	发射日期	PRN	轨道
第8颗北斗卫星	2011-04-10	C08	IGSO
第9颗北斗卫星	2011-07-27	C09	IGSO
第10颗北斗卫星	2011-12-02	C10	IGSO
第11颗北斗卫星	2012-02-25	C05	GEO
第12颗北斗卫星	2012-04-30	C11	MEO
第13颗北斗卫星	2012-04-30	C12	MEO
第14颗北斗卫星	2012-09-19	C13	MEO
第15颗北斗卫星	2012-09-19	C14	MEO
第16颗北斗卫星	2012-10-25	C02	GEO
第17颗北斗卫星	2015-03-30	C15	IGSO
第18颗北斗卫星	2015-07-25	C33	MEO
第19颗北斗卫星	2015-07-25	C34	MEO
第20颗北斗卫星	2015-09-30	C31	IGSO
第21颗北斗卫星	2016-02-01	N/A	MEO
第22颗北斗卫星	2016-03-30	C32	IGSO

2.5 Galileo建设进展

Galileo系统是欧洲独立发展的全球卫星导航系统，提供高精度、高可靠性的定位服务。Galileo系统由30颗卫星组成，其中24颗工作卫星和6颗备用卫星。卫星分布在3个中圆地球轨道(MEO)上，每个轨道面上均分布有8颗工作卫星和2颗备用卫星，轨道平均长半轴为29600km，轨道倾角56°，轨道面间夹角120°，Galileo卫星信号采用E1(1575.420MHz)、E6(1278.750MHz)、E5(1191.795MHz)、E5A(1176.450MHz)、E5B(1207.140MHz)频段进行数据播发，其中E5A和E5B是E5信号频段的一部分(European Union，2015)。

Galileo系统建设正稳步推进，最早的两颗Galileo在轨试验卫星(Galileo In-Orbit Validation Element，GIOVE)A/B分别于2005年12月28日和2008年4月27日发射成功。GIOVE设计主要用于在轨测试，包括卫星频率、星载原子钟和导航信号产生器的测试，已于2012年退役。两颗在轨验证卫星(in-orbit validation，IOV)于2011年10月21日发射成功，另外两颗在轨验证卫星在2012年10月12日发射成功。IOV作为工作卫星的原型用于测试整个Galileo系统设计，包括空间星座、地面控制及用户部分。四颗IOV的成功发射使得Galileo系统首次具备了独立导航的能力(Cai et al，2014a)。随后，两颗完全操作能力(full operational capability，FOC)卫星于2014年8月22日发射，然而导航卫星在与火箭分离后未能成功进入目标轨道。Galileo卫星首次发射失利后，欧洲加快了Galileo系统的部署步伐，2015年分别于3月27日、9月11日和12月17日分3次将3对共6颗Galileo-FOC卫星发射进入目标轨道，并于2015年初完成了对首次发射的2颗Galileo-FOC卫星的拯救工作。欧洲航天局(European Space Agency，ESA)于2015年发布了3个Galileo系统用户文件，即《Galileo系统NeQuick电离层修正模型》1.1版、《Galileo系统开放服务空间信号接口控制文件》1.2版和《Galileo系统空间信号运行状态定义》1.2版，标志着Galileo系统信号与服务定义工作持续推进(刘春保，2016)。

表2-5-1是Galileo星座在2016年5月23日的情况，共有14颗卫星，其中4颗IOV和10颗FOC卫星。

表2-5-1　Galileo星座在2016年5月23日的状态(GNSS Almanac，2015；MGEX，2016)

卫星	发射日期	PRN
IOV-1	2011-10-21	E11
IOV-2	2011-10-21	E12
IOV-3	2012-10-12	E19
IOV-4	2012-10-12	E20
FOC-1	2014-08-22	E18
FOC-2	2014-08-22	E14
FOC-3	2015-03-27	E26
FOC-4	2015-03-27	E22
FOC-5	2015-09-11	E24
FOC-6	2015-09-11	E30
FOC-8	2015-12-17	E08
FOC-9	2015-12-17	E09
FOC-10	2016-05-23	E01
FOC-11	2016-05-23	E02

2.6　四大GNSS比较

尽管GPS、GLONASS、BDS、Galileo这四大卫星导航系统从定位原理、系统组成等方面都存在相似之处，但它们毕竟是不同国家或地区独立发展起来的，在星座设计、信号体制、坐标参考、系统时间等诸多方面存在差异，对这四种系统进行比较有助于加深对它们的认识，从而在多系统组合应用中更好地处理它们之间的差异。

2.6.1 时间系统

GPS中的卫星钟和接收机钟均采用稳定而连续的GPS时间系统。GPS时间系统采用原子时(atomic time,AT)秒长作为时间基准,但时间起算的原点定义在1980年1月6日协调世界时UTC 0时。启动后不跳秒,保持时间的连续。以后随着时间的积累,GPS时(GPS time,GPST)与UTC时的整秒差以及秒以下的差异通过时间服务部门定期公布(徐绍铨等,2003)。GPS时与国际原子时(international atomic time,ATI)在任一瞬间均有一常量偏差19s。GPS时间由GPS主控站来维持,与美国海军观测实验室维持的UTC(USNO)时间差异限制在100ns以内。GPS用户可以通过导航电文来获得GPS时和UTC(USNO)时之间的差异(Roβbach,2000)。

GLONASS建立了专用的时间系统GLONASS时,它是整个系统的时间基准,属于UTC时间系统,它的产生是基于GLONASS同步中心(central synchronize,CS)时间产生的。为了维持卫星钟的精度,GLONASS卫星钟定期与CS时间进行比对,并将每个卫星钟与俄罗斯维持的世界协调时UTC(SU)的钟差改正由系统控制部分上传至卫星,从而保证卫星钟与CS时间的钟差在任何时间不超过10ns(李建文,2001)。GLONASS时与UTC(SU)间的差异保持在1ms以内,另外还存在3h的整数差。导航电文里提供相关的数据使它们之间可以相互转换,精度在1μs以内(GLONASS-ICD,2008)。GLONASS和GPS采用了不同的时间系统,两者虽然不同但存在一定的转换关系。利用下面的公式,GLONASS时能转换成GPS时(Habrich,1999;Kang et al,2002):

$$t_{\mathrm{GPS}} = t_{\mathrm{GLONASS}} + \tau_c + \tau_u + \tau_g + \tau_r \tag{2-6-1}$$

式中

$$\tau_c = t_{\mathrm{UTC(SU)}} - t_{\mathrm{GLONASS}}$$

$$\tau_u = t_{\mathrm{UTC}} - t_{\mathrm{UTC(SU)}}$$

$$\tau_g = t_{\mathrm{GPS}} - t_{\mathrm{UTC}}$$

τ_r 是GPS观测值和GLONASS观测值之间的接收机钟偏差。

与GPS类似,BDS为满足导航定位的需要,也建立了自己的时间系统即北斗时(BDT),BDT也是一种连续的原子时系统。2006年1月1日0时0分0秒,BDT对齐到协调世界时(UTC),两者差距在100ns以内(北斗办,2013a)。BDT通过中国科学院国家授时中心(NTSC)的标校站进行BDT与UTC(NTSC)的时间比对,从而与国际UTC建立联系。BDT与UTC之间的闰秒信息在导航电文中播发。BDT与GPST对齐到UTC的时间不同,由于闰秒的存在,BDT与GPST存在14s的整数差(北斗办,2013a)。GPST与BDT之间的转换关系可以表示为如下形式(李鹤峰等,2013):

$$t_{GPS} = t_{BDS} + \tau_{c1} + 14s \tag{2-6-2}$$

式中

$$\tau_{c1} = t_{UTC(USNO)} - t_{UTC(NTSC)}$$

Galileo采用Galileo系统时间(Galileo system time,GST),GST也是一个连续的原子时系统,起算时间点为1999年8月22日0时0分0秒(TAI),GST与TAI保持同步,同步标准误差为33ns,并且规定在全年的95%时间内偏差小于50ns。一般将GPST与GST之间存在的系统时间偏差称为GPS-Galileo系统时间差(GPS to Galileo time offset,GGTO),GNSS多系统混合的导航文件中提供了用以求解GGTO的四个参数值,GGTO的具体计算公式为(European Union,2015)

$$\Delta t_{systems} = t_{Galileo} - t_{GPS} = A_{0G} + A_{1G} \cdot [TOW - t_{0G} + 604800 \cdot (WN - WN_{0G})] \tag{2-6-3}$$

式中,$\Delta t_{systems}$为GGTO,s;A_{0G}为$\Delta t_{systems}$的常数项,s;A_{1G}为$\Delta t_{systems}$的变化率,s/s;TOW为周内时间,s;t_{0G}为GGTO的参考时间,s;WN为Galileo周数;WN_{0G}为GGTO参考周数。

2.6.2 坐标系统

自20世纪60年代以来,为建立全球统一的大地坐标系统,美国国防部制图局建立了WGS-60大地坐标系统,随后又提出了改进的WGS-66和WGS-72。目前GPS采用的是WGS-84,它是一个更为精确的全球大地坐标系统(周忠谟等,1999),它的几何定义是:原点位于地球质心,Z轴指向国际时间局(Bureau International de l'Heure,BIH)1984.0定义的协议地球极(Conventional Terrestrial Pole,CTP)方向,X轴指向BIH1984.0的零子午面和CTP赤道的交点,Y轴与Z、X轴构成右手坐标系。对应于WGS-84大地坐标系的是WGS-84椭球。WGS-84椭球及有关常数采用国际大地测量协会(International Association of Geodesy,IAG)和地球物理联合会(International Union of Geodesy and Geophysics,IUGG)第17届大会大地测量常数的推荐值(徐绍铨等,2003)。

1993年以前,GLONASS卫星导航系统采用苏联的1985年地心坐标系,简称SGS-85;1993年后改为PZ-90坐标系。PZ-90属于地心地固坐标系,目前已更新至PZ-90.11版本。它的坐标原点位于地球质心,Z轴指向国际地球自转服务(International Earth Rotation Service,IERS)推荐的协议地极原点,X轴指向地球赤道与BIH定义的零子午线交点,Y轴满足右手坐标系。

BDS采用2000中国大地坐标系CGSC2000。CGCS2000大地坐标系的定义为:原点为地球质心,Z轴指向IERS定义的参考极方向,X轴为IERS定义的参考子午面与通过原点且与Z轴正交的赤道面的交线,Y轴与Z、X轴构成右手直角坐标系(北斗办,2013a)。

Galileo采用独立的地心直角坐标框架,定义为Galileo大地参考框架(Galileo Terrestrial Reference Frame,GTRF)。GTRF与国际地球参考框架(International Terrestrial Reference Frame,ITRF)的基准定义一样,在GTRF实现过程中,选用一些质量好的ITRF的GNSS/IGS站进行处理,使GTRF与当前的ITRF保持一致,并维持与ITRF误差不超过±3cm(2σ)(Gendt et al,2011)。WGS-84经过不断精化,与ITRF符合得也越来越好,因此GTRF与WGS-84差异也在厘米级,同时Galileo坐标参考服务中心也提供GTRF与WGS-84的坐标转换参数(Gendt et al,2011)。

WGS-84、PZ-90、CGCS2000、GTRF大地坐标系采用的基本大地参数如表2-6-1所示(ICD-GPS-200H,2013;GLONASS-ICD,2008;北斗办,2013a;European Union,2015)。

表2-6-1 WGS-84、PZ-90、CGCS2000和GTRF大地坐标系采用的基本大地参数

基本大地参数	WGS-84 (GPS)	PZ-90 (GLONASS)	CGCS2000 (BDS)	GTRF (Galileo)
长半轴 a/m	6378137	6378136	6378137	6378137
扁率 α	1/298.257223563	1/298.257839303	1/298.257222101	1/298.257222101
地球自转角速度 ω/(rad/s)	7.292115×10^{-5}	7.292115×10^{-5}	7.292115×10^{-5}	7.292115×10^{-5}
地心引力常数 GM/(km³/s²)	398600.5	398600.4418	398600.4418	398600.4418

在GNSS联合数据处理中,通常需要在同一个坐标参考框架里进行,因而在实际应用中需进行坐标转换,坐标转换通常使用七参数Bursa模型:

$$\begin{bmatrix}X\\Y\\Z\end{bmatrix}=\begin{bmatrix}\mathrm{d}X_0\\\mathrm{d}Y_0\\\mathrm{d}Z_0\end{bmatrix}+(1+\mathrm{d}m)\begin{bmatrix}1&\beta_z&-\beta_y\\-\beta_z&1&\beta_x\\\beta_y&-\beta_x&1\end{bmatrix}\begin{bmatrix}U\\V\\W\end{bmatrix}\tag{2-6-4}$$

式中,$[\mathrm{d}X_0\ \ \mathrm{d}Y_0\ \ \mathrm{d}Z_0]^{\mathrm{T}}$为第一个坐标系$O$-$UVW$的原点在第二个坐标系$O$-$XYZ$中的坐标;$\beta_x$、$\beta_y$、$\beta_z$为两个坐标系间的旋转角;$\mathrm{d}m$为尺度因子。

需要说明的是,在精密单点定位中,由于使用的是精密的卫星轨道产品,而非广播星历。精密卫星轨道产品通常提供了参考框架一致的GPS卫星轨道、GLONASS卫星轨道、BDS卫星轨道和Galileo轨道(Cai et al,2015a),因而在四系统组合精密单点定位数据处理过程中不涉及坐标转换的问题。

2.6.3 系统比较

GPS、GLONASS、BDS和Galileo系统除了在时间系统和坐标系统方面存在差异,在其他方面也不尽相同,如GPS采用六个轨道平面,而GLONASS、BDS和

Galileo 均采用三个轨道平面；GPS、BDS 和 Galileo 采用码分多址(CDMA)信号体制，而 GLONASS 采用频分多址(FDMA)信号体制；GLONASS 有一个更高的轨道倾角能更好地覆盖极地区域；BDS 星座采用三种不同类型的卫星轨道；卫星信号的频率不同。表 2-6-2 提供了四系统间的比较。

表 2-6-2　GPS、GLONASS、BDS、Galileo 系统比较

参数		GPS	GLONASS	BDS			Galileo
		MEO	MEO	GEO	IGSO	MEO	MEO
卫星轨道	卫星数	24	24	5	3	27	30
	轨道平面数	6	3	定点	3	3	3
	轨道高度	20200km	19390km	35786km	35786km	21528km	23222km
	轨道周期	11h 58min	11h 15min 44s	24h	24h	12h 55min 23s	14h 7min
	星下点轨迹	圆形	圆形	定点	对称 8 字	圆形	圆形
	轨道倾角	55°	64.8°	定点	55°	55°	56°
信号特征	载波频率/MHz	1575.420 1227.600 1176.450	1602＋k×9/16 1246＋k×7/16	1561.098 1207.140 1268.520			1575.420 1176.450 1207.140 1191.795 1278.750
	区分卫星	CDMA	FDMA	CDMA			CDMA
	广播星历	开普勒根数	位置、速度、加速度	开普勒根数			开普勒根数
基准	坐标系统	WGS-84	PZ-90.11	CGCS2000			GTRF
	时间系统	GPST	GLONASS 时	BDT			GST

2.7　本章小结

本章介绍了 GPS、GLONASS、BDS 和 Galileo 四大全球卫星导航系统的基本情况；回顾了 GPS 和 GLONASS 的现代化政策，介绍了其当前的现代化进展情况；描述了正处于快速发展的 BDS 和 Galileo 系统的建设情况和发展现状；详细阐述了 GPS、GLONASS、BDS 和 Galileo 这四大全球卫星导航系统各自采用的时间参考与坐标参考；从卫星轨道、信号特征、基准三个方面对比了这四大全球卫星导航系统的设计参数，指出了它们在轨道设计、时间系统、坐标系统、信号频率等方面存在的异同点，为 GPS、GLONASS、BDS、Galileo 四系统联合数据处理提供了参考。

第3章 卫星运动理论与精密定轨

3.1 概 述

自1957年第一颗人造卫星上天以后，人类进入了利用卫星探索外层空间以及探测地球的新时代。人造地球卫星是一种围绕地球做圆或椭圆运动的人造小天体。发射每一种人造天体都有明确的目的和任务，任务不同使得卫星运动方式各异，但无论何种运动方式，都必须首先掌握它们的运动轨迹，对卫星进行监控，以使它们始终沿着既定的轨道运行。

卫星运动理论的基础是天体力学，天体力学起源于牛顿的万有引力以及开普勒的行星三大运动定律。假设地球是一个密度均匀的圆球体，在仅考虑地球万有引力作用的情况下，人造卫星的运动就是一个二体问题。所谓二体问题，可以简单描述为已知质量的两个质点，它们在相互之间的万有引力作用下产生的动力学问题。二体问题是各类天体真实运动的一种近似，是天体力学中的一个基本问题，也是研究天体实际运动的理论基础。实际上，一个天体绕另一个天体运动时，还会受到其他天体的吸引，在轨道上偏离二体问题的运动轨迹，这种偏离是由摄动力引起的。虽然摄动力与相对于中心体的引力相比是很小的(若假设地球引力场的影响为1，其他引力场的影响均小于10^{-5})，但是要建立精密的卫星运动模型，这些影响却是不容忽视的。卫星所受到的摄动力包括太阳与月球的引力、太阳光压、大气阻力和地球潮汐力等。这些摄动力的存在使得卫星实际的运行轨道变得复杂，难以用精确的数学模型来准确描述。由于人造卫星轨道摄动的复杂性，研究这方面的课题，不仅可以解决人造卫星运动的高精度定轨问题，而且对天体力学自身的发展也有着很大的促进作用。

本章首先介绍卫星动力学模型和轨道摄动力模型，然后分析GPS、GLONASS、BDS和Galileo这四大GNSS的精密定轨现状。

3.2 卫星动力学模型

3.2.1 动力学模型的建立

假设地球为均质球体并将质量集中于球体的中心，那么它对卫星的引力则决定着卫星运动的基本规律和特征，这种引力称为中心力。然而，除了这种中心力，还存在各种非中心力也就是摄动力的作用，这些摄动力同样影响着人造卫星的运动状态。为了研究问题的方便，先通过研究无摄运动来确定无摄轨道，再研究各种摄动力对卫星运动的影响，并对卫星的无摄轨道加以修正，从而确定卫星受摄运动轨道的瞬时特征。

根据牛顿第二运动定律，卫星在惯性坐标系下的运动方程可以由下列方程描述(匡翠林，2008)：

$$\ddot{r}=-GM\frac{r}{|r|^3}+f_1(t,r,\dot{r},p)=f_0(t,r)+f_1(t,r,\dot{r},p)=f(t,r,\dot{r},p) \tag{3-2-1}$$

式中，r、$\dot{r}$ 和 $\ddot{r}$ 分别为卫星质心的位置、速度和加速度，p 为动力学待估参数，GM 为地球引力常量；等号右端第一项 f_0 为二体运动的中心力，它是运动方程的主项，第二项 f_1 为作用在卫星上的各种摄动力之和。

式(3-2-1)为二阶微分方程，为了方便线性化，将其转换为一阶微分方程：

$$\begin{cases}\dfrac{\mathrm{d}r}{\mathrm{d}t}=\dot{r}\\ \dfrac{\mathrm{d}\dot{r}}{\mathrm{d}t}=\ddot{r}\\ \dfrac{\mathrm{d}p}{\mathrm{d}t}=0\end{cases} \tag{3-2-2}$$

令 $x=[r\quad\dot{r}\quad p]^{\mathrm{T}}$，则卫星运动方程可表示成一阶微分方程 $\dot{x}=F(x,t)$，假设该微分方程 t_0 时刻的初始轨道$(r,\dot{r})$和动力学参数(p)为 x_0，初值可通过广播星历或利用伪距观测资料后方交会获得，则卫星运动方程可表示为初值问题：

$$\begin{cases}\dot{x}=F(x,t)\\ x|_{t_0}=x_0\end{cases} \tag{3-2-3}$$

不失一般性，设 t^* 时刻的轨道和动力学参数为 x^*，对于卫星运动方程进行线性化可得

$$\dot{X}=AX \tag{3-2-4}$$

式中

$$A=\left[\frac{\delta F(x,t)}{\delta x}\right]^*=\begin{bmatrix}\dfrac{\delta\dot{r}}{\delta r} & \dfrac{\delta\dot{r}}{\delta\dot{r}} & \dfrac{\delta\dot{r}}{\delta p}\\ \dfrac{\delta\ddot{r}}{\delta r} & \dfrac{\delta\ddot{r}}{\delta\dot{r}} & \dfrac{\delta\ddot{r}}{\delta p}\\ \dfrac{\delta\dot{p}}{\delta r} & \dfrac{\delta\dot{p}}{\delta\dot{r}} & \dfrac{\delta\dot{p}}{\delta p}\end{bmatrix}^*=\begin{bmatrix}0 & I & 0\\ \dfrac{\delta\ddot{r}}{\delta r} & \dfrac{\delta\ddot{r}}{\delta\dot{r}} & \dfrac{\delta\ddot{r}}{\delta p}\\ 0 & 0 & 0\end{bmatrix}^* \tag{3-2-5}$$

$$X = x - x^* \tag{3-2-6}$$

由参数估计理论可知，式(3-2-4)的解可以表示为

$$X(t) = \Phi(t,t_0)X_0 \tag{3-2-7}$$

式中，$\Phi(t,t_0)$称为状态转移矩阵，它可以用于误差协方差矩阵的计算以及在观测方程线性化的过程中提供偏导数，其内容为

$$\Phi(t,t_0) = \begin{bmatrix} \frac{\delta r}{\delta r_0} & \frac{\delta r}{\delta \dot{r}_0} & \frac{\delta r}{\delta p} \\ \frac{\delta \dot{r}}{\delta r_0} & \frac{\delta \dot{r}}{\delta \dot{r}_0} & \frac{\delta \dot{r}}{\delta p} \\ \frac{\delta p}{\delta r_0} & \frac{\delta p}{\delta \dot{r}_0} & \frac{\delta p}{\delta p} \end{bmatrix} = \begin{bmatrix} \frac{\delta r}{\delta r_0} & \frac{\delta r}{\delta \dot{r}_0} & \frac{\delta r}{\delta p} \\ \frac{\delta \dot{r}}{\delta r_0} & \frac{\delta \dot{r}}{\delta \dot{r}_0} & \frac{\delta \dot{r}}{\delta p} \\ 0 & 0 & I \end{bmatrix} \tag{3-2-8}$$

在式(3-2-7)两边对时间 t 求导数得

$$\dot{X}(t) = \dot{\Phi}(t,t_0)X_0 \tag{3-2-9}$$

把式(3-2-9)代入式(3-2-7)则得

$$\begin{cases} \dot{\Phi}(t,t_0) = A\Phi(t,t_0) \\ \Phi(t_0,t_0) = I \end{cases} \tag{3-2-10}$$

式(3-2-10)即卫星精密轨道确定中的变分方程，其中 I 为单位阵。对变分方程进行数值积分，即可获得任意时刻卫星位置、速度以及偏导数信息。

再设卫星跟踪观测值与状态参数的关系式即观测方程为

$$y_i = G(x_i,t_i) + \varepsilon_i \tag{3-2-11}$$

式中，y_i、x_i、ε_i 分别是 $t_i(i=1,\cdots,l)$时刻的观测值、状态参数、观测噪声；$G(x_i,t_i)$是非线性函数，表示观测量的真值。观测方程包括卫星的几何信息。

又定义：

$$Y = y - y^* \tag{3-2-12}$$

在参数近似值处进行线性化得

$$Y_i = \widetilde{H}_i X_i + \varepsilon_i \tag{3-2-13}$$

$$\widetilde{H}_i = \left(\frac{\delta G}{\delta x}\right)_i^* \tag{3-2-14}$$

将运动方程的解代入线性化的观测方程式中得

$$Y = HX + \varepsilon \tag{3-2-15}$$

式中

$$Y = \begin{bmatrix} Y_1 \\ Y_2 \\ \vdots \\ Y_l \end{bmatrix} \tag{3-2-16}$$

$$H=\begin{bmatrix}\widetilde{H}_1\Phi(t_1,t_0)X_0\\ \widetilde{H}_2\Phi(t_2,t_0)X_0\\ \vdots\\ \widetilde{H}_l\Phi(t_l,t_0)X_0\end{bmatrix}=\begin{bmatrix}H_1\\ H_2\\ \vdots\\ H_l\end{bmatrix} \tag{3-2-17}$$

$$\varepsilon=\begin{bmatrix}\varepsilon_1\\ \varepsilon_2\\ \vdots\\ \varepsilon_l\end{bmatrix} \tag{3-2-18}$$

通过上述公式,可选择合适的参数估计方法对卫星的待估参数进行估计,再用估计的参数对卫星的运动方程进行积分从而获得卫星的精密轨道。至此,卫星精密定轨问题就变成了一个参数估计问题。为了求取卫星运动状态的最佳估值,需要给定一个估计准则来确定一个最优解,在实际应用中广泛采取的准则为误差的平方和最小。

3.2.2　数值积分

数值积分是卫星精密定轨数据处理中的一个重要环节。卫星运动方程和变分方程由于受到诸多摄动力的影响,是一组非常复杂的微分方程,其求解方法主要有解析法和数值法。解析法能给出形式解,对研究卫星运动规律十分重要,但其精度不高,无法满足精密定轨的精度需求。随着计算机技术的快速发展,数值积分法成为一种非常有效的方法,它可以比较准确地估计卫星受到的各种摄动力,而且公式简洁,计算方便。

数值积分方法是一种比较常用的方法,常微分方程的数值解法主要分为单步法和多步法。单步法的每一步积分仅需利用上一步的结果,但是需要计算对应于不同阶数的若干右函数值,精密定轨中一种常用的单步法是龙格-库塔(Runge-Kutta,RK)单步法。龙格-库塔法由数学家 C. Runge 和 M. W. Kutta 于 1900 年左右提出,该方法源自于相应的泰勒级数方法,在每一插值节点用泰勒级数展开。这种方法可构造任意阶数的龙格-库塔法,其中四阶龙格-库塔法是最常用的一种方法。一般不使用高阶方法,如果需要较高的精度,可采取减小步长的方法来实现。四阶龙格-库塔法的精度与四阶泰勒级数法的精度相当。多步法虽然仅需计算一次右函数值,但要知道前面多个步点上的值。针对卫星运动方程的特点,精密定轨中通常使用龙格-库塔单步法和阿达姆斯(Adams)多步法进行积分。在实际卫星精密定轨中单步法一般只是用于多步法的起步算法,当采用单步法推出足够的步点后,就可采用高精度的多步法进行推算,以达到快速精确积分的目的(刘林,2000;赵齐乐,2004)。

3.2.3　卫星精密定轨的参数估计

如果卫星在某一初始历元 t_0 的初始状态为 X_0，并且已知其运动微分方程，则可通过对运动微分方程进行数值积分来获得该卫星在 t_0 后任一时刻 $t \geqslant t_0$ 的状态。然而在卫星的实际运动过程中，卫星的初始状态是未知的，并且其运动微分方程中的物理常量和模型本身也是有误差的，从而导致积分得到的轨道与卫星真实轨道之间存在明显偏差。因而，为了通过积分获得尽可能精确的卫星轨道，必须对卫星进行跟踪观测，最后联合卫星跟踪的几何信息和卫星运动的动力学信息来估计卫星初始状态及相关参数(匡翠林，2008)。

使用观测数据通过建立的数学模型以某种估计准则来确定其状态最优估值。通常情况下，先对运动方程及其观测方程进行线性化，这样一来动力学问题就归化为状态估值问题。通常采用批处理方法或者序贯处理方法来解决最优估值问题。所谓批处理，是将所要处理的观测资料一起解算，参考轨道可以循环迭代，数据处理精度相对较高，该方法适用于事后处理(曹芬，2011)。批处理算法是在经典最小二乘的基础上发展起来的一系列最优参数估计方法，原理是使误差函数取得最小值。由于采用的误差表示形式不同，它的名称也有所变化，包括加权最小二乘估计、具有先验信息的最小二乘估计、最小二乘递推估计、最小方差估计、具有先验信息的最小方差估计、最小范数估计、极大似然估计等(匡翠林，2008)。序贯处理是一种递推算法，对观测资料逐条处理，参考轨道不能循环迭代，对计算机的内存要求不高，可用于实时处理。该方法是在传统卡尔曼滤波的基础上发展起来的基于物体运动状态参数的变化来描述物体运动的参数估计方法(曹芬，2011)。综合来看，两种处理方法都具有各自的特点，合理的参数估计方法需要对具体情况进行具体分析。批处理算法相对序贯处理算法相对稳定，对人造地球卫星定轨比较适用。序贯处理算法常用于实时或近实时的在轨导航，因为其对模型误差的弥补在卫星定轨和导航应用方面有较大优势。一般来说，两种算法都能达到同等的精度(匡翠林，2008)。

滤波方法在卫星定轨中得到了广泛应用，包括扩展卡尔曼滤波、自适应滤波(杨元喜等，2003)、抗差滤波(刘红新，2006)和均方根信息滤波(赵齐乐，2006)等。这些滤波方法的使用有效地克服了由模型误差、观测值粗差、计算的近似误差、统计特性误差等引起的滤波发散，以及数值不稳定引起的方差阵非正定问题。

3.3　轨道摄动力模型

卫星受到各种摄动力的影响，使得其运行轨道变得很复杂。卫星受力一般分为两大类，即中心力与非中心力。中心力是决定卫星运动基本规律及特征的主要作用力；非中心力是指卫星受到的各种摄动力（扰动力），摄动力的作用会使卫星运动偏离二体轨道。摄动力依来源可分为引力及非引力两部分。引力部分为保守摄动力，这种保守力存在位函数，不会损失运行卫星的能量，比较容易建立精确的模型；非引力部分为非保守摄动力（又称耗散力），这种力通常具有随机性，而且容易受多种因素的影响，难以用精确的数学模型进行表达。因而，非保守力的模型往往需要针对实际问题具体分析。保守摄动力包括地球非球形引力位摄动、N 体摄动、因日月引力引起的地球固体潮摄动等。非保守摄动力包括大气阻力摄动、太阳直射辐射压摄动等。除了上述保守力和非保守力摄动，还存在一些不能模型化的摄动力。在高精度的卫星定轨中，随着对精度的要求越来越高，在实际的定轨应用中，还需要引入用经验参数或经验模型描述的经验力。上述所有的摄动力都会使卫星产生摄动加速度而偏离二体轨道，因此要想获得接近于真实的卫星轨道，必须充分考虑各种摄动力的作用，建立精确的力学模型。图 3-3-1 是作用于卫星上各种摄动力的示意图（匡翠林，2008）。

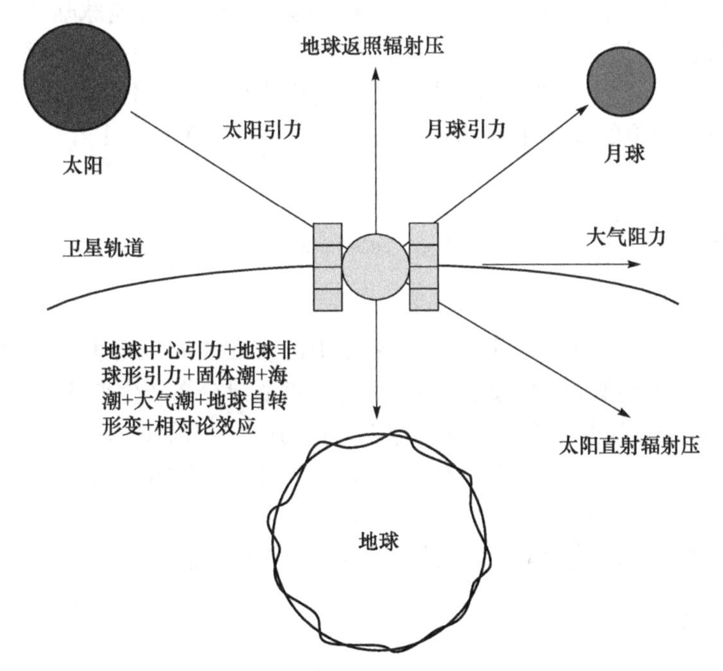

图 3-3-1　卫星所受到的作用力

3.3.1　地球非球形引力

地球是离卫星最近的天体，是卫星运动的主要摄动源。由于地球质量分布的不均匀性以及几何形状的不规则而引起的对卫星的引力称为地球非球形引力。根据地球引力位理论,地球非球形引力位在地固坐标系中用球谐函数的形式可表示为(McCarthy,1996;McCarthy et al,2004)

$$R_{ns}=\frac{GM}{r}\left\{\sum_{l=2}^{l_{\max}}\left(\frac{a}{r}\right)^{l}\sum_{m=0}^{l}[\overline{C}_{lm}\cos(m\lambda)+\overline{S}_{lm}\sin(m\lambda)]\overline{P}_{lm}\sin\phi\right\} \tag{3-3-1}$$

式中,r、ϕ、λ为卫星在地固坐标系中的地心距离、地心纬度、地心经度;M、a为地球质量及地球参考椭球长半轴;G为牛顿万有引力常数;$\overline{C}_{lm}$、$\overline{S}_{lm}$为完全正规化球谐系数;$\overline{P}_{lm}$为完全正规化缔合Legendre多项式;l、m分别为位系数球谐展开的阶数和次数;$l_{\max}$为最高阶数。

地球自转会使地球发生弹性形变,如果自转均匀,形变会达到平衡。但事实上地球自转不均匀,因此会引起地球对外部引力的一个形变附加位,这一形变位也可以通过地球引力位函数展开式的系数变化来体现。

3.3.2 固体潮

由于地球是一个非刚体,在日、月等天体的引力作用下,地球陆地部分会发生形变,也会造成质量分布变化,这种形变称为固体潮。固体潮引起地球引力位系数随时间变化,进而对卫星产生摄动加速度。与引力位相似,固体潮造成的摄动位可以通过地球引力位的变化来表达,其归一化的形式为(McCarthy,1996;McCarthy et al,2004)

$$\Delta R_{st}=\frac{GM}{r}\left\{\sum_{l=2}^{l_{\max}}\left(\frac{a}{r}\right)^{l}\sum_{m=0}^{l}[(\Delta\overline{C}_{lm})_{st}\cos(m\lambda)+(\Delta\overline{S}_{lm})_{st}\sin(m\lambda)]\overline{P}_{lm}\sin\phi\right\} \tag{3-3-2}$$

式中的参数含义与地球非球形引力位函数中的参数相同。由于受到日月引力作用,海洋也会产生类似的潮汐变化,使得地球内部质量分布产生变化,从而引起海潮形变。固体潮和海洋潮汐都会改变地球重力位,其摄动力加速度量级为$10^{-9}\,\mathrm{m/s^2}$。包围地球的大气和海洋一样也有潮汐现象,但大气潮的起因不仅来自日、月的引力源,而更主要的是来自热源,大气潮汐摄动的效应只相当于固体潮效应的2.5%。由潮汐引起的摄动加速度量级相对较小,通常可以将它们忽略。

3.3.3 多体引力

随着卫星离地面距离的增加,在轨道上受到太阳、月球的引力会慢慢与地球的摄动力处于同一量级,因而有必要考虑它们的共同影响。研究地球、太阳、月球及其他天体(金星、木星、水星、土星、火星、天王星、海王星、冥王星等)同时对卫星产生的摄动力作用的问题称为多体问题。由于受到地球、太阳、月球和其他天体引力的共同作用,卫星相对于地球的运动加速度不仅取决于地球对卫星的引力,还与太阳、月球和其他天体对地球的引力有关。这种太阳、月球引力引起的摄动是长周期的，方向与地球引力场的摄动方向也不相同。虽然太阳质量比月球大得多，但是其到卫星的距离也远比月球到卫星的距离大，反而太阳对卫星的摄动影响不及月球对卫星的摄动。把中心天体地球之外的其他天体称为摄动天体，人造地球卫星称为被摄动体。将摄动天体、中心天体和被摄动体都看成质点，则根据牛顿第二定律，摄动天体对卫星产生的摄动加速度可以表示为（McCarthy，1996；McCarthy et al，2004）

$$a_{nb}=\sum_{i=1}^{n}GM_i\left(-\frac{r-r_i}{|r-r_i|^3}-\frac{r_i}{r^3}\right) \tag{3-3-3}$$

式中，n、M_i 为摄动天体个数及第 i 个摄动天体的质量；G 为万有引力常数；r、r_i 分别为卫星及第 i 个摄动天体在惯性坐标系的位置向量。

3.3.4　相对论效应

由于存在广义相对论效应，在以地球质心为原点的惯性坐标系中，卫星的运动方程与仅考虑牛顿引力场时的运动方程不同。这种差异可当做卫星受到一个附加的摄动。已有研究表明，对低轨卫星的主要相对论效应来自地球本身的施瓦西（Schwarzchild）场，而太阳引力场对卫星产生的相对论摄动加速度小于 $10^{-14}\mathrm{m/s^2}$，完全可以忽略不计。相对论引起的摄动加速度为（McCarthy，1996；McCarthy et al，2004）

$$a_{re}=\frac{GM_e}{c^2r^3}\left\{\left[(2\beta+2\gamma)\frac{GM_e}{r}-\gamma(\dot{r}\cdot\dot{r})\right]r+(2+2\gamma)(r\cdot\dot{r})r\right\} \tag{3-3-4}$$

式中，β、γ 为相对论常数，它们根据不同的引力理论而具有不同的数值，对于爱因斯坦广义相对论，它们均为常数值 1；c 为光速；GM_e 为地球的万有引力常数；r、$\dot{r}$ 分别为卫星在协议惯性坐标系中的位置和速度矢量。

3.3.5　大气阻力

卫星在空气中运行时，会受到大气层的阻力作用而产生摄动加速度，摄动加速度的大小主要取决于大气的密度、卫星截面积与质量之比以及卫星的运动速度。大气阻力对于低轨卫星的影响特别明显，还会缩短卫星寿命。大气阻力很难精确模拟，因而难以精确建立卫星的摄动模型。首先，由于空气密度变化情况复杂，在高空中难以精确描述空气密度特性；其次，卫星本身的几何形状不规则，难以精确计算空气阻力；另外，空气中各种气体与卫星之间的相互作用也会影响大气阻力（Montenbruck et al，2001）。空气阻力对卫星产生的摄动加速度可描述为（Seeber，1993）

$$a_{ad}=-\frac{1}{2}C_D\rho\frac{A}{m}(\dot{r}-\dot{r}_d)|\dot{r}-\dot{r}_d| \tag{3-3-5}$$

式中，C_D 为空气阻力系数；ρ 为卫星处的大气密度；A 为卫星的有效横截面积，即卫星的截面积在垂直于轨道的平面上的投影；m 为卫星的质量；$\dot{r}$ 与 $\dot{r}_d$ 为卫星与大气速度向量。空气阻力系数会因卫星形状、材料不同而不同，通常在精密定轨中当做未知数进行估计。

3.3.6 太阳光压

卫星受到太阳光照射时，太阳辐射能量的一部分被吸收，另一部分被反射，这种能量转换使卫星受到力的作用，称为太阳辐射压力，简称光压。太阳光压摄动不仅与卫星、太阳、地球三者之间的相对位置有关，还与光照强度、卫星受光面积、卫星反射和吸收光的性能以及卫星的姿态有关。除此之外，卫星表面材料对太阳光压摄动也有一定的关系。还有一种光压是地球反射光压，这种光压的影响往往比较小，只有太阳光压影响的 1%～2%，所以常常忽略不计。由于光压的大小与多种因素有关，所以难以精确地建立光压模型。通常情况下，需要根据实际情况选择合适的模型(鹿智萃，2012)。如果卫星的形状比较复杂，一般会把卫星分解成多个平面分别计算光压摄动，公式为(Rim，2002)

$$a_{sr}=-p\frac{\gamma}{m}\sum_i a_i A_i \cos\theta_i\left[2\left(\frac{\delta_i}{3}+\rho_i\cos\theta_i\right)\hat{n}_i+(1-\rho_i)\hat{s}_i\right] \tag{3-3-6}$$

式中，p 为卫星处的太阳辐射流量；A_i 为平面 i 的面积；$\hat{n}_i$ 和 $\hat{s}_i$ 分别为平面 i 的法向矢量和卫星到太阳的方向矢量；θ_i 为平面 i 的法向与卫星到太阳方向之间的夹角；a_i 为平面 i 的方向因子，$\cos\theta_i<0$ 时 a_i 为 0，$\cos\theta_i>0$ 时 a_i 为 1；ρ_i 和 δ_i 分别为平面 i 的反射系数和散射系数；m 为卫星质量；γ 为卫星的阴影因子，如果卫星在本影区域则 γ 为 0，在日光中则 γ 为 1，位于半阴影区则 $0<\gamma<1$。

3.4 GNSS 卫星精密定轨

卫星轨道位置的确定是 GNSS 卫星导航定位的基础，没有先进的定轨技术获得高精度卫星轨道，就不可能开展精密单点定位及拓展其在高精度定位领域的应用。精密定轨理论的研究于 20 世纪 50 年代末开始兴起，经过半个多世纪的发展，在观测精度、轨道动力学模型的完善和精化方面都得到了明显的提升。精密定轨技术正朝着卫星观测手段更加精确、卫星动力学模型更加合理、数据处理方法更加科学的方向发展。

卫星精密定轨作为 GNSS 领域研究中的一个重要研究方向受到国内外众多研究机构的重视，其中国际 GNSS 服务组织 IGS 致力于精密定位服务，是推动精密定轨技术发展的杰出代表，它由全球 10 多个著名的卫星导航数据分析中心组成，包括美国喷气推进实验室(JPL)、欧洲定轨中心(CODE)、德国地学研究中心(GFZ)、欧洲空间局(ESA)、美国斯克里普斯海洋学研究所(Scripps Institution of Oceanography,SIO)等。这些研究机构均研发了导航卫星精密定轨软件,JPL 开发的 GIPSY、CODE 开发的 BERNESE、GFZ 开发的 EPOS 和美国麻省理工学院(Massachusetts Institute of Technology,MIT)与 SIO 联合开发的 GAMIT 软件被广泛使用(李敏,2011)。随着 IGS 跟踪站数量的逐步增多以及 GPS 现代化进程的推进,目前 IGS 提供的 GPS 最终轨道产品精度优于 2.5cm,最终钟差精度优于 0.075ns。国内卫星定轨技术研究始于 20 世纪 80 年代(许尤楠,1989)。从事卫星定轨技术研究工作的单位主要有武汉大学、中国科学院上海天文台、中国科学院测量与地球物理研究所、西安卫星测控中心等研究机构,其中武汉大学自主研制的卫星导航数据处理软件(position and navigation data analysis,PANDA)最具代表性,其定位定轨精度已接近国际领先水平(李敏,2011)。

3.4.1　GPS 卫星精密定轨

为了提高 GPS 的定位精度,许多机构在研究 GPS 精密星历及精密定轨方法。精密星历是一种后处理星历,是对全球分布的 GPS 跟踪站数据进行处理得到的。一些跟踪站选在地心坐标已知的点上,如卫星激光测距(satellite laser ranging,SLR)和甚长基线干涉测量(very long baseline interferometry,VLBI)测站点。少数站点还装配有精密的原子钟和水汽辐射计等。要实现精密定轨必须准确知道卫星的受力模型,围绕卫星受力模型,包括美国在内的许多国家开展了大量的研究工作,建立了很多卫星摄动模型,如地球引力摄动模型、日月引力摄动加速度模型、太阳光压与地球反射光压摄动模型。随着 GPS 卫星精密定轨技术的不断发展,轨道动力学模型更为精细,误差改正模型也更为合理。国内学者在 GPS 精密定轨方面开展了卓有成效的研究工作,刘经南等(2004)提出了自适应静态逐次滤波算法,使自主定轨精度有了很大提高;施闯等(2008)提出,利用定轨前一天的观测信息进行法方程的叠加,能够获得 30cm 的轨道估计精度,径向估计精度可达 10cm 以内;赵齐乐等(2009)提出了附加历史轨道约束信息的区域站 GPS 卫星精密定轨方法。在区域监测网的基础上,周善石等(2010)提出了一种"两步法"定轨的思想,首先解算部分动力学参数和轨道参数,然后强约束这部分动力学参数的估值,重新解算所有动力学参数和轨道,并利用得到的初轨和动力学参数进行轨道预报,进而提升卫星定轨的精度。为了提供更高质量的轨道和钟差产品,IGS 分布在全球的跟踪站数量也从最初的 60 多个跟踪站发展到现在超过 400 个跟踪站,为定轨精度的改善提供了数据基础。图 3-4-1 为以 IGS 合成的最终轨道为参考获得的各分析中心的最终轨道精度情况(http://acc.igs.org,2015),可以看出,GPS 各个分析中心的轨道精度随时间在逐渐提升。

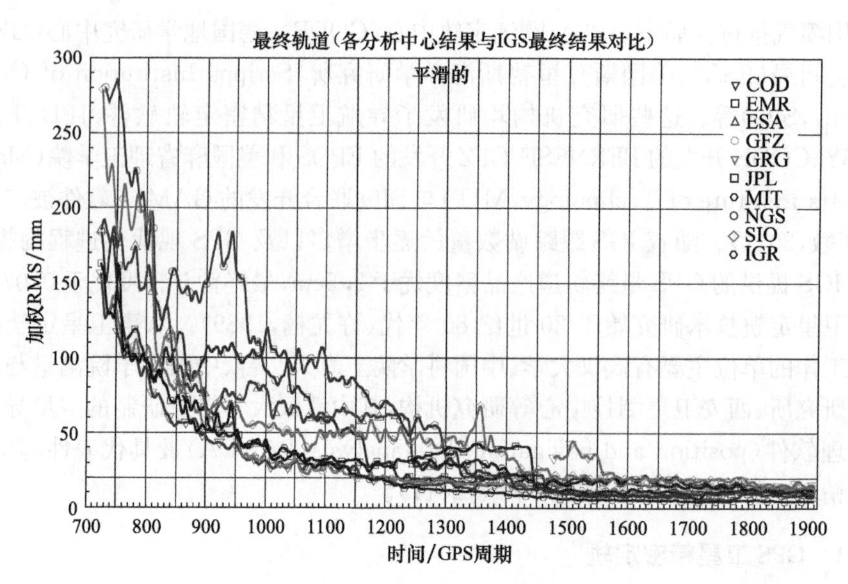

图 3-4-1 IGS 各分析中心获得的 GPS 卫星轨道产品精度(http://acc.igs.org)

3.4.2 GLONASS 卫星精密定轨

GLONASS 在 1996 年实现了空间满星座 24 颗卫星正常地播发导航信号,但是由于卫星寿命较短、补充卫星数量较少、地面跟踪站分布不均匀等问题的干扰,导航卫星定轨精度一直未达到厘米级。随着人们对 GLONASS 的广泛关注,全球多个机构以及研究中心于 1998 年开展了 GLONASS 会战(international GLONASS experiment,IGEX),以提高定轨精度。在 IGEX-98 初期,CODE 便开始计算所有正常工作卫星的精密轨道。会战计划三个月时间,但整个活动持续到 1999 年 9 月,一个主要的原因是 1998 年底又发射了 3 颗 GLONASS 卫星。经过这次会战后,CODE 数据处理中心将处理 GLONASS 数据变成了其工作的一部分,公开提供 GLONASS 精密星历。精密星历采用的参考框架是 ITRF96,以 GPS 系统时间为基准(Rothacher et al,2000)。GLONASS 精密星历与 GPS 轨道兼容,方便 GPS 和 GLONASS 数据的联合处理。GLONASS 卫星上搭载有激光反射器,通过与卫星激光测距(SLR)结果进行比较,结果表明,GLONASS 精密星历轨道精度优于 20cm(Rothacher et al,2000)。

随着 GLONASS 现代化进程及复苏计划的实施,全球各 GNSS 研究或分析中心纷纷开始关注 GLONASS,并开始处理 GLONASS 数据。为了提供更好的服务,国际 IGS 组织也于 2005 年正式将官方名称从“国际 GPS 服务组织”变更为“国际 GNSS 服务组织”,将发布 GLONASS 卫星高精度轨道产品纳入其工作的一部分。随着越来越多的 IGS 跟踪站提供 GLONASS 观测数据以及各 IGS 分析中心的广泛参与，IGS 将各分析中心提供的 GLONASS 精密轨道产品合成为最终产品并提供用户使用，轨道精度已达到 3cm。图 3-4-2 为以 IGS 合成的最终轨道为参考获得的各分析中心的最终轨道精度情况（http://acc.igs.org，2015），由图可以看出，GLONASS 各个分析中心的轨道精度随时间在逐渐提升。

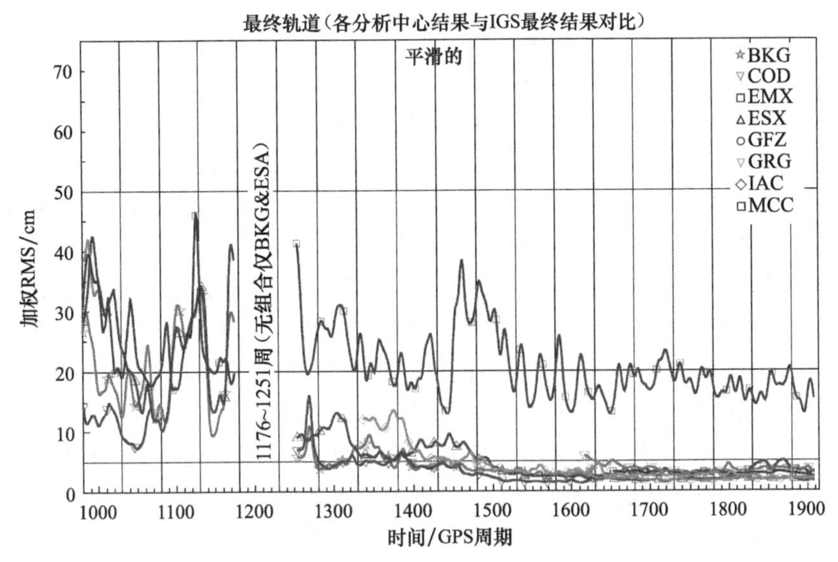

图 3-4-2　IGS 各分析中心获得的 GLONASS 卫星轨道产品精度（http://acc.igs.org）

3.4.3　BDS 卫星精密定轨

遵循“先区域，后全球”的总体思路，北斗卫星导航系统按照“三步走”的发展战略正稳步推进。2000 年建成了北斗卫星导航试验系统，从而完成了第一步战略，使中国成为世界上第三个拥有自主卫星导航系统的国家。该系统由 3 颗 GEO 卫星组成，定位精度较低，因此对轨道精度要求不高。北斗试验系统采用有源服务机制，用户无法直接获得星地距离观测量进行定轨研究。围绕 GEO 卫星“高轨、静地”的特点及频繁机动的问题，研究人员开展了一些探索性研究工作。例如，欧吉坤等（2007）提出采用镜面投影法进行 GEO 卫星的精密定轨；李志刚等（2008）提出了转发器式卫星轨道测定方法；除此之外，还有学者对 GEO 卫星机动定轨及机动后的快速轨道恢复问题进行了研究（黄勇等，2008；杨旭海等，2008；郭睿等，2011）。随着 2007 年 4 月 14 日第一颗北斗中圆地球轨道（MEO）卫星发射升空，研究人员开始关注 MEO 卫星定轨精度。耿涛等（2009）利用卫星激光测距观测数据，开展了北斗 MEO 卫星的定轨和预报研究，结果表明，其定轨精度为 2.28m，预报一天的轨道三维精度为 2.75m；Hauschild 等（2012）进一步对北斗 MEO 卫星的精密定轨方法进行了研究，利用全球激光测距网的观测数据，以 7 天弧长作为一个定轨弧段获得的三维定轨精度优于 0.5m。

北斗系统在 2012 年完成了第二步发展战略，建成了北斗卫星导航基本系统，形成了覆盖亚太大部分地区的服务能力。随着卫星数量的增多，精密定轨方法得到进一步发展。Ge 等(2012)研究了北斗多星精密定轨方法，GEO 和 IGSO 卫星三维定轨精度分别达到了 3.3m 和 0.5m；施闯、赵齐乐等基于武汉大学建立的北斗卫星观测试验网数据实现了径向精度优于 10cm 的北斗卫星精密定轨(施闯等，2012；Zhao et al，2013)；周建华等(2010)研究了联合多种观测资料进行 GEO 卫星精密定轨的方法；Mao 和 Zou 等采用多星定轨的方法对 IGSO 和 GEO 卫星轨道进行了联合解算(Mao et al，2011；Zhou et al，2011)；刘伟平等(2014)研究了多 GNSS 融合的北斗卫星精密定轨方法。

北斗卫星导航系统的第三步战略是在 2020 年左右形成全球覆盖能力。当前正在从区域系统向全球系统拓展。为了克服局域布站的不利影响，并提高系统的自主运行能力，系统增加了星间链路设计。一些学者在此方面开展了研究工作，如利用仿真数据研究自主定轨和星地联合定轨方法(曾旭平，2004；宋小勇，2009)。

尽管科研人员在北斗系统精密定轨方面做了大量的研究工作，并取得了很多成果，但还有一些问题仍然需要解决，如北斗系统精密定轨理论方法尚不完善，北斗卫星定轨精度水平有待进一步提高(郝金明等，2015)。北斗系统在发展过程中，卫星设备、信号体制、星间链路等都将处在不断地更新换代中，为北斗卫星精密定轨技术的进一步发展提出了新的机遇和挑战。我国目前正在积极筹建全球连续监测评估系统(international GNSS Monitoring and Assessment Service，iGMAS)(焦文海等，2011)，旨在建立一个全球分布的 GNSS 信号跟踪网络，通过多 GNSS 高精度接收机和高增益全向天线，监测多 GNSS 的服务性能和信号质量，为全球广大用户提供服务。为了推动北斗系统的科学与应用研究，武汉大学从 2011 年初开始在全球范围内布设北斗卫星观测试验网(BeiDou experimental tracking stations，BETS)。目前已经基本形成对北斗系统已有在轨卫星连续跟踪的观测站网络。该网络包括 6 个境外连续跟踪站和 9 个国内跟踪站，各观测站均配备了我国自主研制的 BDS/GPS 双模接收机 UR240-CORS(施闯等，2012)。为了适应未来多 GNSS 兼容并存的大趋势，最近几年，IGS 建立了 GNSS 多系统试验网(multi-GNSS experiment，MGEX)，包括 100 多个 MGEX 跟踪站。其中部分站点可以同时提供 GPS、GLONASS、BDS 和 Galileo 等多系统观测数据。这为北斗卫星导航系统精密定轨研究提供了有利的外部条件。

3.4.4 Galileo 卫星精密定轨

正在建设中的欧洲 Galileo 导航系统由 30 颗中轨(MEO)卫星和 3 颗静地轨

道(GEO)卫星组成。30颗MEO卫星中27颗为工作卫星,另外3颗为在轨备用卫星。第一颗Galileo在轨试验卫星GIOVE-A已经于2005年12月28日发射,该试验卫星发射以来完成了三大任务:一是验证了星载铷钟、导航信号发生器以及有效载荷设备链的有效性;二是验证了Galileo信号设计的性能指标;三是监测中圆轨道的外部辐射环境。2008年4月27日成功地发射了第二颗试验卫星GIOVE-B,它的主要任务是在轨验证导航信号发生器和氢钟的性能。GIOVE卫星跟踪网由分布于全球各地的13个Galileo试验传感器站(Galileo experimental sensor stations,GESS)组成,其中GWUH站位于武汉大学测绘校区内。这些地面观测站均安置了Galileo试验测试接收机GETR,采用铷原子钟作为时频基准,GETR接收机设置有6个普通GIOVE信号通道、1个AltBOC通道和9颗卫星的双频GPS通道(杜玉军等,2009)。自Galileo试验卫星成功发射以来,研究人员对其轨道确定产生了浓厚的兴趣。西班牙研究人员利用跟踪站GIOVE-A和SLR数据,联合估计GPS卫星和GIOVE-A卫星轨道,三维位置重叠精度达到0.5m(Píriz et al,2006);李敏等(2008)对GIOVE-A卫星精密定轨进行了仿真研究,结果表明,单颗导航卫星轨道的三维位置精度优于50cm,径向精度达到了10cm。Steigenberger等(2010)使用GIOVE观测协作网(cooperative network for GIOVE observation,CONGO)数据分析了GIOVE-B卫星的定轨精度,通过SLR检核获得的定轨精度在分米量级。GIOVE-A和GIOVE-B卫星完成使命后于2012年宣布退役。2011～2012年期间欧空局先后发射了4颗在轨验证卫星IOV,作者分析了这4颗卫星广播星历的精度,通过与精密星历进行对比获得三维广播轨道精度优于5m(Cai et al,2014a)。Hackel等(2015)联合使用GNSS与SLR观测值进行Galileo IOV卫星的轨道确定,结果表明,通常情况下轨道精度能达到1dm。Galileo系统建设的稳步推进,也为利用多GNSS系统进行联合定轨创造了条件(李敏等,2011)。

3.5 本章小结

本章系统地描述了卫星精密定轨的基本理论,包括卫星运动的动力学模型建立、数值积分方法与参数估计、轨道摄动力模型建立等,该内容是导航卫星精密定轨的基础。在此基础上,本章对GPS、GLONASS、BDS和Galileo四大导航卫星系统的精密定轨现状进行了分析与回顾,阐述了四大导航卫星系统精密定轨所能达到的精度水平。精密定轨是精密定位的基础,通过对精密定轨理论的了解以及四大卫星系统精密定轨精度的认识,为GPS、GLONASS、BDS和Galileo多系统组合精密单点定位的实现奠定基础。

第4章 精密单点定位误差源及处理方法

4.1 概 述

在GNSS卫星定位中,卫星信号从高于20000km的卫星天线传播到地面接收机天线上,会受到卫星端、传播路径、接收机端上的各类误差源的影响。通常需要考虑的误差源包括卫星轨道误差、卫星钟误差、接收机钟差、电离层延迟误差、对流层延迟误差、多路径误差和观测噪声。在相对定位中,利用它们的空间相关性通过观测值之间的差分操作可以消除或削弱绝大部分误差的影响。但在绝对定位中,这些误差无法通过测站之间观测值求差来消除或削弱,通常的做法是对它们进行建模或者通过不同频率的观测值组合来消除或减弱。对于有些无法建模的误差,如接收机钟差,在定位模型中直接进行估计。除这些常见误差源外,还存在另外一类特殊的误差源,与那些常见的误差源相比,它们引起的误差在数值上往往很小,在相对定位中容易被消除或削弱,因而可以被忽略,但在精密单点定位这种厘米级高精度绝对定位模式下需要被考虑,将其称为精密单点定位中需特别考虑的误差源。这些误差源包括卫星和接收机天线相位中心误差、相对论效应、天线相位缠绕、固体潮、大洋负荷、大气负荷、萨奈克效应、极潮和码观测值兼容性等。这些误差源带来的误差将直接影响精密单点定位处理结果的精度,因而对这些误差进行恰当处理是精密单点定位获得高精度定位结果的前提条件。

本章首先介绍传统误差源及其处理方法,重点讨论对比不同GNSS卫星的观测值噪声特性,然后对精密单点定位中需特别考虑的误差源及其模型方法进行阐述。

4.2 传统误差源

4.2.1 卫星轨道和钟误差

卫星轨道误差是指卫星星历所表示的卫星轨道和实际卫星轨道之间的偏差值。轨道误差主要受跟踪网的规模、跟踪方法、跟踪站的分布以及轨道计算模型等因素的影响(魏子卿等,1998)。卫星星历用来提供卫星运动轨道的信息,可以分为预报星历和后处理星历。预报星历又称广播星历,它是由地面监控站根据对卫星跟踪测得的轨道外推计算得到的。由于受到诸如跟踪站位置误差、观测误差、模型误差、预报误差等各种误差的影响,广播星历不可避免地存在误差。GPS、BDS、Galileo广播星历是一组对应某一时刻的轨道参数及其变率,Rinex格式导航数据文件扩展名最后一个字母分别为“n”、“c”、“l”。GLONASS广播星历提供某一时刻卫星的位置和速度,其导航数据文件扩展名最后一个字母为“g”。多系统混合的导航数据文件其扩展名最后一个字母为“p”,如“brdm0040.15p”。目前GPS广播星历的卫星轨道精度约为1.0m,卫星钟差精度约为5ns(IGS,2016);GLONASS广播的卫星轨道位置精度优于3.5m,卫星钟差精度优于15ns(陈永就,2015);BDS广播的卫星轨道位置精度优于5m,卫星钟差精度优于13ns(潘林等,2014);Galileo在轨验证卫星广播星历卫星轨道精度优于5m,卫星钟差精度优于30ns(Cai et al,2014a)。随着地面设施的改善以及卫星型号的更新换代,广播星历的精度也在逐年提高。

卫星钟的钟差包括由钟差、频偏和频漂等产生的误差,也包含钟的随机误差。在GPS测量中,无论是码相位观测或载波相位观测,均要求卫星钟和接收机钟保持严格同步。尽管GPS卫星上安装有高精度的原子钟(铷钟和铯钟),但与GPS系统时间之间还是存在着偏差和漂移。这些偏差的总量在1ms以内,由此引起的等效距离误差约为300km。

卫星钟的钟差一般可表示为二阶多项式的形式,即

$$\Delta T = a_0 + a_1(t - t_0) + a_2(t - t_0)^2 \tag{4-2-1}$$

式中,t_0为参考历元,a_0、a_1、a_2分别为钟在参考历元时刻的钟差、钟速及钟速的变率。这些数值是由卫星的地面控制中心根据前一段时间的观测资料和GPS系统时推算出来的,并通过卫星的导航电文提供给用户使用(徐绍铨等,2003)。通过广播星历提供的卫星钟差的改正精度在5ns左右(IGS,2016),等效距离误差为1.5m,这样的精度显然不能满足精密单点定位的要求。

广播星历的精度决定了它很难应用于精密单点定位中。为了满足精密定位和科学研究的需要,一些机构计算产生了精密星历。它是一种后处理星历,根据全球跟踪网的观测数据解算出来的卫星轨道。从1994年开始,IGS利用全球78个观测站的跟踪测轨数据,计算并公开提供了GPS精密星历。IGS组织是国际最权威的GNSS精密应用服务组织之一,IGS跟踪站网的GNSS观测站数量现已超过400多个。IGS提供的事后GPS精密卫星星历的精度约为2.5cm,GLONASS精密星历精度约为3cm(IGS,2016)。精密数据产品类型包括超快速、快速和最终产品。随着时间的推移,产品的精度也在逐年提高。除了IGS提供最终合成的精密产品外,IGS的一些分析中心如JPL和NRCan也提供高精度GPS卫星星历。JPL除了能提供事后星历,还提供实时和近实时GPS星历产品。自20世纪90年代中

期开始，NRCan开始提供GPS·C精确产品，GPS·C改正信息通过卫星和因特网广播给用户。它是一个受加拿大主控系统管理的差分GPS数据修正系统。使用这个系统可以把普通GPS接收机15m的单点定位精度提高到实时1～2m的水平。使用双频码和相位观测值，也可以得到亚米级和分米级的定位精度(Collins et al,2001)。

自1998年国际GLONASS试验项目IGEX-98和随后的国际GLONASS试点项目(international GLONASS-pilot project，IGLOS-PP)开展以来，GLONASS精密卫星星历也可以逐渐获得。IGEX-98于1998年10月19日开始到1999年4月19日结束，是首次进行全球GLONASS观测和数据分析的试验。它由国际GNSS服务(IGS)、国际大地测量协会(IAG)和国际地球自转服务(IERS)联合发起。试验的主要目的是使用分布于全球的双频GLONASS接收机收集观测数据并确定精确的GLONASS卫星轨道。IGLOS-PP项目开始于2000年，它的主要目的是在IGS服务中加入GLONASS。IGLOS-PP利用遍布于全球的50个双频GLONASS接收机不间断地收集观测数据，并以RINEX格式存储于IGS全球数据中心(Weber et al,2005)。已有全球多家机构提供GLONASS精确轨道产品，包括欧洲定轨中心(CODE)、俄罗斯信息分析中心(Information and Analytical Center，IAC)、欧洲航天局(ESA)/欧洲航天控制中心(European Space Operations Center，ESOC)和德国联邦制图和测地局(Bundesamt für Kartographie und Geodäsie，BKG)。这四个中心分别计算获得的GLONASS精确轨道之间的符合精度在10～15cm的水平。IGS使用上述机构获得的GLONASS精确轨道产生了IGS最终GLONASS精密星历产品(Weber et al,2005)。两个中心IAC和ESOC提供事后GLONASS卫星钟数据。由于采用的不同的时间尺度以及GLONASS码观测值包含不同的偏差值，它们之间的直接比较很难进行。间接评估表明它们之间差异的均方根(root mean square，RMS)值约为1.5ns(Oleynik et al,2006)。IAC从2005年起开始成为IGS的数据分析中心，并提供GLONASS事后卫星轨道和钟数据。IAC于1995年成立，它是俄罗斯任务控制中心(Mission Control Center，MCC)的一部分，同时也是俄罗斯联邦航天局(Federal Space Agency，FSA)的一个正式分析中心。IAC是两个主要的GLONASS系统用户中的一个，另外一个是俄罗斯国防部(Oleynik et al,2006)。

随着BDS的迅速崛起、Galileo系统建设的稳步推进以及日本准天顶卫星系统(Quasi-Zenith Satellite System，QZSS)和印度区域导航卫星系统(Indian Regional Navigation Satellite Systems，IRNSS)的出现，IGS于2011年开始建立GNSS多系统试验网(MGEX)，用于多模GNSS导航信号监测及相关技术研究。作为MGEX项目的骨架，一个新的GNSS多系统监测网络在全球进行了布设，该网络与IGS传统的GPS/GLONASS跟踪网络并行存在。在多个国家机构、大学及志愿团体的努力下，MGEX网络已经增加到100多个站，其中约2/3的测站由法国国家空间研究中心（France’s Centre Nationald’ Etudes Spatiales，CNES）、德国航空太空中心（Deutsches Zentrumfür Luft-und Raumfahrt，DLR）、GFZ、ESA和BKG建立。除了GPS，所有的MGEX站至少跟踪BDS、Galileo、QZSS中的一个系统。大多数测站也接收GLONASS卫星信号。数据中心美国地壳动力学数据信息系统（Crustal Dynamics Data Information System，CDDIS）、法国国家地理学院（French Institut Géographique National，IGN）和BKG归档和分发MGEX网观测数据与广播星历数据。由于接收到多个系统的数据，原有的RINEX-2版本的数据格式已经不再适用，在此情况下，RINEX-3格式被采用（Montenbruck et al，2014）。

随着MGEX项目的推进，已有多家机构提供Galileo和BDS精密数据产品。德国慕尼黑工业大学（Technische Universität München，TUM）和法国国家空间研究中心（CNES）/卫星数据接收与定位（Collecte Localisation Satellites，CLS）例行提供四颗Galileo在轨验证卫星（IOV E11、E12、E19和E20）的精密卫星轨道与钟差数据，其时延为3～6天。CODE和GFZ也对Galileo观测数据进行批处理以获得事后的精密产品数据。TUM与CODE提供的IOV精密轨道产品三维位置差异RMS约为16cm（Montenbruck et al，2014）。BDS系统自2012年12月建成区域系统后，国内的一些机构如武汉大学使用它们自己建立的网络和MGEX网络数据开展了精密卫星轨道与钟差产品的计算工作。对于北斗MEO和IGSO卫星，三维位置重叠精度在10cm的水平，但GEO卫星定轨精度明显下降，其沿迹向精度只有大约0.5m（Zhao et al，2013）。作为MGEX项目工作的一部分，国外一些机构如GFZ也提供BDS精密卫星轨道与钟差产品，ESOC还提供GPS、GLONASS、BDS和Galileo四系统混合的精密卫星轨道和卫星钟差产品，采样间隔分别为15min和5min（Cai et al，2015a）。

IGS网站提供了GPS和GLONASS各类精密产品并介绍了其产品类型及精度，由于BDS和Galileo系统还处于建设中，其精密卫星轨道和卫星钟差产品的质量还在不断完善中，IGS暂时还未提供其精密产品的情况介绍。表4-2-1列出了IGS提供的GPS和GLONASS卫星星历及卫星钟差产品的情况。精密数据产品是精密单点定位技术实现的基础，IGS提供的精密卫星轨道文件以“.sp3”为扩展名，卫星钟差文件以“.clk”为扩展名。SP3数据文件中也包含卫星钟差改正数据，但与卫星轨道数据一样，以15min为间隔。

表4-2-1　IGS提供的GPS和GLONASS精密卫星轨道及钟产品列表（IGS，2016）

系统	产品名称		精度	时延	更新率	采样率
GPS	IGS超快速（预报）	轨道	～5cm	实时	每天4次	15min
		钟差	～3ns			

续表

系统	产品名称		精度	时延	更新率	采样率
GPS	IGS 超快速（实测）	轨道	～3cm	3～9 小时	每天 4 次	15min
		钟差	～0.15ns			
	IGS 快速	轨道	～2.5cm	17～41 小时	每天	15min
		钟差	0.075ns			5min
	IGS 最终	轨道	～2.5cm	12～18 天	每周	15min
		钟差	～0.075ns			30s
GLONASS	IGS 最终	轨道	～3cm	12～18 天	每周	15min

精密卫星轨道和卫星钟差产品的采样间隔一般会大于观测数据的采样间隔，因而在实际使用时，需要采用插值方法获得与观测历元对应的卫星位置与钟差改正数。由于卫星运行轨道相对平稳，采用多项式拟合或插值的方法便可将 15min 间隔的卫星星历加密到与用户一致的采样间隔，其精度损失不大，因而对拟合或插值算法的选择要求不高。但卫星钟差随时间的变化较其轨道大得多，采用不同的拟合或插值算法对结果有较大影响。为了得到高精度的定位或定轨结果，对卫星钟差的插值精度有一定要求，因而需要选择合适的卫星钟差插值算法。在精密单点定位处理中，常用的插值算法是拉格朗日多项式插值法（洪樱等，2006），其公式如下所示。

根据给定函数 $f(x)$ 在节点 x_i 处的值 $f(x_i)$，构造插值函数：

$$P_n(x) = \sum_{i=0}^{n} l_i(x) f(x_i) \tag{4-2-2}$$

式中，$l_i(x)(i=0,1,\cdots,n)$ 是 n 次多项式，满足条件：

$$l_i(x_j) = \begin{cases} 0, & j \neq i \\ 1, & j = i \end{cases}, \quad j = 0,1,\cdots,n \tag{4-2-3}$$

式(4-2-3)称为拉格朗日插值基函数，定义为

$$l_i(x) = \prod_{\substack{j=0 \\ j\neq i}}^{n} \frac{(x-x_j)}{(x_i-x_j)}, \quad i=0,1,\cdots,n \tag{4-2-4}$$

对于 n 阶插值即有 $n+1$ 个已知点，由于拉格朗日插值在靠近两端位置数据容易出现跳跃现象，所以通常采用滑动式拉格朗日插值算法，即插值区间相当于一个“窗口”，窗口大小始终保持不变，每次将窗口向后移动一个时间段的距离。

4.2.2　电离层延迟

地球高层大气的分子和原子在太阳的紫外线、X 射线和高能粒子的作用下电

离,产生自由电子和正负离子,形成从宏观上仍然是中性的等离子体区域,称为电离层,它是位于地球上空距地面高度 50～1000km 的大气层(刘经南等,1999)。由于存在大量的自由电子和正负离子,当卫星信号穿过电离层时,如同其他电磁波一样,信号的路径会发生弯曲,传播速度也会发生变化,从而使得测量所得到的距离不等于卫星至接收机之间的几何距离,这种偏差称为电离层折射误差。电离层折射误差是 GNSS 定位中的一个重要误差源,也是致使差分 GNSS 的定位精度随流动站和基准站之间距增加而迅速下降的主要原因之一。

电离层是一种弥散性介质,因而不同频率的电磁波在通过电离层时传播速度不同。在伪距测量中,调制码以群速度在电离层中传播,而载波相位则以相速度在电离层中传播。群速度代表能量的传播速度,相速度是单一频率波的相位移动速度。

对于 GNSS 信号,可以近似地认为:

$$n_{\mathrm{p}} = 1 - 40.28 \cdot N_{\mathrm{e}} \cdot f^{-2} \tag{4-2-5}$$

$$n_{\mathrm{g}} = 1 + 40.28 \cdot N_{\mathrm{e}} \cdot f^{-2} \tag{4-2-6}$$

式中,n_{p} 为相折射率,n_{g} 为群折射率,N_{e} 为电子密度,f 为 GNSS 信号的频率。由这两个公式,可以得到 GNSS 信号在电离层中传播的速度为

$$v_{\mathrm{p}} = c/n_{\mathrm{p}} = c \cdot (1 + 40.28 \cdot N_{\mathrm{e}} \cdot f^{-2}) \tag{4-2-7}$$

$$v_{\mathrm{g}} = c/n_{\mathrm{g}} = c \cdot (1 - 40.28 \cdot N_{\mathrm{e}} \cdot f^{-2}) \tag{4-2-8}$$

式中,v_{p} 为相速度,v_{g} 为群速度,c 为光速。

在进行载波相位测量时,设载波相位从卫星传播至接收机的时间为 Δt,那么卫星至接收机之间的真正距离 ρ 为

$$\begin{aligned}\rho &= \int_{\Delta t} v_{\mathrm{p}} \cdot \mathrm{d}t = \int_{\Delta t} c \cdot (1 + 40.28 \cdot N_{\mathrm{e}} \cdot f^{-2})\mathrm{d}t \\ &= c \cdot \Delta t + 40.28 \cdot f^{-2} \cdot \int_{s} N_{\mathrm{e}} \mathrm{d}s \\ &= \varphi\lambda + N\lambda + 40.28 \cdot f^{-2} \cdot \int_{s} N_{\mathrm{e}} \mathrm{d}s\end{aligned} \tag{4-2-9}$$

同样,如果码观测值测量得到的信号传播时间为 $\Delta t'$,那么卫星至接收机真正距离 ρ 为

$$\begin{aligned}\rho &= \int_{\Delta t'} v_{\mathrm{g}} \cdot \mathrm{d}t = \int_{\Delta t'} c \cdot (1 - 40.28 \cdot N_{\mathrm{e}} \cdot f^{-2})\mathrm{d}t \\ &= c \cdot \Delta t' - 40.28 \cdot f^{-2} \cdot \int_{s} N_{\mathrm{e}} \mathrm{d}s \\ &= p - 40.28 \cdot f^{-2} \cdot \int_{s} N_{\mathrm{e}} \mathrm{d}s\end{aligned} \tag{4-2-10}$$

定义电子密度沿传播路径的积分为总电子含量(total electron content,TEC):

$$\mathrm{TEC}=\int_s N_e \mathrm{d}s \tag{4-2-11}$$

它表示单位面积与信号传播路径所成斜柱体内的电子总个数。引入TEC后，电离层延迟改正d_{ion}为

$$d_{\mathrm{ion}}=\pm 40.28\cdot f^{-2}\cdot \mathrm{TEC} \tag{4-2-12}$$

由式(4-2-12)可以看出，电离层折射改正数是和信号频率的平方成反比的。如果利用这种特性将双频GNSS接收机的观测值加以线性组合，可基本消除电离层效应。

两个频率上的电离层折射改正数可以分别计算如下：

$$d_{\mathrm{ion1}}=\frac{f_2^2}{f_1^2-f_2^2}(\rho_1-\rho_2) \tag{4-2-13}$$

$$d_{\mathrm{ion2}}=\frac{f_1^2}{f_1^2-f_2^2}(\rho_1-\rho_2) \tag{4-2-14}$$

式中，d_{ion1}和d_{ion2}分别对应于两个频率上的电离层折射改正数，f_1和f_2分别对应于L1和L2两个载波的频率，ρ_1和ρ_2分别对应于两个频率上的伪距。

在精密单点定位中，通常使用观测值之间消电离层组合来消除电离层误差的影响。设P_1和P_2分别是两个频率上的测码伪距观测值，那么消电离层码组合观测值可表示为

$$P_3=\alpha_1\cdot P_1+\alpha_2\cdot P_2 \tag{4-2-15}$$

并有

$$\alpha_1\cdot d_{\mathrm{ion1}}+\alpha_2\cdot d_{\mathrm{ion2}}=0 \tag{4-2-16}$$

由式(4-2-13)、式(4-2-14)和式(4-2-16)可知，α_1和α_2有很多种组合，通常可选：

$$\alpha_1=\frac{f_1^2}{f_1^2-f_2^2} \tag{4-2-17}$$

$$\alpha_2=-\frac{f_2^2}{f_1^2-f_2^2} \tag{4-2-18}$$

可得消电离层码组合观测值：

$$P_3=\frac{f_1^2}{f_1^2-f_2^2}\cdot P_1-\frac{f_2^2}{f_1^2-f_2^2}\cdot P_2 \tag{4-2-19}$$

同理可得消电离层相位组合观测值：

$$L_3=\frac{f_1^2}{f_1^2-f_2^2}\cdot \Phi_1-\frac{f_2^2}{f_1^2-f_2^2}\cdot \Phi_2 \tag{4-2-20}$$

式中，Φ_1和Φ_2是载波相位观测值，m。式(4-2-19)和式(4-2-20)仅消除了一阶电离

层误差，未考虑地磁场的影响和信号传播路径弯曲的影响，在一般情况下已能满足精密单点定位用户的精度要求，但在电子含量很大、卫星的高度角又较小时求得的电离层延迟改正误差有可能达几厘米(徐绍铨等，2003)。如果考虑折射率中的高阶项影响以及地磁场的影响，电离层误差能进一步消除，但同时也将增加模型的复杂度。

4.2.3　对流层延迟

对流层折射一般泛指非电离大气对电磁波的折射。非电离大气包括对流层和平流层，是高度为 50km 以下的大气层部分。由于 80%的折射发生在对流层，所以又称为对流层折射。对流层靠近地球表面，容易从地面获得辐射能量，使其温度随高度的上升而降低，当 GNSS 卫星信号通过对流层时，传播的路径会发生弯曲，从而使测量的距离产生偏差，这种偏差称为对流层折射误差。对于一个在海平面上的中纬度站，其典型值在天顶方向上约为 2.3m，在 85°天顶距方向约为 25m(魏子卿等，1998)。

对流层的折射率在很大程度上受到大气压力、温度和湿度的影响。为了研究问题的方便，通常将对流层的大气折射分为干分量和湿分量两部分。在大气正常状态下，天顶方向干分量延迟约占整个对流层延迟的 90%。湿分量的影响比干分量的影响要小得多，约占整个对流层延迟的 10%。由于对流层折射对 GNSS 信号传播的影响情况比较复杂，一般利用对流层误差的空间相关性或者采用对流层误差改正模型来进行减弱。对流层误差改正模型通常是对天顶方向的对流层干湿分量分别进行建模，然后使用一个投影函数将其投影到卫星与测站的视线方向上。在 GNSS 定位中，常用的对流层改正模型有 Hopfield 模型、Saastamoinen 模型和 Black-Eisner 模型等。投影函数有 Davis、Chao、Marini、Niell、VMF 和 GMF 等(Boehm et al，2006)。各种对流层模型求得的天顶方向的对流层延迟差异一般仅为几毫米(徐绍铨等，2003)。限于篇幅，下面仅给出改进的 Hopfield 模型和 Niell 投影函数的计算公式。

对流层延迟可表示为

$$\Delta d_{\mathrm{trop}} = \Delta d_{\mathrm{dry}} m_{\mathrm{dry}} + \Delta d_{\mathrm{wet}} m_{\mathrm{wet}} \tag{4-2-21}$$

式中，Δd_{dry}是天顶对流层干分量延迟，Δd_{wet}是天顶对流层湿分量延迟，m_{dry}是干分量投影函数，m_{wet}是湿分量投影函数。改进的 Hopfield 模型天顶方向干湿分量延迟可表示为(周忠谟等，1999)

$$\Delta d_{\mathrm{dry}} = 1.552 \times 10^{-5} \frac{P}{T_k}[40136 + 148.72(T_k - 273.16) - H_T] \tag{4-2-22}$$

$$\Delta d_{\mathrm{wet}} = 7.46512 \times 10^{-2} \frac{e_0}{T_k^2}(11000 - H_T) \tag{4-2-23}$$

式中,P 为大气压力,mbar($1\text{bar}=10^5\text{Pa}$);$T_k$ 为热力学温度;e_0 为水汽分压,mbar;H_T 为观测站的高程,m。

Niell 投影函数在高度角低于 10°时被认为是最精确的投影函数,而且这种投影函数不需要任何气象观测资料,因而其得到了广泛的应用(Rocken et al,2001)。Niell 干湿分量投影函数具有不同的表达形式,干分量投影函数与测站的纬度、海拔和年积日有关,而湿分量函数仅与测站的纬度有关。干分量和湿分量函数如式(4-2-24)和式(4-2-25)所示(Niell,1996;Shrestha,2003):

$$m_{\text{hydro}}(\varepsilon)=\frac{\dfrac{1}{1+\dfrac{a_{\text{hydro}}}{1+\dfrac{b_{\text{hydro}}}{1+c_{\text{hydro}}}}}}{\dfrac{1}{\sin\varepsilon+\dfrac{a_{\text{hydro}}}{\sin\varepsilon+\dfrac{b_{\text{hydro}}}{\sin\varepsilon+c_{\text{hydro}}}}}}+\left[\frac{1}{\sin\varepsilon}-\frac{\dfrac{1}{1+\dfrac{a_{\text{ht}}}{1+\dfrac{b_{\text{ht}}}{1+c_{\text{ht}}}}}}{\dfrac{1}{\sin\varepsilon+\dfrac{a_{\text{ht}}}{\sin\varepsilon+\dfrac{b_{\text{ht}}}{\sin\varepsilon+c_{\text{ht}}}}}}\right]\times\frac{H}{1000} \tag{4-2-24}$$

$$m_{\text{wet}}(\varepsilon)=\frac{\dfrac{1}{1+\dfrac{a_{\text{wet}}}{1+\dfrac{b_{\text{wet}}}{1+c_{\text{wet}}}}}}{\dfrac{1}{\sin\varepsilon+\dfrac{a_{\text{wet}}}{\sin\varepsilon+\dfrac{b_{\text{wet}}}{\sin\varepsilon+c_{\text{wet}}}}}} \tag{4-2-25}$$

式中,ε 为卫星高度角,H 为正高。对于干分量投影函数,参数 a_{hydro} 可以通过下面方法获得。首先,通过式(4-2-26)和表 4-2-2 给出的干分量投影函数的系数计算出对应某一特定纬度值的 $a(\phi_i,t)$,然后根据测站纬度值 ϕ 通过插值的方法获得测站处的 $a(\phi,t)$,即公式中的参数值 a_{hydro}:

$$a(\phi_i,t)=a_{\text{avg}}(\phi_i)+a_{\text{amp}}(\phi_i)\cos\left(2\pi\frac{t-T_0}{365.25}\right) \tag{4-2-26}$$

式中,T_0 为采用的参考年积日(day-of-year,DOY)(Niell,1996),t 为测站观测时的年积日。a_{avg}、b_{avg}、c_{avg}、a_{amp}、b_{amp}、c_{amp} 分别对应 a_{hydro}、b_{hydro} 和 c_{hydro} 的平均值和波动值,表 4-2-2 给出了它们对应某一特定纬度的系数值。a_{ht}、b_{ht}、c_{ht} 也可从表 4-2-2 中获得。b_{hydro} 和 c_{hydro} 的计算过程与 a_{hydro} 的计算过程相同。湿分量的投影函数计算公式较为简单,直接根据测站的纬度值和表 4-2-3 中给定的特定纬度下的系数值通过线性插值便可获得式(4-2-25)中所要求的 a_{wet}、b_{wet}、c_{wet} 值(Zhang,1999)。

表 4-2-2　干分量投影函数的系数(Niell,1996)

纬度/(°)	a_{hydro}(平均值)	b_{hydro}(平均值)	c_{hydro}(平均值)
15	1.2769934×10^{-3}	2.9153695×10^{-3}	62.610505×10^{-3}
30	1.2683230×10^{-3}	2.9152299×10^{-3}	62.837393×10^{-3}
45	1.2465397×10^{-3}	2.9288445×10^{-3}	63.721774×10^{-3}
60	1.2196049×10^{-3}	2.9022565×10^{-3}	63.824265×10^{-3}
75	1.2045996×10^{-3}	2.9024912×10^{-3}	64.258455×10^{-3}
纬度/(°)	a_{hydro}(波动值)	b_{hydro}(波动值)	c_{hydro}(波动值)
15	0	0	0
30	1.2709626×10^{-5}	2.1414979×10^{-5}	9.0128400×10^{-5}
45	2.6523662×10^{-5}	3.0160779×10^{-5}	4.3497037×10^{-5}
60	3.4000452×10^{-5}	7.2562722×10^{-5}	84.795348×10^{-5}
75	4.1202191×10^{-5}	11.723375×10^{-5}	170.37206×10^{-5}
	a_{ht}	b_{ht}	c_{ht}
	2.53×10^{-5}	5.49×10^{-3}	1.14×10^{-3}

表 4-2-3　湿分量投影函数的系数(Niell,1996)

纬度/(°)	a_{wet}(平均值)	b_{wet}(平均值)	c_{wet}(平均值)
15	5.8021897×10^{-4}	1.4275268×10^{-3}	4.3472961×10^{-2}
30	5.6794847×10^{-4}	1.5138625×10^{-3}	4.6729510×10^{-2}
45	5.8118019×10^{-4}	1.4572752×10^{-3}	4.3908931×10^{-2}
60	5.9727542×10^{-4}	1.5007428×10^{-3}	4.4626982×10^{-2}
75	6.1641693×10^{-4}	1.7599082×10^{-3}	5.4736038×10^{-2}

对流层误差通过模型改正后，模型的干分量改正精度可以达到 1%～2%，天顶方向的改正误差为 2～4cm，而湿分量改正精度为 10%～15%，天顶方向的改正误差为 3～5cm。由于干燥气体在时间和空间上较为稳定，干分量的改正误差很容易进一步参数化，而湿分量的折射误差容易受到测站环境的影响，因而很难精确改正(魏子卿等，1998)。在精密单点定位处理中，通常先利用对流层误差模型进行改正，然后将残余的误差当做一个未知参数进行估计。

4.2.4　接收机钟差

GNSS 接收机一般采用高精度的石英钟，其稳定度约为 10^{-9}。石英钟具有体积小、耗能少、价格低廉等优点。若接收机钟与卫星钟的同步差为 1μs，则由此引起的等效距离误差约为 300m。接收机钟差通常在几千纳秒的水平(Rao，2007)。在相对定位中，利用卫星之间观测值求差的方法可以有效地消除接收机钟差的影响。在绝对定位中，通常是将接收机钟差作为未知数在数据处理中与测站的位置参数一并求解。也可像卫星钟那样，将接收机钟差表示成多项式的形式，在数据处理过程中，不直接求解接收机钟差，而是解算多项式的系数。但这种方法取决于接收机钟差的特性，如果利用多项式表达的钟差与接收机实际钟差值相差较大，这种由接收机钟差模型所带来的误差将会影响定位精度。

4.2.5 多路径误差

在 GNSS 测量中，如果测站周围的反射物所反射的卫星信号(反射波)进入接收机天线，这将和直接来自卫星的信号(直接波)产生干涉，从而使观测值偏离真值，这种由于反射信号所引起的观测值误差称为多路径误差。理论上，对于测码伪距，多路径误差最大为近似码长的一半，也就是对 GPS C/A 码的多路径误差最大可达 150m，对 P(Y)码的多路径误差最大可达 15m。对于载波相位，多路径误差不超过波长的 1/4，也就是对 GPS L1 载波相位多路径误差最大为 4.8cm，对 L2 载波相位多路径误差最大为 6.1cm(Shen，2002)。

码多路径可以通过单个频率上的码观测值与双频载波相位观测值形成多路径观测值组合来进行评估，码多路径组合可以表示为(Estey et al，1999；de Bakker et al，2012)

$$\begin{aligned}\mathrm{MP}_j &= P_j - \frac{f_j^2+f_i^2}{f_j^2-f_i^2}\cdot\Phi_j + \frac{2f_i^2}{f_j^2-f_i^2}\cdot\Phi_i \\ &= M_j - \frac{f_j^2+f_i^2}{f_j^2-f_i^2}\cdot\tilde{m}_j + \frac{2f_i^2}{f_j^2-f_i^2}\cdot\tilde{m}_i + B_j + \varepsilon_j \end{aligned} \tag{4-2-27}$$

式中，下标 i 和 $j(i\neq j)$ 为载波频率标识；MP 为码多路径组合；P 为伪距观测值，m；Φ 为载波相位观测值，m；f 为载波频率；M 为码多路径误差；$\tilde{m}$ 为载波多路径误差；B 包括模糊度项以及硬件延迟偏差；ε 为观测值噪声。由于载波多路径效应比码多路径效应小得多，而 B 只要不受周跳的影响可以看成一个常数，因而式(4-2-27)组合主要反映了码多路径效应的影响，可以用于评估码多路径效应。

三频载波相位观测值可以在三个频率观测值之间进行两两组合形成两个消电离层组合观测值，然后在这两个消电离层组合观测值之间求差消除几何项，以评价载波相位多路径效应，如下所示(Li et al，2010；Montenbruck et al，2013)：

$$\begin{aligned}\mathrm{DIF}(L_1,L_2,L_3) &= \mathrm{IF}(L_1,L_2) - \mathrm{IF}(L_1,L_3) \\ &= \left(\frac{f_1^2}{f_1^2-f_2^2}-\frac{f_1^2}{f_1^2-f_3^2}\right)\cdot\Phi_1 - \frac{f_2^2}{f_1^2-f_2^2}\cdot\Phi_2 + \frac{f_3^2}{f_1^2-f_3^2}\cdot\Phi_3 \\ &= \left(\frac{f_1^2}{f_1^2-f_2^2}-\frac{f_1^2}{f_1^2-f_3^2}\right)\cdot\tilde{m}_1 - \frac{f_2^2}{f_1^2-f_2^2}\cdot\tilde{m}_2 + \frac{f_3^2}{f_1^2-f_3^2}\cdot\tilde{m}_3 \\ &\quad + B_{\mathrm{DIF}} + \varepsilon_{\mathrm{DIF}} \end{aligned} \tag{4-2-28}$$

式中，DIF 为三频载波相位观测值组合，m；B_{DIF} 为模糊度项与硬件延迟偏差之和；

ε_{DIF}为组合观测值噪声。

对于 GPS、GLONASS、BDS 和 Galileo 系统，由于它们在信号频率、轨道设计、运行周期等方面存在差异，不同 GNSS 卫星信号的多路径效应特征具有显著差异。由于多路径信号的强弱与卫星的方位角和高度角有关，而在同一观测时刻，接收到的卫星信号大多来自不同的方位与高度角方向，因而很难在同一时刻、同一方位角、同一高度角条件下比较它们受到的多路径效应的影响。为了便于分析，选择一个观测时间段，每种 GNSS 卫星按型号选择 2 颗卫星作为代表，比较不同型号的 GNSS 卫星所受到的多路径效应的差异。

为了对比四系统不同卫星类型多路径和载波相位多路径效应，于 2014 年 5 月 10 日在中南大学采矿楼楼顶采用“Trimble NetR9”接收机与“TRM55971.00”天线进行了数据采集。图 4-2-1 是基于式(4-2-27)获得的码多路径组合，码多路径组合的均值即公式中的常数项，已从组合序列中移除。可以看出，不同 GNSS 以及不同卫星类型、不同频率信号的码多路径效应存在一定的差异。由于受卫星高度角的影响，卫星 C08 和 C10 之间以及 E11 和 E12 之间多路径效应差异明显。

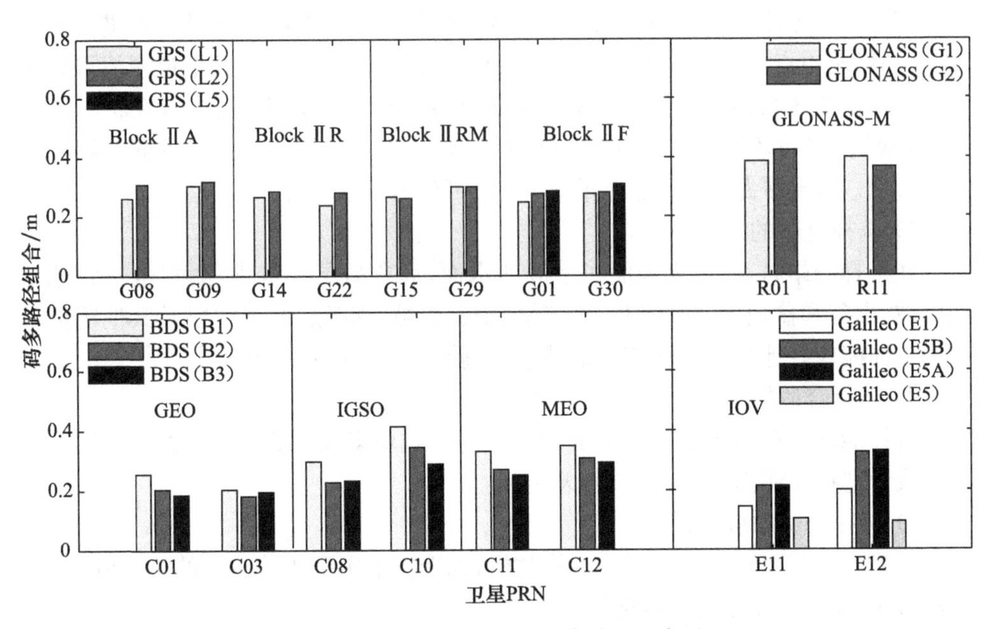

图 4-2-1　不同 GNSS 卫星码多路径组合对比

图 4-2-2 是基于式(4-2-28)获得的载波相位多路径组合，载波相位多路径组合的均值即公式中的常数项，已从组合序列中移除。可以看出，大多数卫星的载波多路径组合值在±2cm 范围内变化，反映了载波相位多路径效应造成的一个影响。

相比图 4-2-1 所示的伪距多路径效应，载波相位多路径效应小了一个数量级。由于本次计算采用的数据观测条件很好，楼顶周边没有明显的反射物，因而提取的码和载波相位多路径在数值上相对较小。

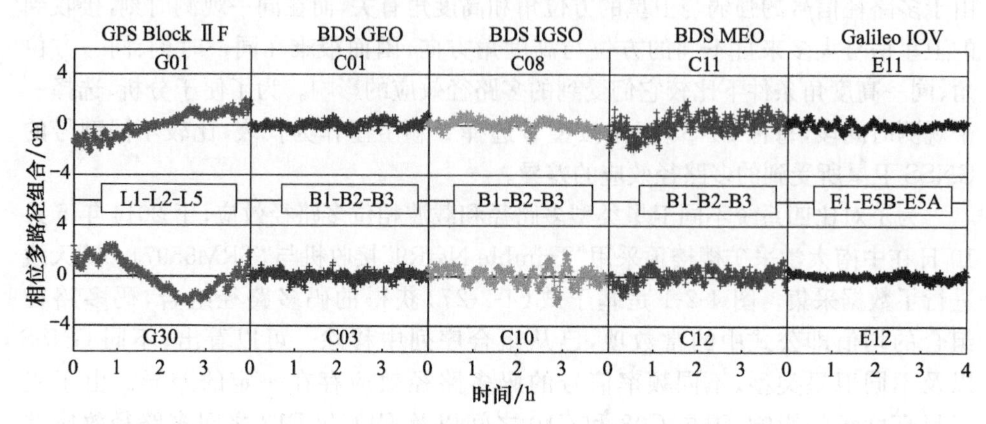

图 4-2-2 不同 GNSS 卫星载波相位多路径组合对比

通过上述方法可以对码观测值多路径与载波相位观测值多路径误差进行定量评估，在精密单点定位处理中，对于严重受到多路径误差干扰的卫星观测值可以进行剔除。由于多路径误差很难准确地通过建立数学模型来进行改正，在精密单点定位处理中，通常不直接对多路径误差进行改正，而是采用其他方式削弱多路径误差的影响。削弱多路径的方法有很多，大致可分为以下几种：

1）选择合适的站址

在选择测站时，应远离大面积平静的水面，远离高层建筑物，测站也不宜选择在山坡、山谷和盆地中。灌木丛、草、其他地面植被、翻耕后的土地以及其他粗糙不平的地面能较好地吸收微波信号的能量，是较为理想的设站地址。

2）选择合适的天线

选择能抑制多路径的高质量的天线。为了减弱多路径误差，天线下应配置抑径板或者选择扼流圈(choke-ring)天线。

3）选择合适的接收机

选择能抑制多路径效应影响的接收机，如选择采用窄相关技术的接收机。

4）通过估计方法减轻多路径误差

在计算时，过滤掉低高度角卫星的观测数据，因为低高度角的卫星信号更容易产生多路径效应。在利用测码伪距观测值进行定位时，使用长时间的观测数据，对定位结果进行平滑处理，也可以有效地减弱多路径效应的影响。另外，通过一些估计方法像半参数法等也可以减弱多路径误差的影响。

4.2.6　观测值噪声

码和相位观测值带有一定的噪声，这种噪声可能来自热噪声、接收机振荡器或其他硬件，通常由电子器件引起。接收机噪声在数值上往往较小，并且观测值之间不相关，具有高斯分布的特性。码噪声的大小随接收机型号不同而相差较大，但通常为码长的 0.03%～1%。对于 GPS C/A 码，C/A 码观测值噪声为 0.1～3m。L1 载波相位观测值的噪声通常小于 0.3cm(Morley，1997)。

观测值噪声水平是进行随机模型精化、接收机噪声水平评估等普遍需要考虑的问题。零基线测试是进行接收机噪声水平(忽略天线和前置放大器影响)评估的常用方法，该方法使用功率分配器将两台相同型号的接收机与一个天线相连，观测一段时间后对两个接收机的观测数据进行分析(de Bakker et al，2012；Yang et al，2014)。由于 GPS、GLONASS、BDS 和 Galileo 四大卫星系统均已播发真实信号，可以使用零基线试验数据对四个不同 GNSS 的观测值噪声进行对比分析(Cai et al，2015b)。

在零基线测试中，使用测站间与卫星间观测值双差操作可以消除观测噪声以外的其他误差项，双差载波相位和伪距观测值计算公式为

$$DD_{\Phi}=(\Phi^{i}-\Phi^{j})_{a}-(\Phi^{i}-\Phi^{j})_{b}=N_{ab}^{ij}+(\varepsilon_{\Phi})_{ab}^{ij} \tag{4-2-29}$$

$$DD_{P}=(P^{i}-P^{j})_{a}-(P^{i}-P^{j})_{b}=(\varepsilon_{P})_{ab}^{ij} \tag{4-2-30}$$

式中，DD_{Φ} 和 DD_{P} 分别为双差载波相位和伪距观测值，m；Φ 为载波相位观测值，m；P 为伪距观测值；下标 a 和 b 为接收机标识；上标 i 和 j 为卫星标识；N_{ab}^{ij} 为双差模糊度值，m；$(\varepsilon_{\Phi})_{ab}^{ij}$ 为载波相位双差观测值噪声；$(\varepsilon_{P})_{ab}^{ij}$ 为测码伪距双差观测值噪声。

从式(4-2-30)可以看出，零基线双差伪距观测值仅包含观测值噪声，因而可以直接进行统计分析以评价伪距观测值噪声水平。对于双差载波相位观测值，从式(4-2-29)可以看出，除了含有观测值噪声，还包含双差模糊度项。对于 GPS、BDS 和 Galileo 系统，观测值双差后，双差模糊度已十分接近于整数值，因而可以直接取整以获得双差模糊度值。但由于 GLONASS 采用了频分多址方式，其双差模糊度项并非整数值，所以不能直接取整获得模糊度值。考虑到模糊度参数可以当做常数值进行处理，将其双差序列的均值作为模糊度项进行剔除，然后进行统计分析。

根据上述计算分析方法进行 GPS、GLONASS、BDS 和 Galileo 四系统观测值噪声水平评估。如图 4-2-3 所示，使用功率分配器将两台 Trimble NetR9 型接收机和一个“TRM55971.00”型扼流圈天线连接进行数据采集，数据采样间隔为 30s，卫星截止高度角设为 5°。该型号接收机可以采集多系统多频观测数据，包括 GPS 三频数据、GLONASS 双频数据、BDS 三频数据和 Galileo 四频数据。GPS 卫星系统中只有 Block ⅡF 型号卫星播发 L1、L2 和 L5 三频数据，其他类型卫星播发 L1 和 L2 双频数据；GLONASS 卫星系统中 GLONASS-M 卫星全部播发 G1 和 G2 双频

数据；BDS 卫星系统 GEO 卫星、IGSO 卫星和 MEO 卫星全部播发 B1、B2、B3 三频数据；Galileo 卫星系统 IOV 卫星全部播发 E1、E5A、E5B 和 E5 四频数据。

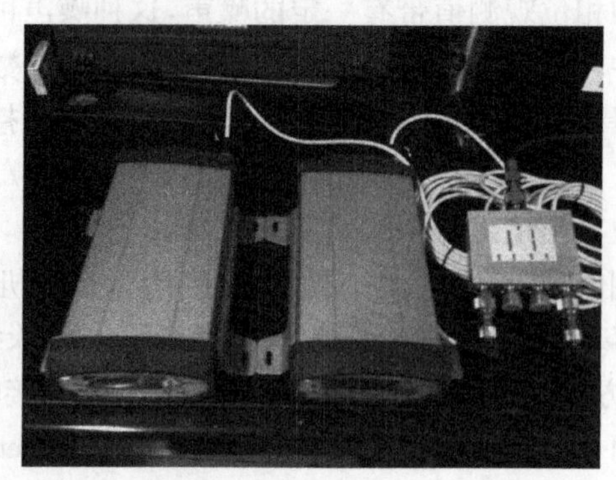

图 4-2-3　零基线数据采集

为了对比分析不同卫星型号的观测值噪声水平差异，选取一对相同类型卫星进行双差计算，具体为：GPS Block ⅡA G08 和 G09、ⅡR G14 和 G22、ⅡRM G15 和 G29、ⅡF G01 和 G30；GLONASS GLONASS-M R01 和 R11；BDS GEO C01 和 C03、IGSO C08 和 C10、MEO C11 和 C12；Galileo IOV E11 和 E12。用于计算分析的观测数据时长为 4h。

图 4-2-4～图 4-2-9 展示了使用零基线测试数据计算得到的双差载波相位和双差伪距观测值的时间序列情况，在计算过程中，双差模糊度项已经按上述讨论方法去除。其中，图 4-2-4 为 GPS Block ⅡA、Block ⅡR、Block ⅡRM 和 Block ⅡF 四种卫星类型的双差载波相位观测值序列；图 4-2-5 为 BDS GEO、IGSO、MEO 三种卫星类型的双差载波相位观测值序列；图 4-2-6 为 Galileo-IOV 卫星和 GLONASS-M 卫星的双差载波相位观测值序列；图 4-2-7 为 GPS 四种卫星类型的双差伪距观测值序列；图 4-2-8 为 BDS 三种卫星类型的双差伪距观测值序列；图 4-2-9 为 Galileo-IOV 卫星和 GLONASS-M 卫星的双差伪距观测值序列。从图 4-2-4～图 4-2-6 可以看出，对于四个卫星系统，所有可用频率的双差载波相位观测值噪声变化范围为－1～1cm，且噪声水平基本相同。从图 4-2-7 和图 4-2-8 可以看出，GPS 和 BDS 卫星系统的双差伪距观测值分布情况比较相似；然而从图 4-2-9 中可以发现，GLONASS 的双差伪距观测值分布较为离散，波动范围较大，Galileo 四个频率的双差伪距观测值相比其他系统波动范围较小。经统计，GPS、BDS 和 Galileo 三个卫星系统的双差伪距观测值序列平均值均小于 4cm，而 GLONASS 双差伪距观测值序列的平均值在 G1 和 G2 两个频率上分别为 19cm 和 6cm，这可能是由于 GLONASS 频间偏差影响导致其平均值较大。

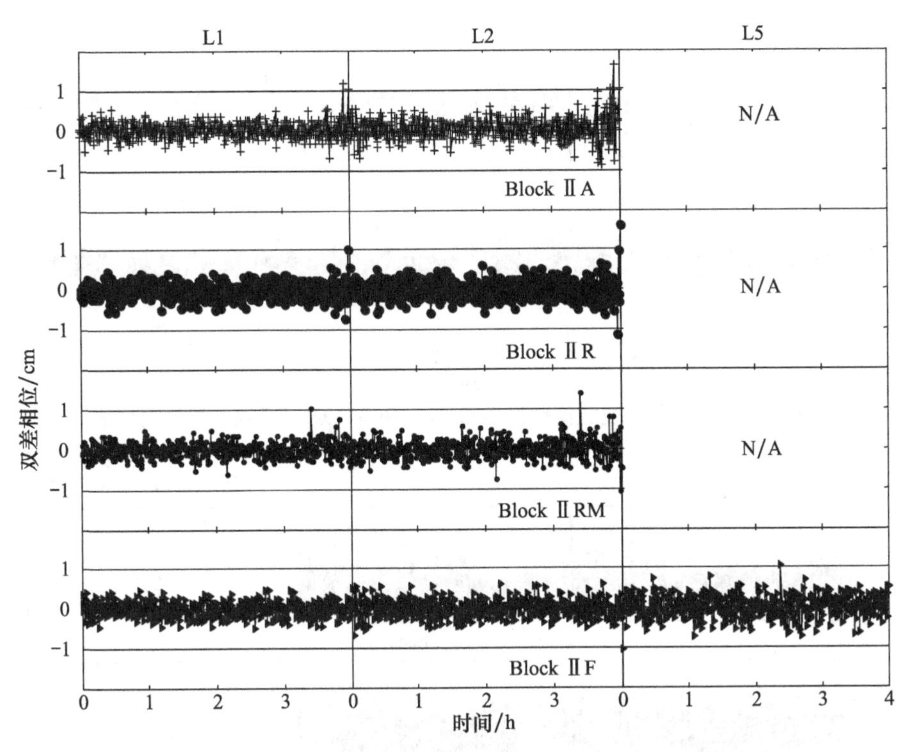

图 4-2-4　使用零基线数据获得的 GPS 双差相位观测值

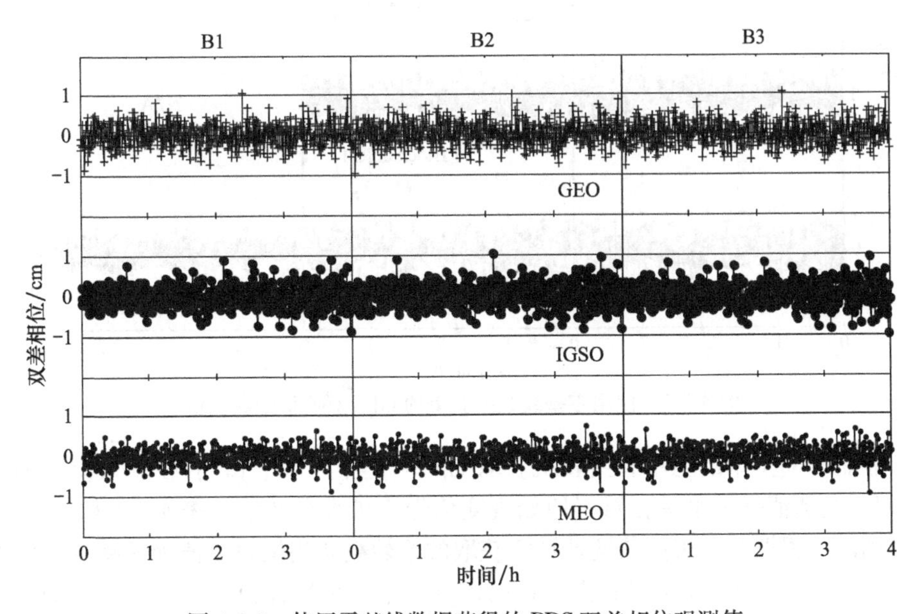

图 4-2-5　使用零基线数据获得的 BDS 双差相位观测值

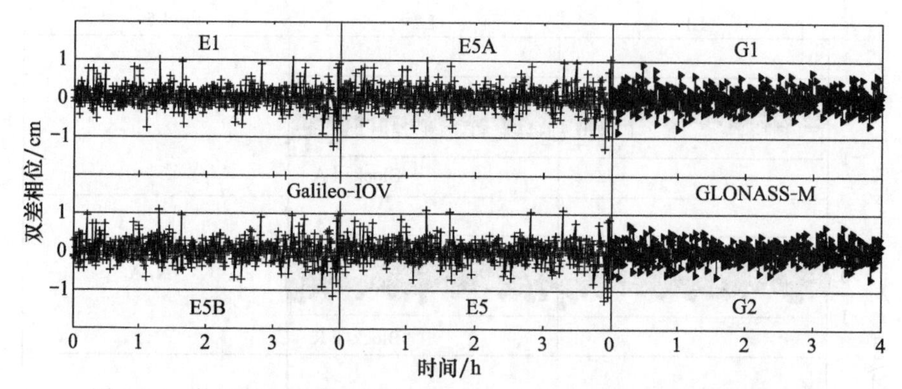

图 4-2-6 使用零基线数据获得的 Galileo 和 GLONASS 双差相位观测值

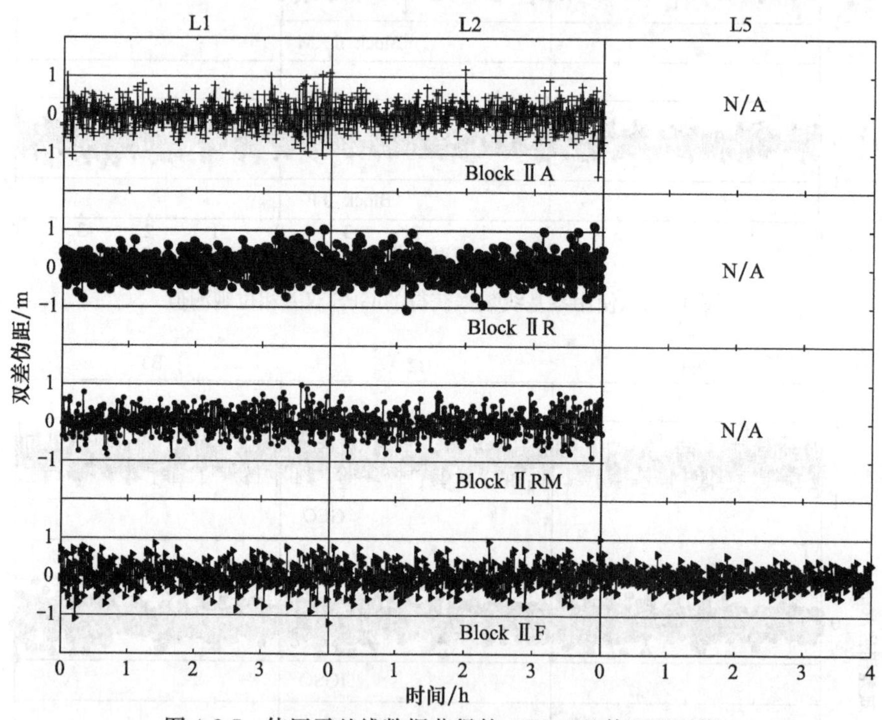

图 4-2-7 使用零基线数据获得的 GPS 双差伪距观测值

假定相同类型的卫星和接收机获取的观测值噪声水平相同，根据误差传播定律，双差观测值噪声水平相对于原始观测值噪声扩大了 2 倍。表 4-2-4 和表 4-2-5 分别列出了根据双差观测值统计计算获取的原始载波相位观测值和伪距观测值的噪声水平。从表 4-2-4 可以看出，BDS GEO 卫星系统的各频率载波相位观测值噪声水平相比其他 GNSS 卫星系统稍大，而 GPS Block ⅡF 卫星的载波相位观测值

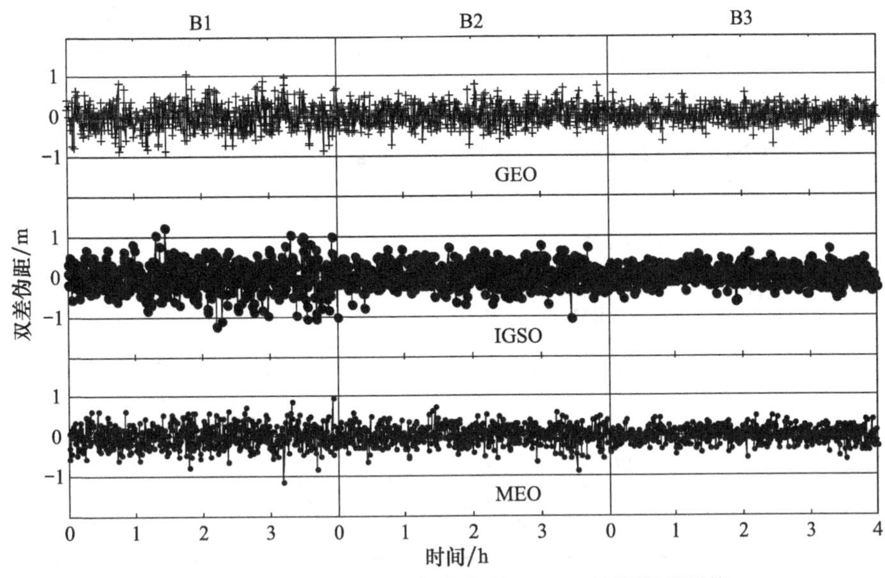

图 4-2-8　使用零基线数据获得的 BDS 双差伪距观测值

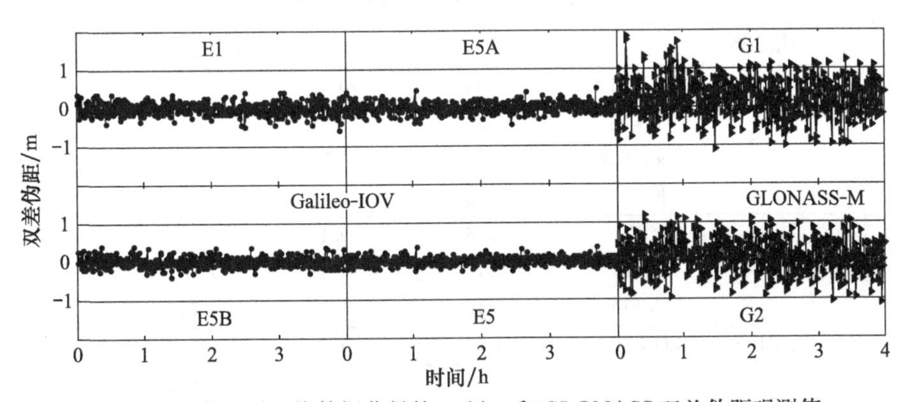

图 4-2-9　使用零基线数据获得的 Galileo 和 GLONASS 双差伪距观测值

噪声水平最小。总体来说，GPS、GLONASS、BDS 和 Galileo 卫星系统的载波相位观测值的噪声水平大致相同，基本在 0.9～1.5mm 范围内变化。GPS Block ⅡA 卫星在不同频率之间差异达 0.4mm，而其他相同卫星类型不同频率之间的载波相位观测值噪声水平差异较小。从表 4-2-5 可以看出，Galileo 卫星在 E1、E5B、E5A 和 E5 频率上的伪距观测值噪声分别为 0.08m、0.07m、0.07m 和 0.05m，明显小于其他卫星系统的伪距观测值噪声。在 Galileo 系统中，E5 频率伪距观测值噪声水平最小，原因是其采用了带宽大于 51MHz 的交替二进制偏移载波（alternative binary offset carrier，AltBOC）调制模式（Diessongo et al，2014）。BDS MEO 卫星伪距观测值噪声在相应频率上比 Galileo-IOV 卫星大，但比其他类型卫星都小。

而在所有统计的观测频率中，GLONASS-M卫星的伪距观测值噪声最大，可能是由其P码的码率较低造成的。总体来说，GPS、GLONASS、BDS和Galileo卫星的伪距观测值噪声水平在0.05～0.25m区间变化。

表4-2-4 原始载波相位观测值噪声标准偏差(standard deviation,STD)

	卫星类型		L1/B1/G1/E1	L2/B2/G2/E5B	L5/B3/—/E5A	—/—/—/E5
载波相位观测值/mm	GPS	Block ⅡA	1.0	1.4	—	—
		Block ⅡR	1.0	1.2	—	—
		Block ⅡRM	1.0	1.2	—	—
		Block ⅡF	0.9	1.1	1.1	—
	BDS	GEO	1.4	1.5	1.5	—
		IGSO	1.4	1.4	1.4	—
		MEO	1.1	1.2	1.1	—
	GLONASS	GLONASS-M	1.3	1.2	—	—
	Galileo	IOV	1.4	1.4	1.4	1.4

表4-2-5 原始测码伪距观测值噪声标准偏差(STD)

	卫星类型		L1/B1/G1/E1	L2/B2/G2/E5B	L5/B3/—/E5A	—/—/—/E5
测码伪距观测值/m	GPS	Block ⅡA	0.16	0.15	—	—
		Block ⅡR	0.15	0.16	—	—
		Block ⅡRM	0.15	0.15	—	—
		Block ⅡF	0.16	0.15	0.14	—
	BDS	GEO	0.16	0.13	0.10	—
		IGSO	0.19	0.14	0.10	—
		MEO	0.14	0.12	0.09	—
	GLONASS	GLONASS-M	0.25	0.22	—	—
	Galileo	IOV	0.08	0.07	0.07	0.05

通过对不同系统不同频率的观测值进行噪声水平对比分析，在多系统融合精密单点定位处理中，可以以此为依据建立观测值合理的随机模型，给予来自不同GNSS的不同类观测值合理的权重。

4.3 特别考虑的误差源

4.3.1 卫星和接收机天线相位中心

卫星天线相位中心偏差是指卫星天线质量中心和相位中心之间的偏差。IGS卫星定轨所采用的力学模型是针对卫星天线质心的，因而它们所获得的精密卫星轨道和钟差产品也对应于质心，但观测值来自于卫星的天线相位中心。因而，用户如果使用 IGS 精密星历产品就必须考虑卫星天线相位中心偏差的影响。图 4-3-1 是天线相位中心偏差示意图。IGS 定期发布天线相位中心改正文件，以“.atx”为扩展名。表 4-3-1～表 4-3-4 分别给出了 GPS 1899 周“IGS08-1899.atx”文件提供的 GPS、GLONASS、BDS 和 Galileo 卫星在星固系中的天线相位中心偏差值。GPS 卫星涉及几种不同的型号，因而它们之间的天线相位中心改正数据存在差异。

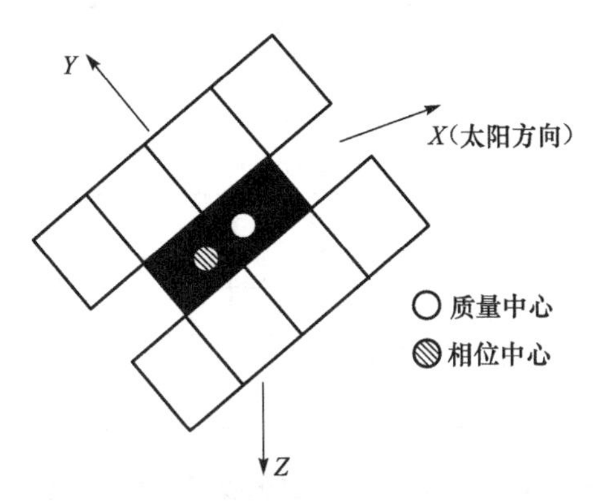

图 4-3-1　卫星天线相位中心偏差示意图

表 4-3-1　星固系中 GPS 卫星天线相位中心偏差(单位：mm)

PRN	卫星编号	卫星类型	北方向	东方向	高程方向	备注
01	063	ⅡF	394.00	0	1561.30	
02	061	ⅡR	0	0	778.60	
03	069	ⅡF	394.00	0	1600.00	初步值
05	050	ⅡRM	0	0	822.60	
06	067	ⅡF	394.00	0	1600.00	初步值
07	048	ⅡRM	0	0	852.90	初步值
08	072	ⅡF	394.00	0	1600.00	初步值
09	068	ⅡF	394.00	0	1600.00	初步值
10	073	ⅡF	394.00	0	1600.00	初步值
11	046	ⅡR	0	0	1141.30	
12	058	ⅡRM	0	0	840.80	
13	043	ⅡR	0	0	1389.50	
14	041	ⅡR	0	0	1345.40	
15	055	ⅡRM	0	0	681.10	
16	056	ⅡR	0	0	1506.40	
17	053	ⅡRM	0	0	827.10	
18	054	ⅡR	0	0	1290.90	

续表

PRN	卫星编号	卫星类型	北方向	东方向	高程方向	备注
19	059	ⅡR	0	0	849.60	
20	051	ⅡR	0	0	1343.60	
21	045	ⅡR	0	0	1405.40	
22	047	ⅡR	0	0	905.80	
23	060	ⅡR	0	0	808.20	
24	065	ⅡF	394.00	0	1600.00	初步值
25	062	ⅡF	394.00	0	1597.30	
26	071	ⅡF	394.00	0	1600.00	初步值
27	066	ⅡF	394.00	0	1600.00	初步值
28	044	ⅡR	0	0	1042.80	
29	057	ⅡRM	0	0	857.10	
30	064	ⅡF	394.00	0	1600.00	初步值
31	052	ⅡRM	0	0	971.40	
32	070	ⅡF	394.00	0	1600.00	初步值

表 4-3-2 星固系中GLONASS卫星天线相位中心偏差(单位:mm)

PRN	卫星编号	卫星类型	北方向	东方向	高程方向	备注
01	730	GLONASS-M	−545.00	0	2500.30	
02	747	GLONASS-M	−545.00	0	2450.00	初步值
03	744	GLONASS-M	−545.00	0	2563.10	
04	742	GLONASS-M	−545.00	0	2381.10	
05	734	GLONASS-M	−545.00	0	2489.30	
06	733	GLONASS-M	−545.00	0	2459.80	
07	745	GLONASS-M	−545.00	0	2637.20	
08	743	GLONASS-M	−545.00	0	2450.00	初步值
09	802	GLONASS-K	0	0	2050.00	
10	717	GLONASS-M	−545.00	0	2369.00	
11	723	GLONASS-M	−545.00	0	2425.40	
13	721	GLONASS-M	−545.00	0	2417.90	
14	715	GLONASS-M	−545.00	0	2505.60	
15	716	GLONASS-M	−545.00	0	2505.10	
16	736	GLONASS-M	−545.00	0	2401.70	
17	851	GLONASS-M	−545.00	0	2450.00	初步值
18	854	GLONASS-M	−545.00	0	2450.00	初步值
19	720	GLONASS-M	−545.00	0	2498.40	
20	719	GLONASS-M	−545.00	0	2448.20	

续表

PRN	卫星编号	卫星类型	北方向	东方向	高程方向	备注
21	855	GLONASS-M	−545.00	0	2450.00	初步值
22	731	GLONASS-M	−545.00	0	2411.00	
23	732	GLONASS-M	−545.00	0	2318.20	
24	735	GLONASS-M	−545.00	0	2483.00	

表 4-3-3　星固系中 BDS 卫星天线相位中心偏差(单位:mm)

PRN	卫星编号	卫星类型	北方向	东方向	高程方向	备注
01	003	GEO	600.00	0	1100.00	MGEX 推荐值
02	016	GEO	600.00	0	1100.00	MGEX 推荐值
03	004	GEO	600.00	0	1100.00	MGEX 推荐值
04	006	GEO	600.00	0	1100.00	MGEX 推荐值
05	011	GEO	600.00	0	1100.00	MGEX 推荐值
06	005	IGSO	600.00	0	1100.00	MGEX 推荐值
07	007	IGSO	600.00	0	1100.00	MGEX 推荐值
08	008	IGSO	600.00	0	1100.00	MGEX 推荐值
09	009	IGSO	600.00	0	1100.00	MGEX 推荐值
10	010	IGSO	600.00	0	1100.00	MGEX 推荐值
11	012	MEO	600.00	0	1100.00	MGEX 推荐值
12	013	MEO	600.00	0	1100.00	MGEX 推荐值
13	014	MEO	600.00	0	1100.00	MGEX 推荐值
14	015	MEO	600.00	0	1100.00	MGEX 推荐值
15	017	IGSO	600.00	0	1100.00	MGEX 推荐值
30	001	MEO	600.00	0	1100.00	MGEX 推荐值

表 4-3-4　星固系中 Galileo 卫星天线相位中心偏差(单位:mm)

PRN	卫星编号	北方向	东方向	高程方向	备注
08	208	150.00	0	1000.00	MGEX 推荐值
09	209	150.00	0	1000.00	MGEX 推荐值
11	101	−200.00	0	600.00	MGEX 推荐值
12	102	−200.00	0	600.00	MGEX 推荐值
14	202	150.00	0	1000.00	MGEX 推荐值
18	201	150.00	0	1000.00	MGEX 推荐值
19	103	−200.00	0	600.00	MGEX 推荐值
20	104	−200.00	0	600.00	MGEX 推荐值
22	204	150.00	0	1000.00	MGEX 推荐值
24	205	150.00	0	1000.00	MGEX 推荐值
26	203	150.00	0	1000.00	MGEX 推荐值
30	206	150.00	0	1000.00	MGEX 推荐值

天线相位中心偏差改正可以通过式(4-3-1)进行计算(Leick,2004):

$$X_{\text{phase}} = X_{\text{mass}} + [e_x \quad e_y \quad e_z]^{-1} X_{\text{offset}} \tag{4-3-1}$$

式中,e_x、e_y、e_z 分别为星固坐标系轴在惯性坐标系中的单位矢量,X_{phase}、X_{mass} 分别为惯性坐标系中以相位为中心的卫星坐标和以质量为中心的卫星坐标,X_{offset} 为卫星天线相位中心在星固系中的偏差。

接收机天线相位中心偏差是指接收机天线的相位中心和几何中心之间的偏移。在 GNSS 定位中,接收到的测码伪距和相位观测值都是对应于接收机天线的相位中心。天线的相位中心与几何中心在理论上应该保持一致,但实际上天线的相位中心位置会随着信号输入的强度和方向不同而变化,从而使得观测时的相位中心与理论上的相位中心不同。相位中心和几何中心之间的偏差对定位结果的影响可达数毫米甚至厘米(Mader,1999;Mader,2001),这种偏差的大小取决于接收机天线性能的好坏。目前已经有几种校对方法如相对野外校对、绝对室内校对和绝对野外校对可以确定天线的相位中心偏差(Mader,1999;Mader,2001;Schmitz et al,2002)。在精密单点定位处理中,可以采用 IGS“.atx”文件中提供的针对某具体接收机天线型号的相位中心偏差数据进行改正。

4.3.2 相对论效应

相对论效应是由于卫星钟和接收机钟所处的运动速度和重力位不同而导致卫星钟和接收机钟之间产生相对钟误差的现象。根据狭义相对论理论,安置在高速运动卫星里的卫星钟的频率将发生变化,使得 GNSS 卫星钟相对于接收机钟产生的频率偏差为(徐绍铨等,2003)

$$\Delta f_1 = -0.835 \times 10^{-10} f \tag{4-3-2}$$

式中,f 为卫星钟的标准频率。

按广义相对论理论,由于卫星所处的重力位与地面测站处的重力位不同导致同一台钟放在 GNSS 卫星上和放在地面上的频率将相差:

$$\Delta f_2 = 5.284 \times 10^{-10} f \tag{4-3-3}$$

比较式(4-3-2)和式(4-3-3)可以看出,对于 GPS,广义相对论效应的影响比狭义相对论效应的影响要大得多,且符号相反。总体相对论效应的影响则为

$$\Delta f = \Delta f_1 + \Delta f_2 = 4.449 \times 10^{-10} f \tag{4-3-4}$$

解决该效应的方法是在制造卫星钟时预先把频率减少 $4.449 \times 10^{-10} f$。以 GPS 卫星为例,GPS 卫星钟的标准频率为 10.23MHz,所以厂家在生产时把频率降为

$$10.23\text{MHz} \times (1 - 4.449 \times 10^{-10}) = 10.22999999545\text{MHz} \tag{4-3-5}$$

这样卫星钟在进入卫星轨道后,受到相对论效应的影响而使频率正好变为标准频率。

上述的讨论是假设卫星在圆形轨道中做匀速运动情况下进行的，而实际上卫星轨道是一个椭圆，卫星的运动速度也随时发生变化，相对论效应的影响并非常数，因而经上述改正后仍不可避免地含有残差，它对 GPS 的影响最大可达 70ns。由轨道偏心率产生的周期性部分，可用如下公式进行改正（ICD-GPS-200H，2013）：

$$\Delta t_{\mathrm{r}} = -\frac{2RV}{c^2} \tag{4-3-6}$$

式中，R 和 V 分别代表卫星的位置向量和速度向量，c 为光速。除卫星钟频率漂移，广义相对论影响还包括由于地球引力场所引起的信号传播的时间延迟，常称为引力延迟。这部分影响可通过式（4-3-7）进行改正（魏子卿等，1998）：

$$\Delta t_{\mathrm{p}} = \frac{2GM}{c^2} \ln\left(\frac{r^{\mathrm{s}} + r_{\mathrm{r}} + r_{\mathrm{r}}^{\mathrm{s}}}{r^{\mathrm{s}} + r_{\mathrm{r}} - r_{\mathrm{r}}^{\mathrm{s}}}\right) \tag{4-3-7}$$

式中，G 为万有引力常数，M 为地球质量，r^{s} 和 r_{r} 分别代表卫星和测站的地心向径，$r_{\mathrm{r}}^{\mathrm{s}}$ 表示卫星到测站的距离。引力延迟同测站与卫星之间的几何位置有关，卫星在地平附近时取最大值约为 19mm，卫星过天顶时取最小值约为 13mm。

4.3.3　天线相位缠绕

GNSS 卫星信号采用右极化方式，这种极化方式的信号使得观测到的载波相位与卫星、接收机天线的朝向有关。接收机和卫星天线任何一方的旋转将使载波相位产生最大一周的变化，也就是在距离上一个波长的变化，这种效应称为天线相对旋转相位增加效应（Wu et al，1993）。对该效应进行改正通常也称为天线相位缠绕改正（刘智敏等，2004）。对于接收机天线，除非在动态定位中它在运动，通常是指向一个固定方向（北方向），但对于卫星天线，由于它的太阳能面板需要始终朝向太阳，因而它在运动过程中会慢慢旋转，这就造成卫星和接收机之间的几何距离发生变化。除此之外，在日食期间，卫星为了能重定向太阳能面板朝向太阳，将快速旋转，在半个小时之内，旋转将达到一周，在此期间，需要对相位数据进行改正或者将这段数据去除。

天线相位缠绕在大多数高精度差分定位软件中通常被忽略，这是因为对于跨距几百公里的基线，它的影响可以忽略不计，对于长至 4000km 的基线，它的影响最大也只有 4cm（Wu et al，1993）。但是天线相位缠绕对于精密单点定位的影响是十分显著的，它能达到半个波长。自 1994 年起，大多数 IGS 数据分析中心都考虑天线相位缠绕改正。忽略这项误差将使得定位只能达到分米级的水平。通常在动态定位或导航中，接收机天线才会发生旋转，天线相位缠绕的误差将会转移到接收机钟差解中。天线相位缠绕的误差改正可以通过下列公式进行（Kouba et al，

2000)：

$$\Delta\phi=\operatorname{sign}(k\cdot(\overline{D}D))\arccos(D\cdot\overline{D}/(|D||\overline{D}|)) \tag{4-3-8}$$

$$D=x-k(k\cdot x)-ky \tag{4-3-9}$$

$$\overline{D}=\overline{x}-k(k\cdot\overline{x})+k\overline{y} \tag{4-3-10}$$

式中，· 是点积运算；$\Delta\phi$ 是天线相位缠绕改正；D、$\overline{D}$ 是由卫星体坐标单位矢量(x, y, z)和接收机天线坐标单位矢量($\overline{x}$, $\overline{y}$, $\overline{z}$)计算获得的偶极矢量；k 是卫星至接收机天线单位矢量；x、y、z 是卫星体单位矢量。

4.3.4 固体潮

摄动天体(月球、太阳)对弹性地球的引力作用，使地球表面产生周期性的涨落，称为地球固体潮现象。它使地球在地心与摄动天体的连线方向拉长，与连线垂直方向上趋于扁平。固体潮现象使测站的实际坐标随时间周期性变化，测站垂直方向位移最大可达 80cm(魏子卿等，1998)。这种由于固体潮而引起的测站水平和垂直方向的位移可以用 n 维 m 阶含有 Love 数和 Shida 数的球谐函数来表示。这些数的值与测站纬度和潮汐频率两个因素有轻微关系。如果测站位置需要达到 1mm 的精度，那么就必须考虑上述两个因素的影响。但如果只要求 5mm 的精度，采用二阶的球谐函数再加上一个高程改正项就可以。对于测站位移向量 $\Delta r^{\mathrm{T}}=|\Delta x,\Delta y,\Delta z|$ 有(McCarthy，1989)

$$\Delta r=\sum_{j=2}^{3}\frac{GM_j}{GM}\frac{r^4}{R_j^3}\left\{[3l_2(\hat{R}_j\cdot\hat{r})]\hat{R}_j+\left[3\left(\frac{h_2}{2}-l_2\right)(\hat{R}_j\cdot\hat{r})^2-\frac{h_2}{2}\right]\hat{r}\right\}$$
$$+[-0.025\cdot\sin\phi\cdot\cos\phi\cdot\sin(\theta_g+\lambda)]\cdot\hat{r} \tag{4-3-11}$$

式中，GM、GM_j 是地球、月球($j=2$)和太阳($j=3$)的引力参数；r 是测站在地心参考框架中的坐标向量，$\hat{r}$ 是相应的单位矢量；R_j 是月亮($j=2$)和太阳($j=3$)在地心参考框架中的坐标向量，$\hat{R}_j$ 是相应的单位矢量；l_2、h_2 是二阶 Love 数(0.609)和 Shida 数(0.085)；ϕ、λ 是测站的纬度和经度；θ_g 是格林尼治平恒星时。

利用上述公式进行的潮汐改正在径向可达 30cm，在水平方向可达 5cm。它包括与纬度有关的长期偏移和主要由日周期和半日周期组成的周期项。24h 的静态平滑处理可以消除大部分周期项的影响，但在中纬度地区径向可达 12cm 的长期项不能通过这种方法消除。在绝对定位中如果不利用式(4-3-11)进行改正，将产生径向达 12.5cm 和北方向 5cm 的系统性误差(Kouba et al，2000)。对于短基线(<100km)相对定位的情况，两测站的固体潮影响几乎是等同的，因此固体潮将不影响短基线相对定位。

4.3.5 大洋负荷

大洋负荷与固体潮类似，也主要由日周期和半日周期项组成，但它的产生是由潮汐的周期性涨落引起的。它在数值上比固体潮小约一个量级并且没有长期项。对于要求 5cm 定位精度的单历元定位、24h 毫米级精度的静态定位或者测站的位置远离海岸，大洋负荷的影响可以不予考虑。另外，对于厘米级的动态精密单点定位或沿海岸进行的观测显著少于 24h 的精密单点定位，需要考虑大洋负荷的影响(Kouba et al,2000)。如果需要应用对流层或接收机钟差参数，即使观测时间为 24h，也必须考虑大洋负荷改正，除非测站远离最近的海岸线 1000km 以上。否则，大洋负荷的误差将会转移到对流层参数或钟差参数中。与固体潮一样，在精密单点定位中，大洋负荷的影响一般也利用模型进行改正，其改正模型为(McCarthy,1996)

$$\Delta c = \sum_j f_j A_{cj} \cos(\omega_j t + \chi_j + u_j - \phi_{cj}) \tag{4-3-12}$$

式中，Δc 为海洋负荷对测站坐标分量的影响($c=1,2,3$)；t 为时间参数；A_{cj} 为潮汐 j 分量对坐标 c 分量影响的幅度；ϕ_{cj} 为潮汐 j 分量对坐标 c 分量影响的相位角；f_j 为 j 分量的比例因子；u_j 为 j 分量的相位角偏差；ω_j 为 j 分量的角速度；χ_j 为 j 分量的天文参数。

4.3.6　大气负荷

地球表面上的大气重量对地球表面造成了一定的负荷，这个负荷随大气压力而变化，将使得测站位置发生水平和垂直方向的位移。数值分析结果表明，大气负荷可以造成地球表面产生 10～25mm 的径向位移(Rabbel et al,1985；Van Dam et al,1987；Rabbel et al,1986)。相应的水平方向的位移为径向位移的 1/10～1/3(Van Dam et al,1994)。地表位移的周期近似为两星期，它是地理位置的函数。中纬度的位移量比高纬度的大(McCarthy,1996)。20 世纪 80 年代迅速发展的空间大地测量技术使得从地面观测值探测大气压力负荷成为可能。在此期间，一些或简单或复杂的大气压力负荷位移模型被相继提出。测站的垂直位移可以表达为(Farrell,1972；Leonid et al,2004)

$$u_r(r,t) = \iint \Delta P(r',t) G_{\mathrm{R}}(\psi) \cos\phi' \mathrm{d}\lambda' \mathrm{d}\phi' \tag{4-3-13}$$

垂向的格林函数为

$$G_{\mathrm{R}}(\psi) = \frac{fa}{g_0^2} \sum_{n=0}^{+\infty} h'_n P_n(\cos\psi) \tag{4-3-14}$$

式中，f、a、g_0 是引力常数，ϕ' 和 λ' 分别是地心纬度和经度，ψ 是坐标为 r 的测站点和坐标为 r' 的压力源点之间的地心角，P_n 为 n 阶勒让德多项式函数，$\Delta P(r',t)$ 是地表压力变化量，h'_n 是 n 阶 Shida 数。水平位移可以表示为(Leonid et al,2004)

$$u_h(r,t)=\iint q(r,r')\Delta P(r',t)G_{\mathrm{H}}(\psi)\cos\phi'\mathrm{d}\lambda'\mathrm{d}\phi' \tag{4-3-15}$$

切向的格林函数为

$$G_{\mathrm{H}}(\psi)=-\frac{fa}{g_0^2}\sum_{n=1}^{+\infty}l'_n\frac{\partial P_n(\cos\psi)}{\partial\psi} \tag{4-3-16}$$

式中，$q(r,r')$是在测站点与地球表面相切方向的单位矢量，l'_n 是 n 阶 Love 数。

4.3.7 萨奈克效应

萨奈克(Sagnac)效应是在 GNSS 卫星信号传播到观测站时由于地球自转引起的。萨奈克效应是对时钟的一个改正，这是由于该时钟在非惯性系统中和运动载体一起在旋转。该改正可以通过式(4-3-17)获得(Ashby et al,1996)：

$$\Delta t_{\mathrm{Sagnac}}=-\frac{r_{\mathrm{r}}^{\mathrm{s}}\cdot v_{\mathrm{r}}^{\mathrm{s}}}{c^2} \tag{4-3-17}$$

式中，$r_{\mathrm{r}}^{\mathrm{s}}$ 为接收机至卫星位置向量；$v_{\mathrm{r}}^{\mathrm{s}}$为接收机至卫星速度向量；$c$ 为光速。

获得改正数的另一种方法是迭代传播时间。这种方法是绕 Z 轴旋转测站坐标，所旋转的角度为卫星信号从卫星传播到测站期间地球自转的角度。当测站坐标没有显著变化时，迭代终止。距离改正数为初始的卫星到测站的距离值和迭代终止时的卫星到测站的距离值之差(Abdel-Salam,2005)。

4.3.8 极潮

地球自转轴存在相对于地球体自身内部结构的相对位置变化，从而导致极点在地球表面上的位置随时间而变化，这种现象称为极移。类似太阳和月球对地球的引力造成测站周期性位移，极移引起的地球离心势能细微变化也会造成周期性形变。不同于地球固体潮和海洋负荷潮通过 24h 的平滑处理可以消除周期项的影响，极潮所引起的测站位移会随着极移缓慢变化。由于极移最大可达 0.8rad/s，极潮所引起的形变在水平方向上最大可达 7mm，垂直方向上最大可达 25mm，所以对于亚厘米级的定位，需要对测站位置进行极潮改正，以使测站坐标与国际地球参考框架(ITRF)保持一致(Kouba,2009)。采用二阶 Love 数和 Shida 数，可以得到纬度、经度和高程方向上毫米级的改正(McCarthy et al,2004)。

$$\begin{cases}\Delta\phi=-9\cos(2\phi)[(X_p-\overline{X}_p)\cos\lambda-(Y_p-\overline{Y}_p)\sin\lambda]\\ \Delta\lambda=9\sin\phi[(X_p-\overline{X}_p)\sin\lambda+(Y_p-\overline{Y}_p)\cos\lambda]\\ \Delta h=-33\sin(2\phi)[(X_p-\overline{X}_p)\cos\lambda-(Y_p-\overline{Y}_p)\sin\lambda]\end{cases} \tag{4-3-18}$$

式中，λ 和 ϕ 分别为测站的经度与纬度；$(X_p-\overline{X}_p)$和$(Y_p-\overline{Y}_p)$是相对平均地极坐标$(\overline{X}_p,\overline{Y}_p)$的极点坐标变化量，rad/s。

4.3.9　码观测值兼容性

IGS 提供的精密卫星轨道和钟差产品通常使用 P_1/P_2 双频伪距观测值及载波相位观测值生成。用户端在进行 GNSS 精密单点定位时，在一些情况下，如使用单频观测值、双频 C_1/P_2 观测值或三频观测值，用户端所采用的伪距观测值与 IGS 提供的精密卫星轨道和钟差产品所使用的伪距观测值类型不一致或者伪距观测值组合形式不一致，就需要考虑不同类型伪距观测值仪器偏差（也称为硬件延迟偏差）不同带来的影响。不同类型的测距码（如 C_1、P_1、P_2）所引起的仪器偏差不同。绝对偏差往往无法获得，通常所求的是它们之间的相对值，如 P_1-C_1 和 P_1-P_2 码偏差。

某些互相关型的接收机（如 AOA Turbo Rogue 和 Trimble 4000）产生的两个频率上的伪距观测值（C/A，P_2），相比现代无码接收机（如 AshtechZ-XⅡ 和 AOA Benchmark/ACT）产生的（P_1，P_2）观测值存在依赖于卫星的码偏差。在精密单点定位处理时，需要对这类接收机码偏差进行改正（Abdel-Salam，2005）：

$$\widetilde{C}_1=C/A+B \tag{4-3-19}$$

$$\widetilde{P}_2=P_2+B \tag{4-3-20}$$

式中，C/A 为粗码观测值；$\widetilde{C}_1$ 为对粗码观测值进行改正后与 P_1 码一致的观测值；B 为 C/A 与 P_1 间的码偏差；P_2 为第二载波频率上的伪距观测值；$\widetilde{P}_2$ 为对粗码观测值进行改正后与新型接收机 P_2 码一致的观测值。

对于非互相关型接收机（如 Leica CRS1000）产生 C/A 粗码观测值而不是 P_1 码观测值，只需按式（4-3-19）对 C/A 观测值进行改正，P_2 观测值保持不变。对于现代无码接收机，用户无需担心其伪距观测值与精密产品使用的伪距观测值的一致性问题，但如果使用其 C/A 码观测值，仍需要进行码偏差改正。

C/A 与 P_1 间的码偏差随卫星变化而变化，每颗卫星的码偏差在一个月内变化比较平缓，其大小为几分米（唐龙等，2011）。欧洲定轨中心（CODE）自 GPS 1057 周便开始计算并提供卫星码间偏差，计算方法可以参照相关文献（Gao et al，2001）。一个转换工具软件（cc2noncc. f）可以从 IGS 网站上免费获取，用于码间偏差纠正。

4.4　本章小结

本章介绍和讨论了影响 GNSS 定位的传统误差源以及精密单点定位中需要特别考虑的误差源及其处理方法。传统误差源包括卫星轨道和卫星钟误差、电离层延迟误差、对流层延迟误差、接收机钟差、多路径误差和观测值噪声，给出了这些误差源在精密单点定位中的处理策略。重点对多路径效应和观测值噪声的特性进行了分析和评估。具体通过一个零基线试验数据对GPS、GLONASS、BDS和Galileo四系统伪距观测值与载波相位观测值的多路径误差进行了提取和对比分析。利用该零基线试验数据对四个不同系统不同频率上的伪距和载波相位观测值噪声水平进行了对比与评估。阐述了GNSS精密单点定位中需要特别考虑的一些误差源及其改正模型，包括卫星天线和接收机天线相位中心偏差、相对论效应、天线相位缠绕、固体潮、大洋负荷、大气负荷、萨奈克效应、极潮以及码观测值兼容性问题。对这些误差的产生原因进行了介绍，并给出了这些误差的改正方法。

第 5 章　数据预处理

5.1　概　　述

对观测数据进行预处理是进行精密单点定位处理的重要步骤，其主要目的是对观测数据进行粗差探测与剔除、周跳探测与修复以及钟跳探测与修复。数据预处理的具体内容包括：将各卫星系统数据文件格式进行统一，形成可兼容的标准化数据文件；通过行之有效的算法，探测出观测数据中存在的粗差，并对存在粗差的数据进行剔除；对载波相位观测值进行周跳探测，并对其进行修复。在精密单点定位处理中也可以记录下发生周跳的历元及卫星，不对该卫星载波相位观测值周跳进行直接修复，而是在参数估计时引入一个新的模糊度参数；钟跳会引起伪距或载波相位观测值跳变，从而易导致周跳探测算法失效，对定位结果造成影响，因而数据预处理还应对钟跳进行探测与修复。可以说，保证精密单点定位技术精确性和可靠性的前提就是对观测数据进行预处理操作。在观测数据质量较差的情况下不进行数据预处理就直接进行精密单点定位解算，即使采用严密的数学模型和科学的处理方案，也不可能获得精确可靠的定位结果。因此，对观测数据进行预处理是非常必要的。

本章首先介绍三种粗差探测与修复方法，然后对非差相位观测值的周跳探测与修复方法进行讨论，最后阐述接收机钟跳对观测值的影响，给出钟跳修复方法。

5.2　观测数据的粗差探测

粗差是指离群的误差(周江文，1989)。通常情况下，在一个观测向量中，如果某些观测值含有大于 3 倍中误差的真误差，则这些真误差为“粗差”(於宗俦等，1996)。观测数据中难免会出现粗差，如果不正确地对待这些粗差将会严重影响参数估计的结果。长期以来，人们在探测粗差、剔除粗差以及削弱粗差影响方面开展了大量卓有成效的研究工作。概括起来，处理粗差大致可以分为两类(欧吉坤等，1999)：一类是以概率统计理论中的假设检验为基础的粗差探测、辨识和修正方法，如荷兰 Baarda 教授提出的数据探测法(Baarda，1968)及 Cook 等的残差分析法(Cook et al，1982)等；另一类是抗差估计法(Caspary et al，1987；周江文等，1997)。上述两种方法中，前一种方法将粗差归入函数模型，将含有粗差的观测值看成与正常观测值具有相同的方差和不同的期望(於宗俦等,1996)。后一种方法将粗差归入随机模型,通过选择适当的权函数,在逐次迭代平差过程中赋予含粗差的观测值很小的权,从而自动消除或削弱粗差对参数估计的影响。该方法将含有粗差的观测值看成与正常观测值具有相同的期望和不同的方差(於宗俦等,1996),其主要困难在于如何恰当地选择权函数。

粗差探测方法最早由荷兰的 Baarda 教授提出,从已知单位权方差出发导出以服从正态分布的标准残差为统计量的数据探测法(Baarda,1968)。我国学者於宗俦在 1996 年提出了多维粗差同时定位定值法(LEGE 法)(於宗俦等,1996),该方法不仅能确定多个粗差的位置,而且可以同时求得各个粗差的数值大小。欧吉坤在 1999 年提出了粗差的拟准检定法(QUAD 法),该方法从真误差入手,利用真误差与观测值之间的解析关系,建立了拟准观测的概念。借鉴拟稳平差思想并附加“拟准观测的真误差范数极小”的条件,解决了关于真误差的秩亏方程组求确定解的问题(欧吉坤等,1999)。本节对上述三种典型的粗差探测方法进行介绍。

5.2.1 Baarda 数据探测法

荷兰的 Baarda 教授在 1968 年提出了粗差探测的数据探测法(Baarda,1968)。设有线性化观测方程:

$$L+\Delta=AX \tag{5-2-1}$$

其误差方程为

$$V=AX-L \tag{5-2-2}$$

式中,A 为 $n\times t$ 阶系数矩阵;L 为 $n\times 1$ 阶观测值;Δ 为 $n\times 1$ 阶真误差向量;V 为 $n\times 1$ 阶改正数向量;X 为 $t\times 1$ 阶参数估值。

数据探测法将粗差归入函数模型,该方法以只有一个粗差为前提,认为粗差观测值与正常观测值具有相同的方差和不同的期望,基于统计假设检验方法探测并剔除粗差。假设检验的统计量是服从正态分布的标准残差:

$$u=v_i/(\sigma_0\sqrt{Q_{V_iV_i}})=v_i/\sigma_i\sim N(0,1) \tag{5-2-3}$$

原假设为 $H_0:E(v_i)=0$;备选假设为 $H_1:E(v_i)\neq 0$。

式(5-2-3)中,$Q_{V_iV_i}$ 是 $n\times n$ 阶协因数矩阵。进行 u 检验:若 $|u|>Z_{\alpha/2}$,则拒绝原假设,L 可能存在粗差。那么此时的关键问题是显著性水平 α 的选取。一般情况下 α 取值为 0.05 较为合适(方杨等,2009),即对应的拒绝域为 $u\geqslant 1.96$。该方法以只有一个粗差为前提,如果多个粗差同时发生,则该方法不适用。

5.2.2 多维粗差同时定位定值法

於宗俦等在 1996 年提出了多维粗差同时定位定值法(LEGE 法)(於宗俦等,1996)。该方法是一种较为直观且简单可行的方法,它不仅能确定 k 个粗差的位置

($k \leqslant r-1$，r 为多余观测数)，而且可以同时求得各个粗差的数值大小，故称为“粗差定位定值法”(method of simultaneous locating and evaluating multidimensional gross errors)，简称 LEGE 法。

由最小二乘平差理论可知，真误差与改正数(残差)之间存在着以下确定的严格等式：

$$Q_v P \Delta = V \tag{5-2-4}$$

式中，Q_v 为改正数向量的验后协因数阵，P 为观测向量的权阵，它们都是 n 阶对称方阵；Δ 为真误差向量，V 为改正数向量。令可靠性矩阵 $R=Q_vP$，则式(5-2-4)可写为

$$R\Delta = V \tag{5-2-5}$$

假设在真误差向量中 Δ 存在着 k 个粗差，为了进行解算，令

$$R=[R_1 \quad R_2], \quad \Delta=[\Delta_1 \quad \Delta_2]^{\mathrm{T}} \tag{5-2-6}$$

式中，R_1 为 $n\times k$ 阶可靠性矩阵，R_2 为 $n\times(n-k)$ 阶可靠性矩阵，Δ_1 为 $k\times 1$ 阶真误差向量，Δ_2 为 $(n-k)\times 1$ 阶真误差向量。式(5-2-5)可写为

$$R_1\Delta_1 + R_2\Delta_2 = V \tag{5-2-7}$$

式中，R_1、R_2 和 V 均为已知，未知量是 Δ_1 和 Δ_2。为了确定 k 个粗差的位置和大小，可以先略去式(5-2-7)中的 $R_2\Delta_2$ 项，变成如下形式：

$$R_1\Delta_1 \approx V \tag{5-2-8}$$

式(5-2-8)是含有 k 个 Δ_1 的 n 个方程($n>k$)，Δ_1 可以按式(5-2-9)求出其最小二乘解为

$$\Delta_1 = (R_1^{\mathrm{T}}R_1)^{-1}R_1^{\mathrm{T}}V \tag{5-2-9}$$

在实际应用过程中，究竟哪 k 个 Δ 是粗差，是事先不知道的。为了找出真正的 k 个粗差，必须从 R 中依次取出 k 列所有可能的组合，这样就共有 C_n^k 个不同的列组合。对于每一个列组合，按式(5-2-9)就可求得向量 Δ_1 中的 k 个 Δ 的大小。如果在观测向量中存在着 k 个粗差，则在 C_n^k 个不同的列组合中必然有一个列组合正好包含了全部的 k 个粗差。对于这一个列组合，k 个粗差都包含在 $R_1\Delta_1$ 项中，而在被略去的 $R_2\Delta_2$ 项中出现的则全部是随机误差。由于 R_2 中的元素有正有负，随机误差本身也有正有负，且数值均相对甚小，所以 $R_2\Delta_2$ 项将是一个相对较小的数值。因而，近似有式(5-2-8)成立，它将是由一组最好的近似式来解出 k 个粗差值，也就是最接近于粗差真值的近似解。实际求解时，首先应从一阶(即 $k=1$)开始搜索，然后二阶、三阶、…(即 $k=2,3,\cdots$)，最多搜索到 $r-1$(r 是矩阵 R 的秩)阶，直到找出一组真正的粗差解。如果没有粗差，则到 $r-1$ 阶时搜索结束。如何从所有的解中找出唯一的一组真正的粗差解，需要给出判断指标和具体挑选方法。

5.2.3　粗差的拟准检定法

欧吉坤在拟稳平差理论的基础上于 1999 年提出了拟准检定法(QUAD 法)

(欧吉坤等,1999)。传统的粗差探测方法都是以观测值的残差为研究对象的。残差是指参数估值的函数与线性观测方程中的观测值之间的差值。最小二乘算法中的残差不仅受到观测值中的粗差影响,而且还受到系统结构强度的影响。因而,最小二乘算法起着平摊误差的作用,残差的大小并不能直接反映粗差大小。粗差的拟准检定法从研究观测值的真误差入手。

令平差因子阵 $J=A(A^{\mathrm{T}}A)^{-1}A^{\mathrm{T}}$,其秩为 m,它是投影矩阵,满足:$J\cdot J=J$,$JA=A$,它的正交补投影记为 S,$R=I-J$(I 是 n 阶单位阵)。

因

$$JAX=AX=L+\Delta=J(L+\Delta) \tag{5-2-10}$$

有

$$(I-J)\Delta=-(I-J)L \tag{5-2-11}$$

或

$$R\Delta=-RL \tag{5-2-12}$$

这是关于真误差 Δ 和观测值 L 的确定关系式,也可看成关于 Δ 的线性方程组。方程(5-2-12)是秩亏的,秩亏数 $d=n-(n-m)=m$。从数学上讲,解这类秩亏方程组并不困难,但应给出具有明确的物理意义的解。

通常情况下,粗差在观测数据中占的比例很小,可以认为观测数据的大部分是正常的。把基本正常但尚待确认的观测称为拟准观测,它们相应的真误差数值相对较小。设选择了 r 个拟准观测,$r>d=m$,相应的真误差为 Δ_r,非拟准观测的真误差为 Δ_1。可以在拟准观测真误差范数极小的条件下求解秩亏方程(5-2-12),即 $\|\Delta_r\|^2=\Delta_r^{\mathrm{T}}\Delta_r=\min$。如果拟准观测选择正确,附加的条件是符合客观实际的,则真误差的拟准解反映的实际意义也是准确的。当观测值中含有粗差时,真误差的拟准解的分布特征呈现明显的分群现象,这种情况下,拟准观测的真误差估值要明显小于非拟准观测的真误差估值,这就为辨识和定位含粗差的观测提供了可靠的依据。根据这一标准,可将那些真误差估值明显大的观测判定为含粗差观测。

对于单个频率的非差观测值,由于受到来自卫星、传播路径及接收机方面的多种误差源的影响,很难发现其隐藏的粗差。在精密单点定位中,通常采用双频观测数据。双频接收机至少可以采集到四类观测值,即两个频率上的伪距和载波相位观测数据。双频不同类观测数据之间可以形成各种组合,消除电离层误差、几何距离等的影响,在此基础上进行粗差探测将变得更加容易。比较常用的组合有墨尔本-维贝纳(Melbourne-Wübbena,MW)宽巷组合、无几何距离(geometry-free,GF)组合以及消电离层(ionosphere-free,IF)组合。

5.3　非差相位观测值的周跳探测与修复

非差相位观测值由于不能像单差或双差观测值那样通过观测值之间求差消除大部分误差的影响，所以探测与修复周跳更加困难。在精密单点定位技术中，一种常用的处理周跳的方式是对周跳只探测不修复，当发现周跳后，在参数估计时对该卫星的模糊度参数进行重新初始化，但当周跳频繁发生时，这种方法将会对位置滤波的收敛造成一定的影响。另一种处理周跳的方式是在参数估计前对周跳进行探测与修复。本节对后一种处理方式进行讨论。

5.3.1　TurboEdit 方法

自 20 世纪 80 年代至今，已经有许多处理载波相位观测值周跳的方法被提出，包括电离层残差法(Goad，1985)、卡尔曼滤波法(Bastos et al，1988)、多项式拟合法(Lichtenegger et al，1989)和高次差法(Kleusberg et al，1993)。这些传统的周跳探测方法有优势也有不足(Miao et al，2011)，多项式拟合法靠多项式拟合值与周跳检测序列之间的差异来判断周跳，这种方法仅仅适用于大周跳的情况。高次差法需要设定一个门限值来判断周跳是否发生，对于非差相位观测值，该门限值很难准确给定，该方法通常也只适用于探测大周跳的情况。卡尔曼滤波法利用动态模型进行预测，当周跳检测序列与卡尔曼滤波预测值之间存在较大差异时，认为发生周跳，但卡尔曼滤波模型的建立依赖于合理的滤波参数设置。电离层残差法已被广泛应用于周跳探测，但该方法以电离层平稳变化为前提，在电离层活跃的情况下，该方法将会受到限制。最近几年，研究人员提出了几种使用非差观测值探测周跳的新方法。例如，Lacy 等(2008)提出了使用贝叶斯方法探测周跳，Liu(2011)基于电离层电子总含量变化率信息发展了一种周跳探测与修复的新方法，但这两种方法仅适用于高采样率数据(如 1Hz)。Wu 等(2009)使用三频观测数据探测周跳，尽管三频观测数据提供了更多的观测值组合形式，然而增加了一个频率，同时也增加了在该频率发生周跳的可能性。

TurboEdit 方法(Blewitt，1990)已被广泛应用于精密单点定位处理中相位观测值的周跳探测与修复，该方法基于双频观测值的 MW 宽巷组合(Melbourne，1985；Wübbena，1985)和 GF 无几何距离组合。MW 组合不仅能消除几何距离项而且能消除电离层一阶误差，因而该组合已被广泛应用于周跳探测与修复。GF 组合实际上也是一种电离层残差组合，只不过它们之间存在一个缩放倍数关系。

1. MW 组合

使用双频观测数据，MW 宽巷组合可以表达为

$$
\begin{aligned}
L_{\mathrm{MW}} &= \frac{f_1 \cdot \lambda_1 \varphi_1 - f_2 \cdot \lambda_2 \varphi_2}{f_1 - f_2} - \frac{f_1 \cdot P_1 + f_2 \cdot P_2}{f_1 + f_2} \\
&= \lambda_{\mathrm{WL}} N_{\mathrm{WL}}
\end{aligned}
\tag{5-3-1}
$$

式中，$\lambda_{\mathrm{WL}} = c/(f_1 - f_2) \approx 0.86\mathrm{m}$ 和 $N_{\mathrm{WL}} = N_1 - N_2$ 分别为宽巷波长和宽巷模糊度；φ_1 和 φ_2 为 L1 和 L2 频率上的载波相位，周；P_1 和 P_2 为 L1 和 L2 频率上的测码伪距观测值；λ_1 和 λ_2 为 L1 和 L2 频率上的载波波长；f_1 和 f_2 为两个载波频率；N_1 和 N_2 为 L1 和 L2 载波上的整周模糊度。从式(5-3-1)可以容易获得宽巷模糊度为

$$
N_{\mathrm{WL}} = \frac{L_{\mathrm{MW}}}{\lambda_{\mathrm{WL}}} = \varphi_1 - \varphi_2 - \frac{f_1 \cdot P_1 + f_2 \cdot P_2}{\lambda_{\mathrm{WL}}(f_1 + f_2)}
\tag{5-3-2}
$$

只要相位观测数据中没有周跳，通过式(5-3-2)获取的宽巷模糊度随时间变化十分稳定。TurboEdit 方法使用一个递归的均值滤波器如下：

$$
\overline{N}_{\mathrm{WL}}(k) = \overline{N}_{\mathrm{WL}}(k-1) + \frac{1}{k}(N_{\mathrm{WL}}(k) - \overline{N}_{\mathrm{WL}}(k-1))
\tag{5-3-3}
$$

$$
\sigma^2(k) = \sigma^2(k-1) + \frac{1}{k}\left[(N_{\mathrm{WL}}(k) - \overline{N}_{\mathrm{WL}}(k-1))^2 - \sigma^2(k-1)\right]
\tag{5-3-4}
$$

式中，$\overline{N}_{\mathrm{WL}}$ 为 N_{WL} 通过递归的均值滤波器滤波后的值，k 和 $k-1$ 分别为当前和前一个历元，$\sigma(k)$ 为 $\overline{N}_{\mathrm{WL}}$ 在历元 k 处的标准偏离值(STD)。当下面的条件满足时，则认为发生了周跳：

$$
|N_{\mathrm{WL}}(k) - \overline{N}_{\mathrm{WL}}(k-1)| \geqslant 4\sigma(k)
\tag{5-3-5}
$$

$$
|N_{\mathrm{WL}}(k+1) - N_{\mathrm{WL}}(k)| \leqslant 1
\tag{5-3-6}
$$

MW 组合消除了几何距离和一阶电离层误差的影响，因而将其作为周跳检测量可以探测出小周跳。从式(5-3-2)中也不难看出，该组合观测值对于 L1 和 L2 频率上发生相同周跳的周跳对不敏感。

2. GF 组合

GF 组合观测值与几何距离无关，仅仅包含了电离层误差与整周模糊度项。该组合观测值仅仅使用载波相位观测数据而不涉及伪距观测值，因而精度很高。在电离层变化平稳的情况下，基于该组合观测值可以探测出小至一周的周跳。GF 组合观测值可以表示为

$$
\Phi_{\mathrm{GF}} = \lambda_1 \varphi_1 - \lambda_2 \varphi_2 = (\gamma - 1)I + \lambda_1 N_1 - \lambda_2 N_2
\tag{5-3-7}
$$

式中，I 为 L1 载波频率上的电离层误差项，m；$\gamma = f_1^2/f_2^2$。在通常情况下，电离层电子密度随空间和时间的变化较为平缓，在没有周跳存在时，模糊度 N_1 和 N_2 为常数，所以 GF 组合的时间序列变化较为平缓。而当周跳出现时，则会破坏这种平滑性。通过历元之间求差便可获得周跳检查量：

$$
\lambda_1 \Delta\varphi_1 - \lambda_2 \Delta\varphi_2 = \Delta I + \lambda_1 \Delta N_1 - \lambda_2 \Delta N_2
\tag{5-3-8}
$$

式中，ΔN_1 和 ΔN_2 为 L1 和 L2 载波上的周跳值。不难看出，当周跳 ΔN_1 和 ΔN_2 满足 $\Delta N_1/\Delta N_2=\lambda_2/\lambda_1$ 或者 $\Delta N_1/\Delta N_2\approx\lambda_2/\lambda_1$ 时，GF 组合对该周跳对不敏感。从式(5-3-8)等号右边还可以看出，GF 组合虽然消除了几何距离和与之相关的一些误差，但是还残留了部分电离层延迟误差的影响。当电离层电子密度变化剧烈时，残留的电离层误差易对周跳探测造成干扰，导致小周跳无法探测出来。除此之外，单独依赖 GF 组合无法分辨出周跳具体发生在哪一个频率上。

上述两种周跳检测量具有各自的优势与不足，TurboEdit 方法联合使用这两种周跳检测量，可以优势互补，实现小周跳的探测与修复。因而，TurboEdit 方法在精密单点定位处理中被广泛用于非差相位观测值的周跳探测与修复。

5.3.2　基于宽巷组合的移动窗口滤波法

1. *向前和向后移动窗口滤波算法*

如 5.3.1 节所述，TurboEdit 是一种基于 MW 宽巷线性组合的周跳探测和修复算法，但由于 MW 组合使用了测码伪距观测值，对于某些 GNSS 接收机，产生的伪距观测值噪声较大或伪距多路径误差较大时，使用 TurboEdit 算法很难探测出 1～2 周的小周跳(Cai et al，2013d)。鉴于此，本节在 MW 组合的基础上，设计了一种向前和向后移动窗口滤波算法(forward and backward moving window averaging，FBMWA)，该算法在一个指定窗口大小内向前和向后两个方向平滑宽巷模糊度，有效地减弱了伪距观测值噪声和多路径误差对探测周跳的影响。MW 宽巷组合模糊度可以表示为

$$N_{\mathrm{WL}}=\varphi_1-\varphi_2-\frac{f_1\cdot P_1+f_2\cdot P_2}{\lambda_{\mathrm{WL}}(f_1+f_2)} \tag{5-3-9}$$

式中，宽巷波长 $\lambda_{\mathrm{WL}}=c/(f_1-f_2)\approx0.86\mathrm{m}$；$N_{\mathrm{WL}}=N_1-N_2$ 为宽巷模糊度；φ_1 和 φ_2 为 L1 和 L2 频率上的载波相位，周；P_1 和 P_2 为 L1 和 L2 频率上的测码伪距观测值；f_1 和 f_2 为 L1 和 L2 上的频率；N_1 和 N_2 为 L1 和 L2 上的模糊度；c 为光速。FBMWA 算法可以描述为

$$\overline{N}_{\mathrm{WL,Bwd}}(k-1)=\frac{1}{m}\sum_{i=k-1}^{k-m}N_{\mathrm{WL}}(i) \tag{5-3-10}$$

$$\overline{N}_{\mathrm{WL,Fwd}}(k)=\frac{1}{n}\sum_{i=k}^{k+n-1}N_{\mathrm{WL}}(i) \tag{5-3-11}$$

$$\Delta\overline{N}_{\mathrm{WL}}(k)=\overline{N}_{\mathrm{WL,Fwd}}(k)-\overline{N}_{\mathrm{WL,Bwd}}(k-1) \tag{5-3-12}$$

式中，$\Delta\overline{N}_{\mathrm{WL}}(k)$为 $\overline{N}_{\mathrm{WL,Fwd}}(k)$和 $\overline{N}_{\mathrm{WL,Bwd}}(k-1)$的差值；$\overline{N}_{\mathrm{WL,Bwd}}(k-1)$为向后滤波的宽巷模糊度；$\overline{N}_{\mathrm{WL,Fwd}}(k)$为向前滤波的宽巷模糊度；$k$ 为观测历元；m 和 n 分别为向后和向前滤波的窗口尺寸。在这个 FBMWA 算法中，如果历元 k 前的 n 个历元中不存在周跳，向前滤波平滑能显著减少宽巷模糊度的噪声。向前滤波与向后滤

波的移动窗口尺寸可以根据历元之间差分的宽巷模糊度的噪声水平来确定。根据经验，窗口尺寸可以近似取其噪声水平的 50 倍，如噪声为 0.3m，窗口尺寸可以取 15。窗口尺寸越大，其滤去噪声的能力就越强，但同时也增加了一个窗口期内包含其他周跳的可能性。

由于 MW 组合对于发生在 L1 和 L2 两个频率上的相等的周跳值不敏感，所以向前和向后移动窗口滤波算法需要联合其他算法使用。

2. *电离层残差的二阶时间差法*

电离层残差法在 1985 年首次被提出(Goad，1985)，该方法通过两个频率上的载波相位观测值进行组合，消除了几何距离项的影响，残留模糊度项和部分电离层误差。其表达式可以定义为

$$\varphi_{\text{PIR}} = N_1 - \lambda_2/\lambda_1 N_2 + I_{\text{Res}} \tag{5-3-13}$$

式中，λ_1 和 λ_2 是 L1 和 L2 载波上的波长，$I_{\text{Res}}=(\gamma-1)I/\lambda_1=3.3997I$ 是残留的以周为单位的电离层误差。如果存在周跳，在历元 k 处的周跳可以通过历元之间单差获得

$$[\varphi_{\text{PIR}}(k)-\varphi_{\text{PIR}}(k-1)]=[\Delta N_1-\lambda_2/\lambda_1\Delta N_2]+[I_{\text{Res}}(k)-I_{\text{Res}}(k-1)] \tag{5-3-14}$$

式中，ΔN_1 和 ΔN_2 为 L1 和 L2 载波上的周跳值。式(5-3-14)可以称为电离层残差组合的一阶时间差形式。从式(5-3-14)可以看出，其周跳项受到电离层残留误差的影响，其大小为 $3.3997[I(k)-I(k-1)]$。在电离层活跃情况下，总电子含量(TEC)的变化速率标准差可能超过 0.03TECU/s(Liu et al，2009)，其对周跳探测的影响不容忽视。

为了尽可能减少电离层误差的影响，可以在一次时间差的基础上进一步进行历元间二次差，即采取电离层残差的二次时间差法(second-order，time-difference phase ionospheric residual，STPIR)：

$$\begin{aligned}[\Delta N_1-\lambda_2/\lambda_1\Delta N_2]=&[\varphi_{\text{PIR}}(k)-2\varphi_{\text{PIR}}(k-1)+\varphi_{\text{PIR}}(k-2)]\\&-[I_{\text{Res}}(k)-2I_{\text{Res}}(k-1)+I_{\text{Res}}(k-2)]\end{aligned} \tag{5-3-15}$$

通过在历元之间进行二次差操作，相比一次时间差，残留的电离层误差显著减少，从而更有利于周跳探测。但在电离层活跃时，该方法仍然容易受到残留电离层误差变化的影响。

向前和向后移动窗口滤波算法与电离层残差的二次时间差法各有优势与不足，并且都存在各自不敏感的周跳对，鉴于此，本节联合采用这两种算法进行周跳的探测与修复。

3. 周跳修复

单独使用 FBMWA 或 STPIR 算法进行周跳探测时，由于这两种算法都各自存在不敏感的周跳对，从而会存在周跳漏检的情况出现。例如，对于周跳对(ΔN_1，ΔN_2)，当 $\Delta N_1=\Delta N_2$ 时，使用 FBMWA 算法公式(5-3-12)探测周跳，则会出现探测出的周跳 $\Delta\overline{N}_{WL}(k)$ 为 0。类似地，使用 STPIR 算法公式(5-3-15)探测周跳时，对于周跳对($77k$,$60k$)，$k=\pm1,\pm2,\cdots$，探测出的周跳同样为 0。表 5-3-1 列出了几组典型的周跳对。表中，第一行和最后一行分别给出了这两种不敏感的周跳对；第 2～4 行是另外几组对于 STPIR 算法不太敏感的周跳对。但当两种方法联合使用时，它们能很好地进行优势互补。例如，FBMWA 算法对周跳对(1,1)不敏感，但 STPIR 算法周跳检查量显示出一个(−0.283)周的值，通过该值能够探测出发生了周跳。

表 5-3-1 对于 FBMWA 和 STPIR 算法几组不敏感的周跳对

周跳对		FBMWA 算法	STPIR 算法
ΔN_1	ΔN_2	$\Delta N_1-\Delta N_2$/周	$\Delta N_1-\lambda_2/\lambda_1\Delta N_2$/周
1	1	0	−0.283
4	3	1	0.150
5	4	1	−0.133
9	7	2	0.017
77	60	17	0

通过使用式(5-3-12)和式(5-3-15)探测出周跳后，各个频率上的周跳值(ΔN_1，ΔN_2)可以通过下面的式子来求解：

$$\Delta N_1-\Delta N_2=a \tag{5-3-16}$$

$$\Delta N_1-\lambda_2/\lambda_1\Delta N_2=b \tag{5-3-17}$$

式中，a 为使用式(5-3-12)探测的周跳近似为整数后的值；b 为使用式(5-3-15)探测周跳的值，该值是一个浮点数。基于式(5-3-16)和式(5-3-17)，首先求解出(ΔN_1,ΔN_2)的浮点数，然后将它们近似为整数。

4. 处理结果与分析

为了验证联合使用 FBMWA 和 STPIR 算法进行周跳探测与修复的效果，利用试验数据对算法进行了测试。表 5-3-2 归纳了测试用的数据情况，4 个测站共 2 天的观测数据被用于算法测试，这 4 个测站来自全球不同的区域，覆盖了低、中、高纬度地区，使用观测数据的采样间隔为 30s。所选择的时间是在太阳活动高峰年即

2000～2001 年。选择了 2000 年 7 月 14 日与 2001 年 4 月 15 日的观测数据进行测试，这两天分别发生了不同等级的太阳耀斑。

表 5-3-2 测试数据情况

日期	耀斑级别	测站	纬度/(°)	经度/(°)	接收机类型
2000-7-14	5.7	BJFS	39.609	115.892	ASHTECH Z-XII3
		MDO1	30.681	−104.015	ROGUE SNR-8000
2001-4-15	14.4	KOUR	5.252	−52.806	ASHTECH Z-XII3
		REYK	64.139	−21.955	AOA SNR-8000 ACT

图 5-3-1 提供了使用 FBMWA 和 STPIR 算法进行周跳探测的结果。左图显示的是 FBMWA 算法的探测结果，深色实线为非滤波的宽巷模糊度，浅色实线为向后滤波的宽巷模糊度，虚线表示向前滤波和向后滤波的宽巷模糊度差值。右图显示的是 STPIR 算法的探测结果，深色线表示电离层残差的 1 次时间差，浅色线表示电离层残差的 2 次时间差。图中的峰值为模拟周跳的位置，分别在 GPS 时 10:30 和 14:00 进行了周跳模拟，其位置已经用两条虚线标出，模拟的周跳对为(5,4)。在使用 FBMWA 算法时使用的窗口尺寸如表 5-3-3 所示。

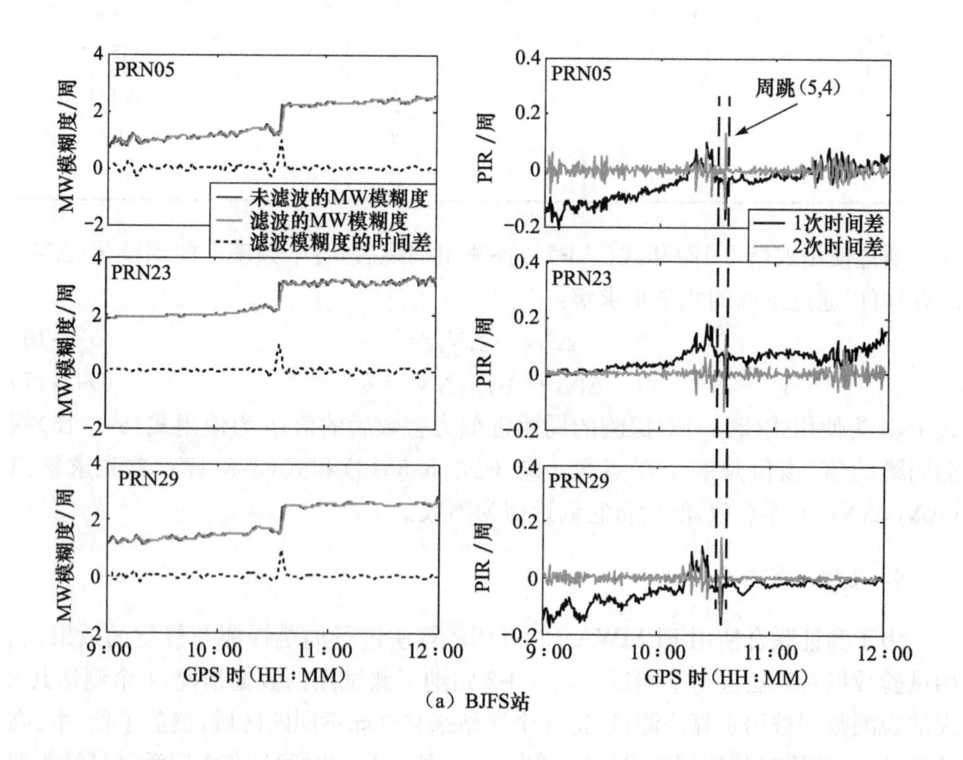

(a) BJFS站

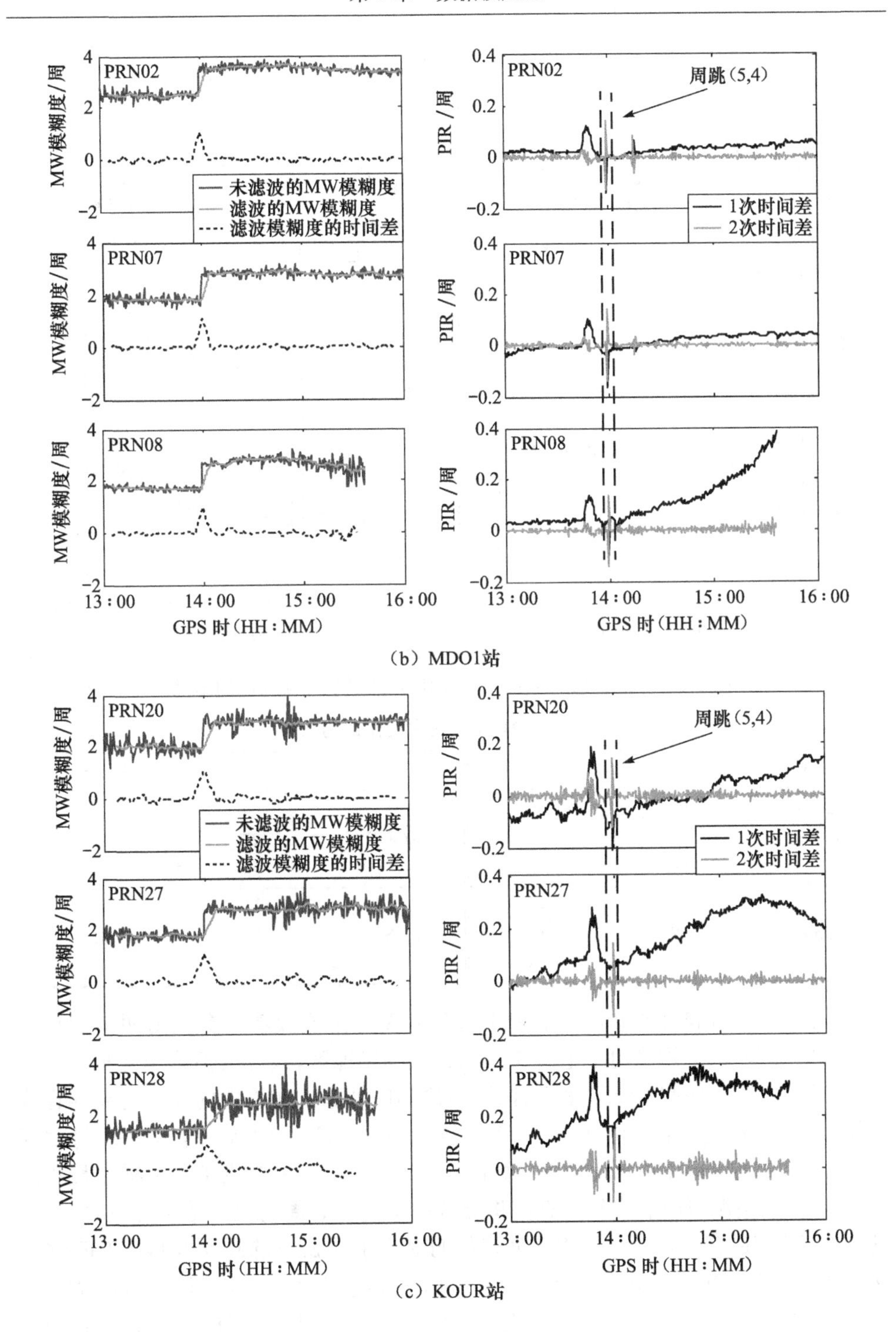

(b) MDO1站

(c) KOUR站

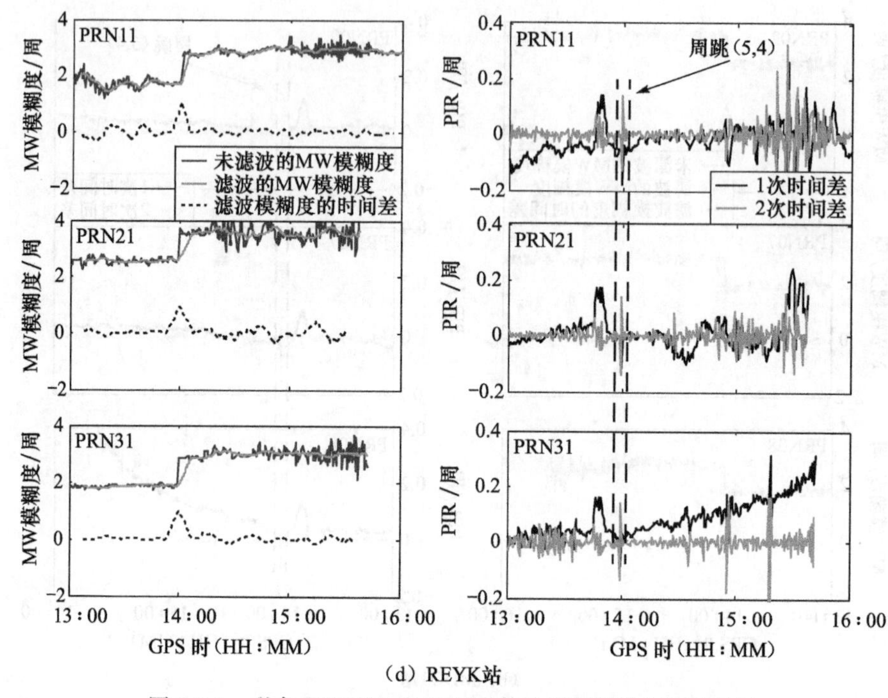

(d) REYK站

图 5-3-1 联合 FBMWA 和 STPIR 算法进行周跳探测的结果

表 5-3-3 FBMWA 算法中使用的窗口尺寸

测站	PRN	窗口尺寸	测站	PRN	窗口尺寸
	05	5		20	15
BJFS	23	5	KOUR	27	15
	29	5		28	25
	02	10		11	10
MDO1	07	10	REYK	21	15
	08	10		31	15

从图 5-3-1 左图中可以看出,使用 FBMWA 算法能成功地探测出两个频率上一周的周跳差异,特别是对于电离层活跃的高纬度地区,该方法仍然非常有效。从右图 STPIR 算法探测的结果来看,该周跳检测序列除了在模拟的周跳历元存在峰值外还存在其他峰值。由于 FBMWA 算法存在 $\Delta N_1=\Delta N_2$ 的不敏感周跳对($\Delta N_1,\Delta N_2$),它们不能被 FBMWA 算法识别。表 5-3-1 中提供了不敏感的最小周跳对(1,1)的情况,使用 STPIR 算法将导致一个 0.283 周的探测结果,但从右图可以看出,STPIR 算法探测结果中几处峰值明显小于 0.283(除高纬度测站 REYK),这也就意味着不敏感周跳对 $\Delta N_1=\Delta N_2$ 的情况没有发生。这样,联合 FBMWA 算法与 STPIR 算法可以有效地进行周跳探测,并且可以优势互补,避免漏判不敏感周跳对的情况。从结果中也可以看出,对于高纬度测站,电离层相比低中纬度测站

更为活跃，对于FBMWA算法不敏感小周跳对的出现，理论上可能会出现误判的情况，但实际上出现不敏感小周跳对的概率并不大。

表5-3-4归纳了FBMWA和STPIR算法联合探测周跳和修复周跳的情况。统计结果显示，FBMWA算法平均探测值（向前向后滤波差值）小于0.1周，表明伪距观测值噪声在FBMWA平滑算法中已经得到有效减弱。所有的峰值接近于模拟的1周周跳（5周－4周）。将周跳门限值设置为（均值±3倍标准差），所有24组数据的峰值均超过这个门限值，表明它们成功探测出了周跳信号。

表5-3-4 使用FBMWA和STPIR算法的周跳探测结果（单位：周）

测站	PRN	峰值		[mean－3σ，mean＋3σ]		是否能探测周跳		周跳估值 $[\Delta N_1, \Delta N_2]$
		FBMWA	STPIR	FBMWA	STPIR	FBMWA	STPIR	
BJFS	05	0.950	－0.134	[－0.337,0.383]	[－0.065,0.067]	是	是	[5.002,4.002]
	23	0.927	－0.134	[－0.307,0.347]	[－0.060,0.060]	是	是	[5.002,4.002]
	29	0.963	－0.133	[－0.306,0.342]	[－0.048,0.048]	是	是	[4.999,3.999]
MDO1	02	1.041	－0.128	[－0.440,0.490]	[－0.039,0.039]	是	是	[4.981,3.981]
	07	1.072	－0.141	[－0.441,0.495]	[－0.036,0.036]	是	是	[5.027,4.027]
	08	0.975	－0.137	[－0.480,0.522]	[－0.044,0.046]	是	是	[5.013,4.013]
KOUR	20	1.089	－0.123	[－0.526,0.614]	[－0.053,0.055]	是	是	[4.964,3.964]
	27	1.082	－0.133	[－0.582,0.672]	[－0.050,0.052]	是	是	[4.999,3.999]
	28	0.982	－0.131	[－0.598,0.776]	[－0.068,0.070]	是	是	[4.992,3.992]
REYK	11	1.041	－0.125	[－0.524,0.574]	[－0.147,0.147]	是	否	[4.971,3.971]
	21	0.940	－0.137	[－0.590,0.688]	[－0.098,0.100]	是	是	[5.013,4.013]
	31	0.984	－0.132	[－0.500,0.622]	[－0.107,0.109]	是	是	[4.995,3.995]

表5-3-4第四列也显示了STPIR算法的探测结果，同样，门限值设置为（均值±3倍标准差），当STPIR算法周跳探测值超过该门限值时，认为有周跳发生。在太阳活动强烈时，利用该算法探测周跳，电离层误差有可能会被误判为周跳，周跳信号也可能会被电离层误差淹没，导致周跳探测失败，如该试验中STPIR算法未能有效探测出REYK测站的11号卫星发生的周跳。但FBMWA算法对电离层误差并不敏感，因此结合FBMWA算法和STPIR算法能有效探测出小周跳。利用FBMWA和STPIR算法的周跳探测值还可以有效计算出在L1和L2频率上发生周跳的数量。其周跳计算值显示在表5-3-4最右边一列中，通过四舍五入便可准确地得到周跳值，从而可以对周跳进行修复。

通过以上结果可以发现，向前和向后移动窗口滤波算法（FBMWA）能有效减弱宽巷模糊度中伪距观测值噪声对探测周跳的影响，从而能在非差相位观测值中探测出1～2周的小周跳。联合使用FBMWA和STPIR算法即使在强电离层活动情况下也能有效探测并恢复周跳。

5.4 钟跳处理

5.4.1 接收机钟跳概述

不像GNSS卫星上搭载的是原子钟,GNSS接收机一般采用内置石英钟作为时间基准,当进行卫星数据接收时,接收机设置为与某一系统时间如GPS系统时间保持同步,但是由于石英钟的精度限制,接收机时间并不能与卫星系统时间保持完全一致。随着时间的推移,接收机的钟差会逐渐产生漂移,并且时间越长漂移越大,对伪距和载波相位观测值的生成产生影响。接收机生产厂商为了控制接收机时钟漂移造成的不利影响,会周期性地插入时钟跳跃来对钟差进行补偿,以使钟差值始终保持在一定的范围中。按钟差数量级可以分为毫秒级钟跳和微秒级钟跳(Kim et al,2001)。毫秒级钟跳是接收机周期性地插入1ms的钟差对时钟进行调整;微秒级钟跳又称频繁钟跳,是在接收机钟差达到某一设定阈值时,便进行钟差调整,其时钟调整的频率比较高。

钟跳对伪距和载波相位观测值造成的影响可分为三类(张小红等,2012):①伪距观测值跳动,载波相位观测值连续;②载波相位观测值跳动,伪距观测值连续;③伪距和载波相位观测值同时跳动。对于伪距或载波相位观测值发生跳动的情况,将会导致部分周跳探测算法失效,致使卫星模糊度参数重新初始化,严重影响定位结果;对于第三类伪距和载波相位观测值同时发生跳变的情况,引起的系统性误差在参数估计时可以被接收机钟差完全吸收,仅会影响周跳探测的准确性,不会影响位置坐标解算,因此需要重点对前两类钟跳进行探测与修复。

钟跳探测方法可分为两种,第一种是利用观测值进行钟跳探测,主要通过分析伪距或载波相位观测值变化的连续性判断钟跳发生;第二种是利用钟差参数进行钟跳探测,这种方法需要先估计出钟差参数,再分析钟差随时间的连续性。这两种探测方法均能有效探测出第一类和第三类毫秒级钟跳,但由于钟差参数并不存在显著阶跃,因此基于钟差的钟跳探测方法无法准确定位第二种情况下的毫秒级钟跳和频繁的微秒级钟跳。鉴于以上情况,大多采用第一种方法即观测值域方法来进行钟跳探测与修复,该方法不需要预先估计钟差,因此也更适用于实时观测数据预处理。

5.4.2 接收机钟跳影响

接收机钟跳造成的观测值变化可以表示为(Kim et al,2001;Zhang et al,2013b)

$$\Phi(t+\Delta t)\approx\Phi(t)+\dot{\Phi}\cdot\Delta t\approx\Phi(t)+\dot{\rho}\cdot\Delta t+c\cdot\Delta t \tag{5-4-1}$$

式中，t 是接收机观测时刻；Φ 是载波相位观测值(或伪距观测值)，m；$\dot{\Phi}$ 是载波相位观测值(或伪距观测值)的变化率，m/s；Δt 是钟跳值，s；$\dot{\rho}$ 是卫地距变化率，m/s；c 是光速，m/s。

对于同一接收机，由于不同卫星之间运动速度存在差异，$\dot{\rho}\cdot\Delta t$ 将导致不同的钟跳等效误差值，而 $c\cdot\Delta t$ 对所有卫星产生的测距影响相同。表 5-4-1 以 GPS 系统为例列出了 L1、L2 两个频率上微秒级钟跳和毫秒级钟跳对伪距观测值和相位观测值造成的影响情况，表 5-4-1 中的数值是在假定卫星径向运动速度为 900m/s、相位观测值随时间变化率为 4000Hz 的前提下计算获得的。

表 5-4-1　微秒级钟跳和毫秒级钟跳造成的伪距和载波相位观测值误差情况

钟跳变	误差项	伪距误差/m	L1 载波误差/周	L2 载波误差/周
1ms	$c\cdot\Delta t$	300000	1575420	1227600
	$\dot{\rho}\cdot\Delta t$	0.09	4	4
1μs	$c\cdot\Delta t$	300	1575.42	1227.6
	$\dot{\rho}\cdot\Delta t$	0.00009	0.004	0.004

5.4.3　接收机钟跳探测

1. 观测值域钟跳探测与修复

以毫秒级钟跳探测为例，采用历元之间差分的方法进行钟跳探测，按如下形式构建钟跳检测量及其判断条件式(张小红等，2012)：

$$\Delta S_i^j=(P_i^j-P_{i-1}^j)-(\Phi_i^j-\Phi_{i-1}^j) \tag{5-4-2}$$

$$|\Delta S_i^j|>k_1\approx 10^{-3}\cdot c \tag{5-4-3}$$

式中，j 表示卫星编号；i 表示历元；P 表示伪距观测值，m；Φ 表示载波相位观测值，m；k_1 表示毫秒级钟跳判断阈值；c 表示光速。

在某一历元进行钟跳探测时，当所有卫星观测值均满足式(5-4-3)时，可认为该时刻可能发生钟跳或所有卫星同时发生周跳，在这种情况下，利用式(5-4-4)计算钟跳候选值 M，并采用式(5-4-5)确定实际钟跳值 S_{jump}(ms)：

$$M=10^{-3}\cdot\left(\sum_{j=1}^{n}\Delta S^j\right)\Big/(n\cdot c) \tag{5-4-4}$$

$$S_{\text{jump}}=\begin{cases}\text{int}(M), & |M-\text{int}(M)|\leqslant k_2\\ 0, & |M-\text{int}(M)|>k_2\end{cases} \tag{5-4-5}$$

式中，n 表示可用卫星数；k_2 表示阈值，取值范围 $10^{-5}\sim10^{-7}$。

为了保证钟跳修复时伪距和载波相位观测值基准的一致性，可以采用反向修复法，即当仅伪距观测值发生钟跳时，将连续的载波相位观测值调整为与伪距观测值钟跳一致的跳跃形式；当仅载波相位观测值产生钟跳时，将连续的伪距观测值调整为与载波相位观测值钟跳一致的跳跃形式，具体修复公式为

$$\widetilde{\Phi}_i^j=\Phi_i^j+\dot{\rho}\cdot S_{\text{jump}}/10^{-3}+S_{\text{jump}}\cdot c/10^{-3} \tag{5-4-6}$$

$$\widetilde{P}_i^j=P_i^j+\dot{\rho}\cdot S_{\text{jump}}/10^{-3}+S_{\text{jump}}\cdot c/10^{-3} \tag{5-4-7}$$

式中，$\widetilde{\Phi}_i^j$ 表示修复后的载波相位观测值，m；$\widetilde{P}_i^j$ 表示修复后的伪距观测值，m。

2. 钟差域钟跳探测与修复

钟跳会导致接收机钟差值随时间变化不连续，发生钟跳后的接收机钟差值出现跳变。这种钟跳与钟差本身的噪声不同，钟跳值会明显大于历元之间接收机钟差值的差值，因而容易区分钟跳和钟差噪声。

钟差域钟跳探测方法通常是利用历元之间钟差的变化情况进行钟跳探测，计算历元之间的钟差变化的平均值，具体公式为（张成军等，2009）

$$\Delta \mathrm{d}t=\frac{1}{n-1}\cdot\sum_{i=2}^{n}\left|\frac{\mathrm{d}t(t_i)-\mathrm{d}t(t_{i-1})}{t_i-t_{i-1}}\right| \tag{5-4-8}$$

式中，$\Delta \mathrm{d}t$ 表示钟差变化的平均值；$\mathrm{d}t$ 表示钟差；n 表示总历元数；i 表示历元；t 表示观测时刻。

由式(5-4-8)计算钟差变化的平均值序列并求定均方差 $\delta(\Delta \mathrm{d}t)$，采用式(5-4-9)计算相邻历元钟差变化的限制，以判断钟跳或粗差情况，具体公式为

$$\left|\frac{\mathrm{d}t(t_i)-\mathrm{d}t(t_{i-1})}{t_i-t_{i-1}}\right|>\Delta \mathrm{d}t+\alpha\cdot\delta(\Delta \mathrm{d}t) \tag{5-4-9}$$

式中，α 可根据经验设定。

当历元之间钟差互差满足式(5-4-9)时，可以选定为钟跳候选值，在钟跳候选值中可能存在粗差的情况，应予以剔除。若在钟跳候选历元附近，存在两个待定钟跳，且大小相同符号相反，并满足式(5-4-10)，则可认为其是粗差，具体公式为

$$\left|\left|\frac{\mathrm{d}t(t_{i+1})-\mathrm{d}t(t_i)}{t_{i+1}-t_i}\right|-\left|\frac{\mathrm{d}t(t_i)-\mathrm{d}t(t_{i-1})}{t_i-t_{i-1}}\right|\right|>\alpha\cdot\delta(\Delta \mathrm{d}t) \tag{5-4-10}$$

在上述计算过程中，需要注意的是，在发生钟跳的历元后需要重新计算 $\Delta \mathrm{d}t$ 及其均方差。为了保持伪距和载波相位观测值基准的一致性，钟跳修复可以按照类似式(5-4-6)、式(5-4-7)的形式进行。

5.5 本章小结

本章主要介绍了非差观测数据的预处理方法，包括粗差探测方法、周跳探测与修复方法、钟跳探测与处理方法。在粗差探测中对三种粗差探测方法进行了阐述，包括 Baarda 数据探测法、多维粗差同时定位定值法（LEGE 法）和粗差的拟准检定

法(QUAD 法)。在钟跳探测中,对观测值域钟跳探测与修复以及钟差域钟跳探测与修复方法进行了阐述。重点对周跳探测与修复方法进行了讨论,对精密单点定位中常用的周跳探测与修复方法即 TurboEdit 方法进行了描述,针对该方法存在的不足,设计了一种基于宽巷组合的移动窗口滤波法,该方法与电离层残差二次时间差法相结合,在伪距观测值噪声或多路径误差较大时,能有效地探测出非差相位观测值小周跳的发生,该方法也适用于电离层活跃时对非差相位观测值的周跳探测与修复。

第6章　GPS精密单点定位方法

6.1　概　　述

精密单点定位技术自从诞生以来，已发展了多种数学模型，比较有代表性的数学模型包括传统模型、UofC模型、非组合模型和消模糊度模型。传统模型在两个频率的测码伪距观测值之间、两个频率的载波相位观测值之间分别形成消电离层组合，该模型在精密单点定位中得到了普遍应用。UofC模型是在两个频率测码伪距和载波相位观测值之间、两个频率的载波相位观测值之间分别形成消电离层组合，该模型又称P1-P2-CP精密单点定位模型，可以有效地减轻码观测值噪声对精密单点定位的影响。两种模型的思路都是通过在观测值之间形成消电离层组合来消去一阶电离层误差对定位的影响。由于电离层误差在接近地平线方向最大可达到100m以上，而目前的电离层模型不能对其进行精确改正，因而对于厘米级精度的精密单点定位技术，只能通过观测值之间的线性组合来消除电离层误差的影响。非组合模型在原始测码伪距和载波相位观测值中将视线方向电离层延迟作为参数进行估计，该方法未在观测值之间进行线性组合，能有效避免原始观测值噪声和多路径效应被放大，同时也可以充分利用观测值信息估计出电离层延迟，为电离层总电子含量(TEC)研究提供更多途径。鉴于其优点，非组合精密单点定位技术近年来受到了较多的关注。消模糊度模型实际上是一种历元间单差模型，该模型通过历元之间的差分消除了相位观测值的初始整周模糊度，可以有效地减少待估参数数量以降低精密单点定位计算对计算机资源的要求。

本章首先介绍参数估计方法，包括序贯最小二乘方法、卡尔曼滤波方法、自适应卡尔曼滤波方法和抗差估计方法；然后详细讨论精密单点定位中的几种常用模型，即传统模型、UofC模型、非组合模型和消模糊度模型，包括它们的观测模型和随机模型；最后给出卡尔曼滤波处理过程中进行质量控制的方法。

6.2　参数估计方法

6.2.1　序贯最小二乘

最小二乘估计是大地测量学的基本数学工具，在GNSS定位中得到了广泛应用。最小二乘估计根据观测值和待定值的函数关系来确定未知参数。经典的最小二乘法不需要考虑待估参数的先验统计信息,观测值和待定值的数学模型可表达为

$$f(X)=l+v \tag{6-2-1}$$

式中,$f(X)$为观测模型,l 为观测值,v 为观测误差,X 为待估参数。用泰勒级数展开式将该方程线性化得

$$f(X_0)+B\hat{x}=l+v \tag{6-2-2}$$

式中,B 为系数矩阵,又称设计矩阵,如果 B 为非奇异矩阵,则可以得到参数的最小二乘估值 $\hat{x}$。根据残差平方和 $v^{\mathrm{T}}v$ 最小准则可估计出未知参数:

$$\hat{X}=X_0+\hat{x} \tag{6-2-3}$$

$$\hat{x}=(B^{\mathrm{T}}B)^{-1}B^{\mathrm{T}}(l-f(X_0)) \tag{6-2-4}$$

如果考虑观测值的权,则可得参数的加权最小二乘估计:

$$\hat{x}=(B^{\mathrm{T}}PB)^{-1}B^{\mathrm{T}}P(l-f(X_0)) \tag{6-2-5}$$

式中,权阵 $P=Q^{-1}$,Q 为观测值的方差-协方差矩阵。

上述最小二乘公式假设参数是非随机变量。随着测量技术的发展,出现了需要解决观测量和未知参数均为随机变量的情况,于是产生了考虑随机参数的最小二乘方法。设已知参数的先验方差-协方差阵为 Q_x,则可得参数的最小二乘估计:

$$\hat{X}=X_0+(B^{\mathrm{T}}PB+Q_x^{-1})^{-1}B^{\mathrm{T}}P(l-f(X_0)) \tag{6-2-6}$$

为了节省计算机资源和提高运算速度,在实时处理中,通常采用序贯最小二乘估计算法(测量平差教研室,1996)。设观测值为 L_k,权阵为 P_k,待估参数为 x_k,其误差方程为

$$V_k=B_k\hat{x}_k-l_k \tag{6-2-7}$$

式中,$\hat{x}_k=\hat{X}_k-X_k^0$,$l_k=L_k-L_k^0$。设 $Q_{\hat{X}_k}=(B_k^{\mathrm{T}}P_kB_k)^{-1}$,则可得序贯最小二乘公式:

$$\hat{x}_k=\hat{x}_{k-1}+J\bar{l}_k \tag{6-2-8}$$

$$Q_{\hat{X}_k}=Q_{\hat{X}_{k-1}}-JB_kQ_{\hat{X}_{k-1}} \tag{6-2-9}$$

$$J=Q_{\hat{X}_{k-1}}B_k^{\mathrm{T}}\,(P_k^{-1}+B_kQ_{\hat{X}_{k-1}}B_k^{\mathrm{T}})^{-1} \tag{6-2-10}$$

$$\bar{l}_k=l_k-B_k\hat{x}_{k-1} \tag{6-2-11}$$

式中,J 为序贯最小二乘增益矩阵。上面的计算公式未考虑待估参数的状态方程和参数的先验信息,如果需要考虑,可考虑采用卡尔曼滤波方法。

6.2.2　卡尔曼滤波

卡尔曼于 1960 年发表了著名的用递归方法解决离散数据线性滤波问题的论文(Kalman,1960),从此以后,卡尔曼滤波器得到了广泛应用,尤其是在自主和辅助导航领域。卡尔曼滤波方法也是 GNSS 定位和导航应用中普遍采用的方法。简

单地讲，卡尔曼滤波器采用均方差最小准则，是一个最优化自回归数据处理算法。它由一系列递归数学公式组成，在很大程度上节省了计算机资源。卡尔曼滤波器功能强大，它可以估计信号的过去和当前状态，甚至能预报将来的状态。卡尔曼滤波方法的一个主要特点是它不需要保留以前所有的数据，其根据前一时刻的状态估值和当前时刻的观测值递推获得新的状态估值。卡尔曼滤波不但广泛应用于 GNSS 动态定位中，而且也可以应用在静态定位中。在静态情况下，它相当于序贯平差。除了可用于定位，在 GNSS 领域还可用于相位观测值的周跳探测以及模糊度分解等。

设线性离散系统的状态方程和观测方程为

$$x_{k+1}=\Phi_k x_k+w_k \tag{6-2-12}$$

$$z_k=H_k x_k+v_k \tag{6-2-13}$$

式中，x_k 为状态向量，Φ_k 为状态转移矩阵，w_k 为系统噪声，z_k 为观测值，H_k 为设计矩阵，v_k 为观测噪声。假设系统具有如下统计特性(魏子卿等，1998)：

$$E(w_k)=0 \tag{6-2-14}$$

$$\mathrm{Cov}(w_k,w_j)=Q_k\delta_{kj} \tag{6-2-15}$$

$$E(v_k)=0 \tag{6-2-16}$$

$$\mathrm{Cov}(v_k,v_j)=R_k\delta_{kj} \tag{6-2-17}$$

$$\mathrm{Cov}(w_k,v_j)=0 \tag{6-2-18}$$

$$E(x_k)=X_0 \tag{6-2-19}$$

$$\mathrm{Var}(x_0)=D_x \tag{6-2-20}$$

$$\mathrm{Cov}(x_0,w_k)=0 \tag{6-2-21}$$

$$\mathrm{Cov}(x_0,v_k)=0 \tag{6-2-22}$$

式(6-2-12)为状态向量的递推公式，根据以前的估值 x_k，利用状态转移矩阵 Φ_k，可以得到下一时刻的估值 x_{k+1}。因而，转移矩阵在动态过程中起到了核心作用。通过卡尔曼滤波方程(6-2-12)和(6-2-13)可以得到在任意时刻 t 的 x 最佳估值。所谓“最佳”是指所得到的估值是无偏的，相应的协方差矩阵的迹为最小。x_k 的预测值与在 t_k 时观测取得的值进行比较，根据预测值的协方差矩阵和测量值解算得到最佳估值。因而，卡尔曼滤波方程由两部分组成，即预测方程和更新方程。第一部分的作用是在没有观测时对状态进行预测，第二部分的作用是使用测量观测值更新预测值。卡尔曼滤波过程可以表达如下：

预测方程为

$$\hat{x}_{k+1}^{-}=\Phi_k\hat{x}_k \tag{6-2-23}$$

$$P_{k+1}^{-}=\Phi_k P_k \Phi_k^{\mathrm{T}}+Q_k \tag{6-2-24}$$

式中，P_k 为 x_k 的协方差矩阵。式(6-2-23)来自式(6-2-12)，式(6-2-24)由协方差传播率获得。

更新方程为

$$K_k = P_k^- H_k^{\mathrm{T}} (H_k P_k^- H_k^{\mathrm{T}} + R_k)^{-1} \tag{6-2-25}$$

$$\hat{x}_k = \hat{x}_k^- + K_k (z_k - H_k \hat{x}_k^-) \tag{6-2-26}$$

$$P_k = (I - K_k H_k) P_k^- \tag{6-2-27}$$

式中,符号(−)表示预测。从式(6-2-26)可以看出,状态向量的估值可以表达为上一时刻的状态向量估值和测量值的函数。测量值对状态向量估值的影响由 K_k 决定,这个矩阵称为增益矩阵,由式(6-2-25)给出。它的大小取决于协方差矩阵 P_k^- 和观测值协方差矩阵 R_k。如果这些矩阵选择不当,则 K_k 可能会变得很小,使得测量值对状态向量影响减弱,从而导致卡尔曼滤波器发散。从式(6-2-25)～式(6-2-27)可以看出,卡尔曼滤波是递推的,它不需要存储过去的测量数据,以前的测量信息都包含在状态向量及其协方差矩阵中,这样,除了需要最新的测量值及其协方差外,卡尔曼滤波不需要其他信息(魏子卿等,1998)。卡尔曼滤波的计算步骤可以通过图 6-2-1 所示步骤进行。

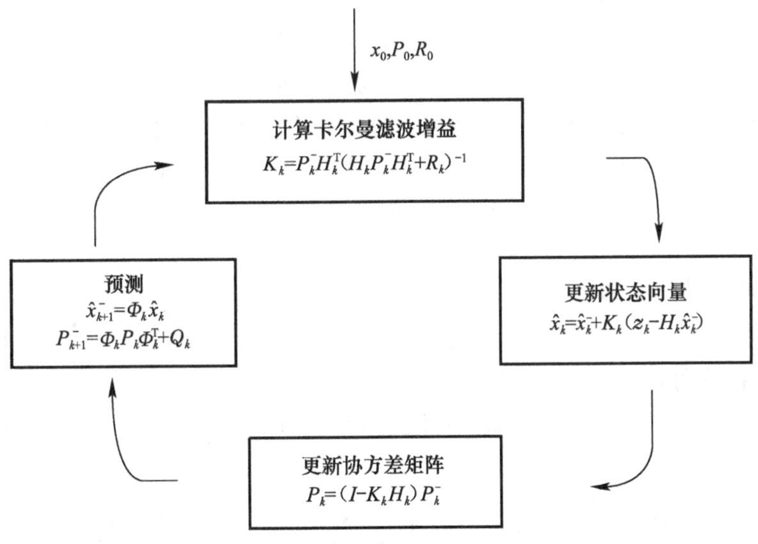

图 6-2-1　卡尔曼滤波算法示意图

6.2.3　自适应卡尔曼滤波

卡尔曼滤波引入了状态空间的概念,在设计滤波器的过程中,考虑了系统本身的状态变化。在预测阶段,它利用上一时刻状态参数的估计值预报当前时刻的状态参数;在更新阶段,它利用当前状态的观测信息修正状态参数的预报值从而获得更加精确可靠的参数估计值。标准卡尔曼滤波的最优算法是以准确的函数模型和随机模型为前提的,但多数情况下,数学模型难以精确建立,各参数以及观测值的先验信息都是无法精确已知的,使用这种不准确的函数模型和不精确的参数统计特性进行卡尔曼滤波会增加状态参数估计的误差。围绕如何利用先验统计信息去构造合理的随机模型，学者提出了许多行之有效的自适应卡尔曼滤波方法。Jazwinski(1969)提出了模型方差自适应补偿法，即在卡尔曼滤波过程中利用观测信息自适应地估计模型误差的协方差矩阵。Mehra(1970)提出了利用新息序列的自适应估计开窗逼近法，即要求观测方程协方差阵及状态误差协方差阵随时自适应于观测信息。这种自适应滤波一般称为 Sage 自适应滤波。Mohamed 及 Schwarz (1999)、Wang 等(1999)利用 Mehra(1970)提出的新息序列的自适应估计开窗逼近法，由最新的前 m 个历元的残差序列或新息序列实时估计有色观测噪声协方差阵和有色状态噪声方差阵，使其自适应于观测信息，从而建立了有色噪声条件下的自适应卡尔曼滤波。下面以 Sage 自适应滤波为例介绍自适应卡尔曼滤波算法。

Sage 自适应滤波基于有色噪声的相关特性，利用新息序列的自适应估计开窗逼近法，使观测方程协方差矩阵和状态方程协方差矩阵自适应于观测信息(Mohamed et al,1999;胡国荣等,1999;徐天河等,2000)。Sage 自适应滤波对于观测模型和系统模型精确已知的线性离散系统，当噪声的统计特性未知时，通过历史信息平均估计当前的动态噪声和观测噪声的协方差阵，从而自适应于当前的动态信息和观测信息。实际应用中常采用开窗法，通过前 m 个历元的新息向量和残差向量估计当前历元的动态噪声和观测噪声的协方差阵。前者称为基于新息的自适应估计(innovation-based adaptive estimation, IAE)滤波，后者称为基于残差的自适应估计(residual-based adaptive estimation, RAE)滤波(崔先强,2002)。

1) IAE 开窗法

设新息向量 $\bar{v}_k$ 为

$$\bar{v}_k = H_k \hat{x}_k^- - z_k \tag{6-2-28}$$

由误差传播率可得

$$Q_{\bar{v}_k} = R_k + H_k P_k^- H_k^{\mathrm{T}} \tag{6-2-29}$$

则有

$$R_k = Q_{\bar{v}_k} - H_k P_k^- H_k^{\mathrm{T}} \approx \frac{1}{m}\sum_{i=0}^{m-1} \bar{v}_{k-i}\bar{v}_{k-i}^{\mathrm{T}} - H_k P_k^- H_k^{\mathrm{T}} \tag{6-2-30}$$

式中，m 为窗口大小。

2) RAE 开窗法

设残差向量 v_k 为

$$v_k = H_k \hat{x}_k - z_k \tag{6-2-31}$$

则有

$$R_k = Q_{v_k} - H_k P_k H_k^{\mathrm{T}} \approx \frac{1}{m}\sum_{i=0}^{m-1} v_{k-i}v_{k-i}^{\mathrm{T}} - H_k P_k H_k^{\mathrm{T}} \tag{6-2-32}$$

式中，m 为窗口大小。

3）动态噪声协方差

设状态改正向量 v_{x_k} 为

$$v_{x_k} = \hat{x}_k - \hat{x}_k^- \tag{6-2-33}$$

则有

$$Q_k = \frac{1}{m}\sum_{i=0}^{m-1} v_{x_{k-i}} v_{x_{k-i}}^{\mathrm{T}} - \Phi_k P_{k-1} \Phi_k^{\mathrm{T}} + P_k \tag{6-2-34}$$

由式(6-2-34)可知，估计动态噪声协方差阵 Q_k 时，模型中含有 P_k，而求解 P_k 又需要 Q_k，无法直接求解，因而只能用前 m 个历元的状态改正数进行近似估计：

$$Q_k = \frac{1}{m}\sum_{i=0}^{m-1} v_{x_{k-i}} v_{x_{k-i}}^{\mathrm{T}} \tag{6-2-35}$$

可见 Sage 自适应滤波实际是对历史精度信息的平均。因此，Sage 自适应滤波估计动态噪声协方差阵和观测噪声协方差阵的精度和可靠性取决于历史信息的精度和可靠性。

6.2.4　抗差估计

抗差估计源于统计学中的抗差性概念，一方面估计方法要具有一定的稳定性，即当估计方法所依据的理论模型与实际情况之间存在微小差异时，估计方法的性能仅受到微小影响；另一方面估计方法要具有一定的抗干扰性，即观测值中存在少量粗差时，估计量受其影响不大。从这个意义上来说，抗差估计是在追求一种良好的估计性能，通过选择适当的估计方法使估计量尽可能少受观测粗差的影响，得到最佳估值(文援兰，2001)。

抗差卡尔曼滤波可以有效地抑制观测异常，提高滤波解的精度和可靠性。通过构造等价权对粗差观测值进行控制，降低异常观测值对于参数估计的影响(张小红等，2015)。抗差估计相较于传统的数据质量控制是在拒绝或者接受一个观测量之间进行一种平滑，而不是断然地拒绝或接受一个观测值，实际上保留了那些虽然数据质量不好但仍然可利用的观测值(文援兰，2001)。相较于经典的卡尔曼滤波，抗差卡尔曼滤波在递推形式上完全一致，差异仅体现在观测模型中用等价方差替换测量噪声的方差。常用的抗差估计模型的等价权函数有丹麦法(Krarup et al，1980)、Huber 法(Huber，1964)、IGG(Ⅰ～Ⅲ)系列(周江文，1989；杨元喜，1993)等。其中 IGG Ⅲ模型被广泛采用，等价权表示为(杨元喜，1993)

$$\bar{P}_i = \begin{cases} P_i, & |\tilde{v}_i| \leqslant k_0 \\ P_i \dfrac{k_0}{|\tilde{v}_i|}\left(\dfrac{k_1 - |\tilde{v}_i|}{k_1 - k_0}\right)^2, & k_0 < |\tilde{v}_i| \leqslant k_1 \\ 0, & |\tilde{v}_i| > k_1 \end{cases} \tag{6-2-36}$$

式中，k_0、k_1 为常量，$k_0 \in [1.0, 1.5]$，$k_1 \in [2.0, 3.0]$；$\bar{v}_i$ 为标准化残差且 $\bar{v}_i = v_i / \sqrt{Q_{vv}}$，其中 v_i 为计算得到的观测量残差，Q_{vv} 为残差协因数阵对角线元素；P_i 为观测量对应的权。从式(6-2-36)可以看出，该方案是针对不同的观测量残差调整权值将其划分为保权区、降权区和拒绝区。调整后观测量的权阵可以更加合理地反映观测值的精度，有利于保证滤波解的可靠性和稳定性。

6.3 定位模型

定位模型的好坏直接决定了精密单点定位处理的性能。本节对四种常用的精密单点定位模型进行介绍，包括它们的函数模型和随机模型，这四种模型是传统模型、UofC 模型、非组合模型和消模糊度模型。函数模型描述的是观测量与相应的未知参数之间的函数关系，是求解未知参数的基础。在 GNSS 测量中，可以获得不同类型的观测值如测码伪距、载波相位和多普勒观测值，这些观测值具有不同的精度，因而当需要同时处理这些不同精度的观测值时，就应当给每种观测值赋予合适的权值，而权值的大小是根据观测值方差之间的比例关系来确定的。消电离层组合观测值由码和码、码和相位或相位和相位观测值之间组合而成，对于其方差可以根据误差传播律来进行计算。对于不同类型的 GNSS 接收机通常采取不同的跟踪技术，对于精密单点定位算法，需要区分两种类型的接收机，一种是相关型接收机，另一种是无码即非相关型接收机。对于相关型接收机，L2 频率上的观测值是直接和 L1 频率上的观测值相关的。对于非相关型接收机，在 L1 频率上的观测值和 L2 频率上的观测值是不相关的，因而权矩阵将是对角阵。对角线上的值主要由观测值类型及其之间的相对精度决定(Abdel-Salam，2005)。由于大多数双频接收机属于无码型接收机，本节仅考虑这种类型的接收机。在接收机进行观测时，各卫星信号经过不同的路径到达接收机，因而观测值的精度与这些路径有关。低高度角的卫星信号往往穿过更长的路径才能到达接收机端，这样会造成信号的衰减而且会引入更多的噪声，可以通过卫星的高度角和信号的信噪比来对它们进行量化。通常利用卫星高度角来衡量观测值的精度，也就是说，观测值可以根据卫星的高度角来定权，通常取高度角的正弦形式。

6.3.1 传统模型

1. 观测模型

在 GNSS 卫星定位中，常用的观测值有测码伪距和载波相位观测值。对于一个双频的接收机，L1 和 L2 频段上的观测值可以通过下面的等式来描述：

$$P_i = \rho + c(\mathrm{d}t - \mathrm{d}T) + d_{\mathrm{orb}} + d_{\mathrm{trop}} + d_{\mathrm{ion/L}i} + d_{\mathrm{mult}/P_i} + \varepsilon_{P_i} \qquad (6\text{-}3\text{-}1)$$

$$\Phi_i = \rho + c(\mathrm{d}t - \mathrm{d}T) + d_{\mathrm{orb}} + d_{\mathrm{trop}} - d_{\mathrm{ion/L}i} + \lambda_i N_i + d_{\mathrm{mult}/\Phi_i} + \varepsilon_{\Phi_i} \quad (6\text{-}3\text{-}2)$$

式中，P_i 是 Li 上的测码伪距观测值，m；Φ_i 是 Li 上的载波相位观测值，m；ρ 是卫星到测站之间的几何距离，m；c 是光速，m/s；dt 是接收机钟差，s；dT 是卫星钟差，s；d_{orb}是卫星轨道误差，m；d_{trop}是对流层延迟，m；$d_{\mathrm{ion/L}i}$是 Li 上的电离层延迟，m；λ_i 是 Li 上的波长，m/周；N_i 是 Li 上的整周未知数，周；d_{mult/P_i}是 Li 上测码伪距观测值里的多路径误差，m；d_{mult/Φ_i}是 Li 上载波相位观测值里的多路径误差，m；ε 是观测值噪声，m。

在上面的等式中，卫星轨道误差、卫星钟差、对流层误差和接收机钟差是与信号频率无关的，这些误差对于来自同一卫星的码和载波相位观测值是相等的。电离层误差(一阶)与卫星信号频率的平方成反比，它对于测码伪距观测值和载波相位观测值大小相等，符号相反。测码伪距观测值的噪声通常是码元宽的 1%，对于 GPS C/A 码小于 3m，P 码小于 0.3m。载波相位观测值的噪声约为波长的 1%，GPS 载波相位观测值噪声约为 2mm。

在传统模型中，电离层延迟误差采用观测值之间的“消电离层”组合进行消除，消电离层组合又称 L_3 组合。根据电离层误差与信号频率成反比的特性，可以通过 L1 频率上的观测值与 L2 频率上的观测值进行线性组合来消除电离层误差的影响。以周为单位，载波相位观测值之间的线性组合可以表示为以下两种形式：

$$\begin{aligned}\Phi_{L_3(1)} &= \alpha_1\Phi_1 + \alpha_2\Phi_2 \\ &= \left(\Phi_1 - \frac{f_2}{f_1}\Phi_2\right)\frac{f_1^2}{f_1^2 - f_2^2} \\ &= \left(\frac{f_1}{c}\right)\rho + \left(\frac{f_1}{c}\right)c(\mathrm{d}t - \mathrm{d}T) + \left(\frac{f_1}{c}\right)d_{\mathrm{orb}} + \left(\frac{f_1}{c}\right)d_{\mathrm{trop}} + N_{3(1)} + \left(\frac{f_1}{c}\right)d_{\mathrm{mult}/L_3} + \left(\frac{f_1}{c}\right)\varepsilon_{L_3}\end{aligned} \quad (6\text{-}3\text{-}3)$$

式中，$\alpha_1 = \dfrac{f_1^2}{f_1^2 - f_2^2} \approx 2.546$，$\alpha_2 = \dfrac{-f_1 f_2}{f_1^2 - f_2^2} \approx -1.984$。

另一种表示形式为

$$\begin{aligned}\Phi_{L_3(2)} &= \beta_1\Phi_1 + \beta_2\Phi_2 \\ &= \left(\Phi_2 - \frac{f_1}{f_2}\Phi_1\right)\frac{f_2^2}{f_1^2 - f_2^2} \\ &= \left(\frac{f_2}{c}\right)\rho + \left(\frac{f_2}{c}\right)c(\mathrm{d}t - \mathrm{d}T) + \left(\frac{f_2}{c}\right)d_{\mathrm{orb}} + \left(\frac{f_2}{c}\right)d_{\mathrm{trop}} + N_{3(2)} \\ &\quad + \left(\frac{f_2}{c}\right)d_{\mathrm{mult}/L_3} + \left(\frac{f_2}{c}\right)\varepsilon_{L_3}\end{aligned} \quad (6\text{-}3\text{-}4)$$

式中，$\beta_1 = \dfrac{f_1 f_2}{f_1^2 - f_2^2} \approx 1.984$，$\beta_2 = \dfrac{-f_2^2}{f_1^2 - f_2^2} \approx -1.546$。

当表示载波相位观测值以 m 为单位时，由式(6-3-3)与式(6-3-4)可以得到相同的表达形式如下所示：

$$\Phi_{IF}=\frac{f_1^2\cdot\Phi_1-f_2^2\cdot\Phi_2}{f_1^2-f_2^2}$$

$$=\rho+c(\mathrm{d}t-\mathrm{d}T)+d_{orb}+d_{trop}+\frac{cf_1N_1-cf_2N_2}{f_1^2-f_2^2}+d_{mult/\Phi_{IF}}+\varepsilon_{\Phi_{IF}} \tag{6-3-5}$$

对于测码伪距观测值，消电离层组合可以表示为

$$P_{IF}=\frac{f_1^2\cdot P_1-f_2^2\cdot P_2}{f_1^2-f_2^2}$$

$$=\rho+c(\mathrm{d}t-\mathrm{d}T)+d_{orb}+d_{trop}+d_{mult/P_{IF}}+\varepsilon_{P_{IF}} \tag{6-3-6}$$

式(6-3-5)与式(6-3-6)即精密单点定位传统模型的观测方程(Kouba et al,2000)。需要说明的是，一些精密单点定位需要特别考虑的误差项未在等式中一一列出，对它们的处理方法可参见第 4 章。采用精密卫星轨道和卫星钟差数据，并对所有误差进行改正后，观测方程可以简化为

$$P'_{IF}=\rho+c\mathrm{d}t+d_{trop}+\varepsilon'_{P_{IF}} \tag{6-3-7}$$

$$\Phi'_{IF}=\rho+c\mathrm{d}t+d_{trop}+N_{IF}+\varepsilon'_{\Phi_{IF}} \tag{6-3-8}$$

式中，P'_{IF}为误差改正后的消电离层组合测码伪距观测值，m；Φ'_{IF}为误差改正后的消电离层组合载波相位观测值，m；N_{IF}为$\frac{cf_1N_1-cf_2N_2}{f_1^2-f_2^2}$，是消电离层组合模糊度，m；$\varepsilon'_{IF}$为多路径误差、观测值噪声和其他残留的误差。

对式(6-3-7)和式(6-3-8)中的 ρ 进行线性化后，ρ 可以表达成三维位置坐标的线性形式。从而需要解算的未知数包括三维位置坐标、接收机钟差、对流层延迟和对应每颗观测卫星的消电离层组合模糊度参数。对于对流层误差，通常是利用改正模型对对流层干分量进行模型改正，然后将对流层湿分量当做未知参数与其他未知参数一起进行解算。这种传统精密单点定位模型是在码和码之间、相位和相位之间进行消电离层组合。该模型是最早提出的精密单点定位模型，已经被几家研究机构所采用，如加拿大的自然资源部和美国喷气推进实验室。它们的计算结果表明，使用平滑的测码伪距观测值在实时动态定位中可以获得亚米级的定位精度，使用码和载波相位观测值通过事后处理可以获得厘米级的定位精度(Kouba et al,2000)。

传统模型由于其模型简单、计算方便、未知参数相对较少等优点在精密单点定位中被普遍采用，但它也有一些缺点。首先，式(6-3-5)中的消电离层组合模糊度因它的组合而失去了模糊度的整数特性，所以组合后的模糊度参数变成了浮点形式。其次，消电离层组合后观测值的噪声大约是原始观测值噪声的 3 倍。另外，传统的消电离层组合不能消除电离层高阶项的影响，尽管电离层高阶项延迟占整个电离层延迟量的比例小于 0.1%，但在太阳活动高峰期时，它能造成几十厘米的等效测

距误差(Parkinson et al,1996)。电离层高阶项产生的误差和其他误差项的残余误差将合并到测量噪声中,合并后的测量噪声越大,定位精度就越差,位置解收敛的时间也就更长。在静态定位中,使用传统的精密单点定位模型,通常要半个小时的时间位置解才能收敛到 1dm 的精度(Shen,2002)。

在 GNSS 精密单点定位中,对各种误差项进行改正后,残留的许多误差还可以达到厘米级的水平。对于高质量的 GNSS 接收机,码和载波相位观测值噪声近似为 30cm 和 2mm,进行消电离层组合后,噪声将被放大约 3 倍。码和载波相位观测值在精密单点定位处理过程中扮演着不同的角色,通常在位置解收敛的过程中,码观测值含有的误差大小将影响位置解的收敛时间长短,而载波相位观测值含有的误差大小将决定收敛后位置解的精度。

2. 随机模型

1) 观测值的随机模型

传统模型在码和码、相位和相位之间进行消电离层组合,可以认为组合后的码观测值与组合后的相位观测值之间不相关,因而观测值方差阵为对角阵,观测值的方差阵如图 6-3-1 所示。但如果对测码伪距观测值进行载波相位平滑处理,则需要考虑平滑后的测码伪距观测值与相位观测值之间的相关性。

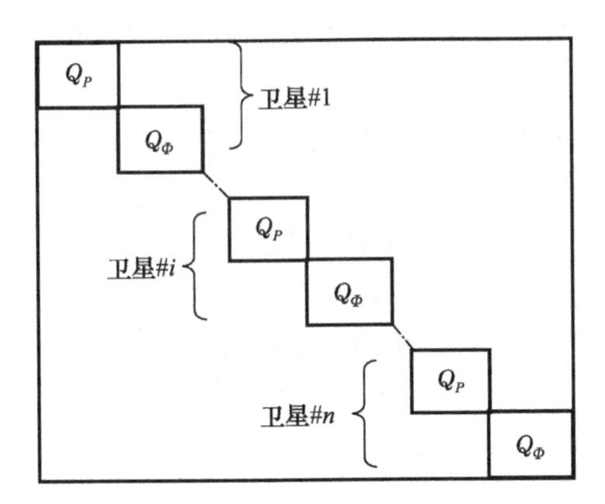

图 6-3-1 传统模型观测值方差阵

传统模型中,消电离层组合观测值为

$$P_{\mathrm{IF}}=\frac{f_1^2P_1-f_2^2P_2}{f_1^2-f_2^2} \tag{6-3-9}$$

$$\Phi_{\mathrm{IF}}=\frac{f_1^2\Phi_1-f_2^2\Phi_2}{f_1^2-f_2^2} \tag{6-3-10}$$

以 GPS 为例,假设 L1 频率上的观测值与 L2 频率上的观测值不相关,由协方差传播律可得

$$\sigma_{P_{\mathrm{IF}}}^2=\left(\frac{f_1^2}{f_1^2-f_2^2}\right)^2\sigma_{P_1}^2+\left(\frac{f_2^2}{f_1^2-f_2^2}\right)^2\sigma_{P_2}^2=6.481\sigma_{P_1}^2+2.389\sigma_{P_2}^2 \quad (6\text{-}3\text{-}11)$$

$$\sigma_{\Phi_{\mathrm{IF}}}^2=\left(\frac{f_1^2}{f_1^2-f_2^2}\right)^2\sigma_{\Phi_1}^2+\left(\frac{f_2^2}{f_1^2-f_2^2}\right)^2\sigma_{\Phi_2}^2=6.481\sigma_{\Phi_1}^2+2.389\sigma_{\Phi_2}^2 \quad (6\text{-}3\text{-}12)$$

假设L1和L2频率上码观测值精度相同，相位观测值精度也相同，分别为$\hat{\sigma}_P$和$\hat{\sigma}_\Phi$，则有

$$\hat{\sigma}_{P_{\mathrm{IF}}}^2=8.87\hat{\sigma}_P^2 \quad (6\text{-}3\text{-}13)$$

$$\hat{\sigma}_{\Phi_{\mathrm{IF}}}^2=8.87\hat{\sigma}_\Phi^2 \quad (6\text{-}3\text{-}14)$$

式中，$\hat{\sigma}_{P_{\mathrm{IF}}}^2$和$\hat{\sigma}_{\Phi_{\mathrm{IF}}}^2$即图6-3-1中的$Q_P$和$Q_\Phi$。

2）参数的随机模型

传统模型中待估参数包括三维位置坐标、接收机钟差、对流层延迟和模糊度。随机模型的选择主要取决于具体的应用。钟差参数以及动态定位中的位置参数通常采用随机游走或一阶高斯马尔可夫过程来进行模拟(Axelrad et al，1996；Brown et al，1997)。对于对流层参数，通常对其干分量进行模型改正，把天顶方向的湿分量当做未知参数进行估计。天顶方向的湿分量延迟可以模拟成随机游走过程(Kouba et al，2000)。如果没有周跳发生，则模糊度参数为常数。下面讨论参数随机模型动态噪声矩阵和状态转移矩阵。

连续的一阶高斯马尔可夫过程可以表示为(Gao，2005)

$$\dot{x}(t)=-\beta x(t)+w(t) \quad (6\text{-}3\text{-}15)$$

式中，β为相关时间的倒数，x为状态向量，$w(t)$为零均值白噪声序列并且满足下面的等式：

$$E(w(t))=0 \quad (6\text{-}3\text{-}16)$$

$$E(w(t)w(t+\tau))=q\delta(\tau) \quad (6\text{-}3\text{-}17)$$

式中，q为谱密度，$\delta(\tau)$为Dirac-δ函数。状态转移矩阵和动态噪声为

$$\Phi_{k+1,k}=\mathrm{e}^{-\beta\Delta t}I \quad (6\text{-}3\text{-}18)$$

$$Q=\frac{1}{2\beta}(1-\mathrm{e}^{-\beta\Delta t})q \quad (6\text{-}3\text{-}19)$$

当式(6-3-15)中的β变为0时，一阶高斯马尔可夫过程变为随机游走过程，因而可以说，随机游走过程是一阶高斯马尔可夫过程的特例。对于随机游走过程，状态转移矩阵和动态噪声为

$$\Phi_{k+1,k}=I \quad (6\text{-}3\text{-}20)$$

$$Q=q\Delta t \quad (6\text{-}3\text{-}21)$$

(1) 三维位置坐标。对于三维位置坐标参数，状态转移矩阵为单位矩阵。如果采用随机游走过程模拟接收机动态，则动态噪声矩阵如下所示(Abdel-Salam，2005)：

$$Q_{\text{position}}=\begin{bmatrix}\dfrac{q_\phi\Delta t}{(R_m+h)^2} & 0 & 0\\ 0 & \dfrac{q_\lambda\Delta t}{(R_n+h)^2\cos^2\phi} & \\ 0 & 0 & q_h\Delta t\end{bmatrix}\tag{6-3-22}$$

式中，q_ϕ、q_λ、q_h 分别为纬度、经度、高程方向的谱密度；R_m、R_n 为子午圈曲率半径和卯酉圈曲率半径；h 为测站大地高；Δt 为时间增量。

如果采用一阶高斯马尔可夫过程，则动态噪声矩阵为(Abdel-Salam，2005)

$$Q_{\text{position}}=\begin{bmatrix}Q_\phi & 0 & 0\\ 0 & Q_\lambda & 0\\ 0 & 0 & Q_h\end{bmatrix}\tag{6-3-23}$$

$$Q_\phi=\left[\frac{q_\phi(1-\mathrm{e}^{-2\beta_\phi\Delta t})}{2\beta_\phi^2\ (R_m+h)^2}\right]\tag{6-3-24}$$

$$Q_\lambda=\left[\frac{q_\lambda(1-\mathrm{e}^{-2\beta_\lambda\Delta t})}{2\beta_\lambda\ (R_n+h)^2\cos^2\phi}\right]\tag{6-3-25}$$

$$Q_h=\left[\frac{q_h(1-\mathrm{e}^{-2\beta_h\Delta t})}{2\beta_h}\right]\tag{6-3-26}$$

(2) 接收机钟差。状态转移矩阵为单位矩阵。对于随机游走过程和一阶高斯马尔可夫过程，接收机钟的动态噪声矩阵可以分别表示为(Abdel-Salam，2005)

$$Q_{\text{clock}}=[q_{\text{dt}}\Delta t]\tag{6-3-27}$$

$$Q_{\text{clock}}=\left[\frac{q_{\text{dt}}(1-\mathrm{e}^{-2\beta_{\text{dt}}\Delta t})}{2\beta_{\text{dt}}}\right]\tag{6-3-28}$$

(3) 对流层。状态转移矩阵为单位矩阵。天顶方向对流层湿延迟通常模拟成随机游走过程，动态噪声矩阵可以表示为(Abdel-Salam，2005)

$$Q_{\text{trop}}=[q_{\text{trop}}\Delta t]\tag{6-3-29}$$

(4) 模糊度。模糊度参数在参数估计时当做常数处理。

6.3.2　UofC 模型

1. 观测模型

UofC 模型不像传统模型那样在码和码观测值之间形成消电离层组合，而是利用载波相位观测值电离层折射改正数和测码伪距观测值电离层折射改正数大小相等、符号相反的特点，在码和相位观测值之间形成消电离层组合。UofC 观测模型为(Gao et al，2002)

$$\begin{aligned}P_{\mathrm{IF,L1}} &= 0.5(P_1+\Phi_1)\\ &= \rho+c(\mathrm{d}t-\mathrm{d}T)+d_{\mathrm{orb}}+d_{\mathrm{trop}}+0.5\lambda_1 N_1+0.5d_{\mathrm{mult}/P_{\mathrm{IF,L1}}}+0.5\varepsilon_{P_{\mathrm{IF,L1}}}\end{aligned} \tag{6-3-30}$$

$$\begin{aligned}P_{\mathrm{IF,L2}} &= 0.5(P_2+\Phi_2)\\ &= \rho+c(\mathrm{d}t-\mathrm{d}T)+d_{\mathrm{orb}}+d_{\mathrm{trop}}+0.5\lambda_2 N_2+0.5d_{\mathrm{mult}/P_{\mathrm{IF,L2}}}+0.5\varepsilon_{P_{\mathrm{IF,L2}}}\end{aligned} \tag{6-3-31}$$

$$\begin{aligned}\Phi_{\mathrm{IF}} &= \frac{f_1^2\Phi_1-f_2^2\Phi_2}{f_1^2-f_2^2}\\ &= \rho+c(\mathrm{d}t-\mathrm{d}T)+d_{\mathrm{orb}}+d_{\mathrm{trop}}+\frac{cf_1}{f_1^2-f_2^2}N_1+\frac{cf_2}{f_1^2-f_2^2}N_2+d_{\mathrm{mult}/\Phi_{\mathrm{IF}}}+\varepsilon_{\Phi_{\mathrm{IF}}}\end{aligned} \tag{6-3-32}$$

采用精密卫星轨道和卫星钟差数据，并进行各项误差改正后，观测方程可以简化为

$$P'_{\mathrm{IF,L1}} = \rho+c\mathrm{d}t+d_{\mathrm{trop}}+0.5\lambda_1 N_1+0.5\varepsilon'_{P_{\mathrm{IF,L1}}} \tag{6-3-33}$$

$$P'_{\mathrm{IF,L2}} = \rho+c\mathrm{d}t+d_{\mathrm{trop}}+0.5\lambda_2 N_2+0.5\varepsilon'_{P_{\mathrm{IF,L2}}} \tag{6-3-34}$$

$$\Phi'_{\mathrm{IF}} = \rho+c\mathrm{d}t+d_{\mathrm{trop}}+\frac{cf_1}{f_1^2-f_2^2}N_1+\frac{cf_2}{f_1^2-f_2^2}N_2+\varepsilon'_{\Phi_{\mathrm{IF}}} \tag{6-3-35}$$

式中，$P'_{\mathrm{IF,L1}}$为误差改正后的 L1 上的码-相位消电离层组合观测值，m；$P'_{\mathrm{IF,L2}}$为误差改正后的 L2 上的码-相位消电离层组合观测值，m；Φ'_{IF}为误差改正后的消电离层组合载波相位观测值，m；$\varepsilon'_{\mathrm{IF}}$为多路径误差、观测值噪声和其他残留误差。

在上述模型中，ρ 经线性化后可以表达成测站三维位置坐标的形式。因此，待估参数包括三维位置坐标、接收机钟差、对流层延迟和对应每颗观测卫星的 L1 和 L2 频率上的模糊度。从式(6-3-30)和式(6-3-31)不难看出，码-相位组合后的噪声将比组合前的码观测值噪声低一半。这个特性将有助于提高位置解的收敛速度和提高位置解的精度。UofC 模型可以直接估计 L1 和 L2 频率上的整周模糊度，这样不会像传统模型那样经过消电离层组合而使模糊度失去整数特性，为进一步获取模糊度固定解创造了条件。UofC 模型中，针对每颗卫星有三个观测值，而传统模型只有两个观测值，尽管使用的观测值增多，但估计模糊度参数的数量也增加了一倍。另外，UofC 模型中每颗卫星的三个观测值之间存在相关性，在随机模型中需要考虑它们的相关性。

2. 随机模型

UofC 模型在两个频率码和相位观测值之间分别进行消电离层组合，同时也在两个频率相位和相位观测值之间进行组合。由于都利用了相位观测值，组合后的观测值之间存在相关关系。UofC 模型的观测值方差阵如图 6-3-2 所示。

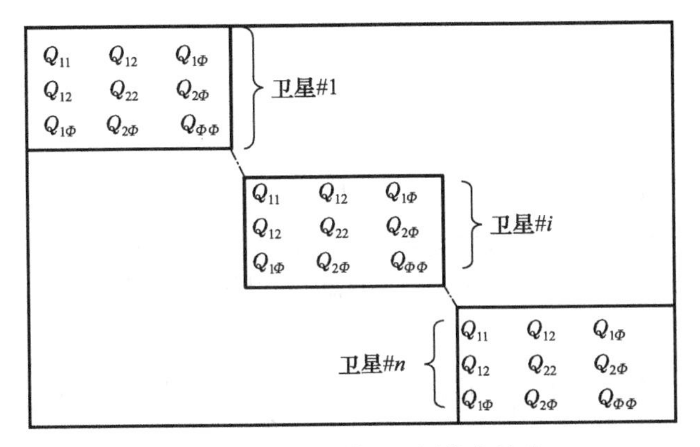

图 6-3-2　UofC 模型观测值方差阵

UofC 模型中，消电离层组合观测值为

$$P_{\mathrm{IF,L1}}=0.5(P_1+\Phi_1) \tag{6-3-36}$$

$$P_{\mathrm{IF,L2}}=0.5(P_2+\Phi_2) \tag{6-3-37}$$

$$\Phi_{\mathrm{IF}}=\frac{f_1^2\Phi_1-f_2^2\Phi_2}{f_1^2-f_2^2} \tag{6-3-38}$$

以 GPS 为例，假设 $\hat{\sigma}_{P_1}=\hat{\sigma}_{P_2}=\hat{\sigma}_P$，$\hat{\sigma}_{\Phi_1}=\hat{\sigma}_{\Phi_2}=\hat{\sigma}_\Phi$，则由协方差传播律可得

$$\hat{\sigma}^2_{P_{\mathrm{IF,L1}}}=\hat{\sigma}^2_{P_{\mathrm{IF,L2}}}=0.25\hat{\sigma}^2_P+0.25\hat{\sigma}^2_\Phi \tag{6-3-39}$$

$$\hat{\sigma}^2_{\Phi_{\mathrm{IF}}}=\left(\frac{f_1^2}{f_1^2-f_2^2}\right)^2\sigma^2_{\Phi_1}+\left(\frac{f_2^2}{f_1^2-f_2^2}\right)^2\sigma^2_{\Phi_2}=8.87\hat{\sigma}^2_\Phi \tag{6-3-40}$$

式中，$\hat{\sigma}^2_{P_{\mathrm{IF,L1}}}$、$\hat{\sigma}^2_{P_{\mathrm{IF,L2}}}$ 和 $\hat{\sigma}^2_{\Phi_{\mathrm{IF}}}$ 为消电离层组合观测值的方差，分别对应图 6-3-2 中的 Q_{11}、Q_{22} 和 $Q_{\Phi\Phi}$。如果假设 L1 频率上的观测值与 L2 频率上的观测值不相关，那么 $Q_{12}=0$。由式(6-3-36)和式(6-3-38)的函数关系，根据协方差传播律可得 $P_{\mathrm{IF,L1}}$ 关于 Φ_{IF} 的协方差，即 $Q_{1\Phi}$ 为

$$\begin{aligned}Q_{1\Phi}&=\begin{bmatrix}0.5 & 0\end{bmatrix}\begin{bmatrix}\sigma^2_{\Phi_1} & 0\\ 0 & \sigma^2_{\Phi_2}\end{bmatrix}\begin{bmatrix}\dfrac{f_1^2}{f_1^2-f_2^2} & \dfrac{-f_2^2}{f_1^2-f_2^2}\end{bmatrix}^{\mathrm{T}}\\&=0.5\,\frac{f_1^2}{f_1^2-f_2^2}\sigma^2_{\Phi_1}\\&=0.5\,\frac{f_1^2}{f_1^2-f_2^2}\hat{\sigma}^2_\Phi\\&=1.273\hat{\sigma}^2_\Phi\end{aligned} \tag{6-3-41}$$

同理可得 $P_{\mathrm{IF,L2}}$ 关于 Φ_{IF} 的协方差，即 $Q_{2\Phi}$ 为

$$\begin{aligned}Q_{2\Phi}&=-0.5\,\frac{f_2^2}{f_1^2-f_2^2}\hat{\sigma}^2_\Phi\\&=-0.773\hat{\sigma}^2_\Phi\end{aligned} \tag{6-3-42}$$

6.3.3 非组合模型

1. 观测模型

在式(6-3-1)和式(6-3-2)中进一步考虑接收机端和卫星端的硬件延迟偏差项，精密单点定位非组合载波相位和测码伪距的观测模型可表示为

$$P_i = \rho + c(\mathrm{d}t - \mathrm{d}T) + d_{\mathrm{orb}} + d_{\mathrm{trop}} + d_{\mathrm{ion/L}i} + \mathrm{HD}_{\mathrm{r},P_i} - \mathrm{HD}_{P_i}^{\mathrm{s}} + d_{\mathrm{mult}/P_i} + \varepsilon_{P_i} \tag{6-3-43}$$

$$\Phi_i = \rho + c(\mathrm{d}t - \mathrm{d}T) + d_{\mathrm{orb}} + d_{\mathrm{trop}} - d_{\mathrm{ion/L}i} + \lambda_i N_i + \mathrm{hd}_{\mathrm{r},\Phi_i} - \mathrm{hd}_{\Phi_i}^{\mathrm{s}} + d_{\mathrm{mult}/\Phi_i} + \varepsilon_{\Phi_i} \tag{6-3-44}$$

式中，$\mathrm{HD}_{\mathrm{r},P_i}$ 和 $\mathrm{HD}_{P_i}^{\mathrm{s}}$ 分别表示伪距上的接收机和卫星硬件延迟偏差；$\mathrm{hd}_{\mathrm{r},\Phi_i}$ 和 $\mathrm{hd}_{\Phi_i}^{\mathrm{s}}$ 分别表示载波相位上的接收机和卫星硬件延迟偏差；其余各项符号的含义同式(6-3-1)和式(6-3-2)。

需要注意的是，在传统精密单点定位模型中，观测方程中没有列出硬件延迟偏差项，这是因为IGS发布的精密钟差产品采用双频 P_1、P_2 消电离层组合观测值估计获得，实际包含卫星端测码伪距硬件延迟，用户端采用同样的消电离层组合进行定位时抵消了卫星端的伪距硬件延迟偏差。而伪距观测方程中接收机端的硬件延迟偏差在参数估计时被接收机钟差吸收，相位观测方程中的硬件延迟偏差被模糊度参数吸收(张小红等，2013a)，因而传统模型中的观测方程中未列出硬件延迟偏差项。

在非组合精密单点定位中，伪距观测方程中分别引入了 $\mathrm{HD}_{\mathrm{r},P_i}$ 和 $\mathrm{HD}_{P_i}^{\mathrm{s}}$，其中 $(\mathrm{HD}_{\mathrm{r},P_i} - \mathrm{HD}_{P_i}^{\mathrm{s}})$ 可以通过IGS发布的码间偏差(differential code bias，DCB)产品进行改正。相位观测方程中的卫星端硬件延迟偏差和接收机端硬件延迟偏差被电离层延迟、接收机钟差和模糊度参数吸收，因此其非组合模糊度参数也不再具有整周特性(张小红等，2013a)。这样非组合模型对于 m 颗卫星的观测历元，可组成 $4m$ 个观测方程，需要估计的未知参数包括接收机的三维坐标、接收机钟差、对流层天顶延迟，以及 $2m$ 个模糊度参数以及每颗卫星L1载波上的电离层延迟，共 $5+3m$ 个未知参数，因此初始化参数时至少需要5颗卫星。非组合精密单点定位模型相较于传统模型直接处理的是原始观测数据，避免了观测值之间线性组合造成观测噪声和多路径误差被放大，充分利用了原始观测信息(张宝成，2014)。非组合模型在观测方程中直接对电离层误差进行估计，其电离层参数估计结果可以用于电离层总电子含量(TEC)方面的研究工作。

2. 随机模型

非组合模型直接使用双频非组合原始观测值，伪距和载波观测值之间互不相关，因而观测值方差阵为对角阵，如图6-3-3所示。

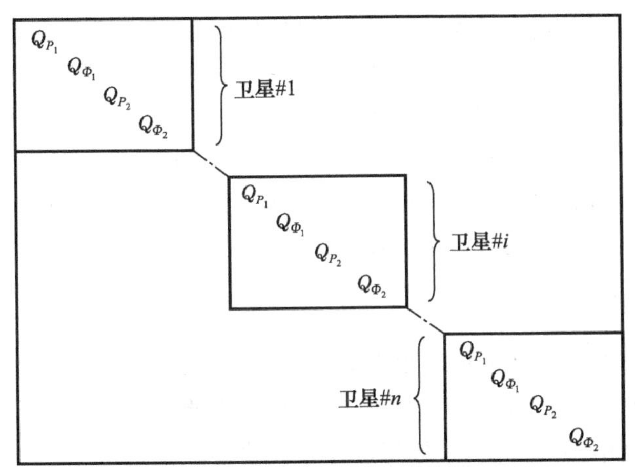

图 6-3-3　非组合模型观测值方差阵

图 6-3-3 中，Q_{P_1}、Q_{Φ_1}、Q_{P_2} 和 Q_{Φ_2} 分别对应两个频率上的伪距和载波相位观测值方差 $\hat{\delta}^2_{P_1}$、$\hat{\delta}^2_{\Phi_1}$、$\hat{\delta}^2_{P_2}$ 和 $\hat{\delta}^2_{\Phi_2}$。电离层参数作为时变参数，模拟为随机游走过程，其余参数的随机模型同传统模型。

6.3.4　消模糊度模型

1. 观测模型

消模糊度模型采用消电离层组合测码伪距观测值和历元之间差分的消电离层组合相位观测值，观测模型可表示为

$$
\begin{aligned}
P_{\mathrm{IF}} &= \frac{f_1^2 P_1 - f_2^2 P_2}{f_1^2 - f_2^2} \\
&= \rho + c(\mathrm{d}t - \mathrm{d}T) + d_{\mathrm{orb}} + d_{\mathrm{trop}} + d_{\mathrm{mult}/P_{\mathrm{IF}}} + \varepsilon_{P_{\mathrm{IF}}}
\end{aligned} \tag{6-3-45}
$$

$$
\begin{aligned}
\Phi_{\mathrm{IF}} &= \frac{f_1^2 \Phi_1 - f_2^2 \Phi_2}{f_1^2 - f_2^2} \\
&= \rho + c(\mathrm{d}t - \mathrm{d}T) + d_{\mathrm{orb}} + d_{\mathrm{trop}} + N_{\mathrm{IF}} + d_{\mathrm{mult}/P_{\mathrm{IF}}} + \varepsilon_{\Phi_{\mathrm{IF}}}
\end{aligned} \tag{6-3-46}
$$

$$
\begin{aligned}
\Delta\Phi_{\mathrm{IF}} &= \Phi_{\mathrm{IF}}(k) - \Phi_{\mathrm{IF}}(k-1) \\
&= \Delta\rho(k,k-1) + c(\Delta\mathrm{d}t(k,k-1) - \Delta\mathrm{d}T(k,k-1)) \\
&\quad + \Delta d_{\mathrm{trop}}(k,k-1) + \Delta d_{\mathrm{mult}/\Phi_{\mathrm{IF}}}(k,k-1) + \Delta\varepsilon_{\Phi_{\mathrm{IF}}}
\end{aligned} \tag{6-3-47}
$$

式中，Δ 表示历元 k 和 $k-1$ 之间求单差，其余各项符号的含义同传统模型。

历元之间相位观测值做差的方法，可以消除相位模糊度参数，避免了模糊度求解的问题。由于涉及两个历元的观测量，模型求解中观测方程的个数和未知参数的个数需要根据历元之间相互组差的情况确定，而历元之间相位观测值求差引入了观测值之间的相关性，在数据处理中这种相关性使得参数估计较为复杂，而且参

数因受到模型病态影响而使参数估计的精度降低。由于相位差观测值只能确定位置差，不能得到用户位置的绝对解，模型解算中利用测码伪距观测值确定绝对位置，由相位差观测值确定位置差，逐历元依次获得位置和位置差从而得到接收机的坐标(石鹏卿，2013)。这种历元间差分方法对同一颗观测卫星前后历元相位观测值做差，若前后历元有新的卫星被跟踪到，则这些卫星的观测数据实际没有利用上，导致了数据资源的浪费(石鹏卿，2013)。

2. 随机模型

消模糊度模型采用消电离层组合测码伪距观测值和历元间差分的消电离层组合载波相位观测值，由于相位观测值在历元间求差导致观测值之间产生了相关性，而实际数据处理中为了方便，一般将这种相关性忽略。

消模糊度模型观测值可表示为

$$P_{\mathrm{IF}}=\frac{f_1^2P_1-f_2^2P_2}{f_1^2-f_2^2} \tag{6-3-48}$$

$$\Phi_{\mathrm{IF}}=\frac{f_1^2\Phi_1-f_2^2\Phi_2}{f_1^2-f_2^2} \tag{6-3-49}$$

$$\Delta\Phi_{\mathrm{IF}}=\Phi_{\mathrm{IF}}(k)-\Phi_{\mathrm{IF}}(k-1) \tag{6-3-50}$$

以 GPS 为例，假设 L1 频率上的观测值与 L2 频率上的观测值不相关，由协方差传播律可得

$$\sigma_{P_{\mathrm{IF}}}^2=\left(\frac{f_1^2}{f_1^2-f_2^2}\right)^2\sigma_{P_1}^2+\left(\frac{f_2^2}{f_1^2-f_2^2}\right)^2\sigma_{P_2}^2=6.481\sigma_{P_1}^2+2.389\sigma_{P_2}^2 \tag{6-3-51}$$

$$\begin{aligned}\sigma_{\Delta\Phi_{\mathrm{IF}}}^2&=\sigma_{\Phi_{\mathrm{IF}}(k)}^2+\sigma_{\Phi_{\mathrm{IF}}(k-1)}^2\\&=2\left(\frac{f_1^2}{f_1^2-f_2^2}\right)^2\sigma_{\Phi_1}^2+2\left(\frac{f_2^2}{f_1^2-f_2^2}\right)^2\sigma_{\Phi_2}^2=12.962\sigma_{\Phi_1}^2+4.778\sigma_{\Phi_2}^2\end{aligned} \tag{6-3-52}$$

式中，$\sigma_{P_{\mathrm{IF}}}^2$ 和 $\sigma_{\Delta\Phi_{\mathrm{IF}}}^2$ 分别对应图 6-3-4 中的 Q_P 和 $Q_{\Delta\Phi}$。

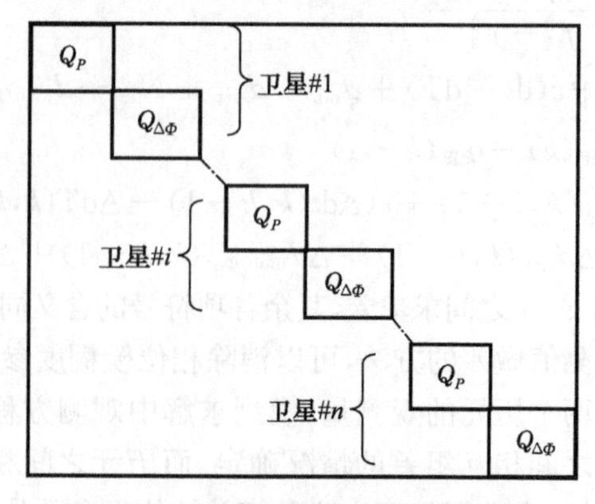

图 6-3-4 消模糊度模型观测值方差阵

6.4 质量控制

在数据处理过程中，由于观测数据本身或受各种误差源的影响，往往会导致部分卫星数据含有粗差，当这些粗差在数据预处理阶段未被剔除时，在利用卡尔曼滤波进行处理时，需要进行质量控制。一种可行的方法是对增益序列进行粗差探测。增益序列可以定义为观测值与预报值之差，如式(6-4-1)所示：

$$v_k = z_k - H_k \hat{x}_k^- \tag{6-4-1}$$

式中，v_k 为增益序列矢量，z_k 为新的观测值矢量，H_k 为设计矩阵。

如果是最优滤波，增益序列应该服从高斯分布。因而，对卡尔曼滤波产生不良影响的含粗差的观测数据将能够从增益序列中反映出来(Abdel-Salam，2005)。针对该序列可以通过统计方法探测出异常值。首先，采用一个全局检验方法对该序列进行测试，目的是检验该序列是否具有一致性。如果该测试失败，则进行另外一个局部检验，目的是找出具体哪个观测值最可能含有粗差。在局部检验中与最大局部测试值对应的观测值最有可能含有粗差。找出粗差后，在数据处理时排除掉含有粗差的观测数据。全局检验和局部检验的公式如下(Teunissen et al，1988)。

全局检验：

$$T = v_k^{\mathrm{T}} C_{vk} v_k \mid T < \chi_\alpha^2(m_k, 0) \tag{6-4-2}$$

局部检验：

$$w = \frac{(v_k)_i}{\sqrt{(C_{vk})_{ii}}} \tag{6-4-3}$$

式中

$$C_{vk} = H_k P_k^- H_k^{\mathrm{T}} + R_k \tag{6-4-4}$$

α 为显著水平；m_k 为自由度；R_k 为观测值方差-协方差阵；P_k^- 为预报的参数方差-协方差阵。

为了抵制粗差对于定位结果的影响，也可以采用抗差估计方法。在迭代滤波中选择合适的等价权函数，调节最大残差对应的观测值的权，降低其对参数估计的贡献。具体的等价权形式可以参考 6.2.4 节。

6.5 本章小结

本章回顾了精密单点定位中的参数估计方法，包括序贯最小二乘、卡尔曼滤波、自适应卡尔曼滤波以及抗差估计方法。详细介绍了精密单点定位中的四种定位模型，包括传统模型、UofC 模型、非组合模型和消模糊度模型，给出了观测模型和随机模型的公式,讨论了这四种模型的优缺点。最后对数据处理中的质量控制方法进行了介绍,给出了全局检验和局部检验的公式。与数据预处理阶段的粗差探测方法不同,该质量控制方法是在卡尔曼滤波处理过程中进行粗差探测与检验。

第 7 章　GPS/GLONASS 组合精密单点定位

7.1　概　　述

GLONASS 是由苏联建立的一种全球卫星导航系统，现由俄罗斯政府运行和管理。它的建立比美国 GPS 稍晚，是一种与 GPS 非常类似的卫星导航定位系统。在系统设计方面，GLONASS 与 GPS 有几点主要的不同之处。首先，它们的卫星发射频率不同。GPS 的卫星信号采用码分多址体制，每颗卫星的信号频率和调制方式相同，不同卫星的信号靠不同的伪码区分。而 GLONASS 采用频分多址体制，卫星靠频率不同来区分，每组频率的伪随机码相同。基于这个原因，GLONASS 可以防止整个卫星导航系统同时被敌方干扰，具有更强的抗干扰能力。其次，它们的坐标参考不同。GPS 使用世界大地坐标系（WGS-84），而 GLONASS 使用苏联地心坐标系（PZ-90）。再次，它们的时间标准不同。GPS 采用 GPS 时，而 GLONASS 采用 GLONASS 时。最后，这两个系统在地面跟踪站数量、分布等方面也存在差异。这些因素使得 GPS/GLONASS 组合定位不同于单系统定位。

本章推导并给出 GPS/GLONASS 组合精密单点定位模型。在 GPS 精密单点定位传统模型和 UofC 模型的基础上，分别推导并建立 GPS/GLONASS 组合精密单点定位的观测模型和随机模型。进一步将双频 GPS/GLONASS 组合精密单点定位方法拓展到单频 GPS/GLONASS 组合精密单点定位。在 GLONASS 数据处理中为了便于获取 GLONASS 卫星频率，发展了 GLONASS 卫星频率信道号的自主识别算法，最后讨论双系统组合 PDOP 值的计算方法。

7.2　双频精密单点定位

7.2.1　观测模型

1. GPS/GLONASS 组合 PPP 传统模型

GLONASS 卫星采用频分多址体制，造成不同卫星的硬件延迟偏差存在显著差异，观测等式中考虑硬件延迟偏差的影响，测码伪距和载波相位观测值等式可以表达为

$$P_i^r = \rho^r + c\mathrm{d}t_R - c\mathrm{d}T^r + d_{orb}^r + d_{trop}^r + d_{ion/Li}^r + d_{mult/P_i}^r + b_{i/P}^r + \varepsilon_{P_i}^r \quad (7\text{-}2\text{-}1)$$

$$\Phi_i^r = \rho^r + c\mathrm{d}t_R - c\mathrm{d}T^r + d_{orb}^r + d_{trop}^r - d_{ion/Li}^r + N_i^r + d_{mult/\Phi_i}^r + b_{i/\Phi}^r + \varepsilon_{\Phi_i}^r \quad (7\text{-}2\text{-}2)$$

式中，P_i 是 Li 上的测码伪距观测值，m；Φ_i 是 Li 上的载波相位观测值，m；ρ 是卫星与测站间的几何距离，m；c 是光速，m/s；$\mathrm{d}t$ 是接收机钟差，s；$\mathrm{d}T$ 是卫星钟差，s；d_{orb} 是卫星轨道误差，m；d_{trop} 是对流层延迟，m；$d_{ion/Li}$ 是 Li 上的电离层延迟，m；N_i 是 Li 上的模糊度，m；d_{mult/P_i} 是 Li 上测码伪距观测值中的多路径误差，m；d_{mult/Φ_i} 是 Li 上载波相位观测值中的多路径误差，m；$b_{i/P}$ 是 Li 上测码伪距硬件延迟偏差，m；$b_{i/\Phi}$ 是 Li 上载波相位硬件延迟偏差，m；ε 是观测值噪声，m。

式(7-2-1)和式(7-2-2)中的 r 代表 GLONASS 卫星，R 代表 GLONASS 系统。由于包含接收机端和卫星端初始相位偏差的影响，模糊度已不是整数，式(7-2-2)中的模糊度已换算至长度单位 m。考虑到在精密卫星轨道和钟差产品中包含同样的卫星端硬件延迟偏差(Defraigne et al，2011)，在精密单点定位中应用精密卫星轨道和钟差产品可以消除卫星端硬件延迟偏差的影响。因此，仅接收机端的硬件延迟偏差需要在观测等式中考虑。

由于 GLONASS 使用频分多址信号，造成 GLONASS 接收通道中存在不同的硬件延迟(Wanninger，2012)。将硬件延迟偏差表达成平均项与依赖于卫星项之和：

$$b_{i/P}^r = b_{i/P,R}^{avg} + \delta b_{i/P}^r \quad (7\text{-}2\text{-}3)$$

$$b_{i/\Phi}^r = b_{i/\Phi,R}^{avg} + \delta b_{i/\Phi}^r = b_{i/P,R}^{avg} + (b_{i/\Phi,R}^{avg} - b_{i/P,R}^{avg} + \delta b_{i/\Phi}^r) \quad (7\text{-}2\text{-}4)$$

式中，$\delta b_{i/P}^r$ 和 $\delta b_{i/\Phi}^r$ 分别是依赖于卫星的码和载波相位的硬件延迟偏差。研究人员调查了站间单差形式的硬件延迟偏差(Kozlov et al，2000；Yamada et al，2010；Defraigne et al，2011；Wanninger，2012)，发现码硬件延迟可以达到 25ns，载波相位延迟偏差可以达到一个载波波长。然而，对于非差形式的延迟偏差却少有研究。Defraigne 等(2011)在其 PPP 处理中将 GLONASS 码偏差当做未知参数进行估计，但这种方式引入了太多参数，容易导致参数估计结果不稳定。在 PPP 处理中，相比于载波相位观测值，码观测值被赋予非常小的权重，因而为简单起见，GLONASS 码硬件延迟偏差可以在模型中忽略，这些偏差值将在码观测值残差中出现。

将式(7-2-3)和式(7-2-4)代入式(7-2-1)和式(7-2-2)，将接收机钟差项与硬件延迟平均项合并，则式(7-2-1)和式(7-2-2)可写为

$$P_i^r = \rho^r + (c\mathrm{d}t_R + b_{i/P,R}^{avg}) - c\mathrm{d}T^r + d_{orb}^r + d_{trop}^r + d_{ion/Li}^r + d_{mult/P_i}^r + \varepsilon_{P_i}^r \quad (7\text{-}2\text{-}5)$$

$$\Phi_i^{\mathrm{r}}=\rho^{\mathrm{r}}+(c\mathrm{d}t_{\mathrm{R}}+b_{i/P,\mathrm{R}}^{\mathrm{avg}})-c\mathrm{d}T^{\mathrm{r}}+d_{\mathrm{orb}}^{\mathrm{r}}+d_{\mathrm{trop}}^{\mathrm{r}}-d_{\mathrm{ion/L}i}^{\mathrm{r}}+N_i^{\mathrm{r}}+\delta\tilde{b}_{i/\Phi}^{\mathrm{r}}+d_{\mathrm{mult}/\Phi_i}^{\mathrm{r}}+\varepsilon_{\Phi_i}^{\mathrm{r}} \tag{7-2-6}$$

式(7-2-6)中，$\delta\tilde{b}_{i/\Phi}^{\mathrm{r}}$表示$(b_{i/\Phi,\mathrm{R}}^{\mathrm{avg}}-b_{i/P,\mathrm{R}}^{\mathrm{avg}}+\delta b_{i/\Phi}^{\mathrm{r}})$项，由于该项具有很强的时间稳定性，所以可以将其合并到模糊度项中。

同样，对于 GPS 观测值，其观测等式可表示为

$$P_i^{\mathrm{g}}=\rho^{\mathrm{g}}+(c\mathrm{d}t_{\mathrm{G}}+b_{i/P,\mathrm{G}}^{\mathrm{avg}})-c\mathrm{d}T^{\mathrm{g}}+d_{\mathrm{orb}}^{\mathrm{g}}+d_{\mathrm{trop}}^{\mathrm{g}}+d_{\mathrm{ion/L}i}^{\mathrm{g}}+d_{\mathrm{mult}/P_i}^{\mathrm{g}}+\varepsilon_{P_i}^{\mathrm{g}} \tag{7-2-7}$$

$$\Phi_i^{\mathrm{g}}=\rho^{\mathrm{g}}+(c\mathrm{d}t_{\mathrm{G}}+b_{i/P,\mathrm{G}}^{\mathrm{avg}})-c\mathrm{d}T^{\mathrm{g}}+d_{\mathrm{orb}}^{\mathrm{g}}+d_{\mathrm{trop}}^{\mathrm{g}}-d_{\mathrm{ion/L}i}^{\mathrm{g}}+N_i^{\mathrm{g}}+\delta\tilde{b}_{i/\Phi}^{\mathrm{g}}+d_{\mathrm{mult}/\Phi_i}^{\mathrm{g}}+\varepsilon_{\Phi_i}^{\mathrm{g}} \tag{7-2-8}$$

式中，G 表示 GPS 系统，g 表示 GPS 卫星。在组合 GPS/GLONASS 数据处理中，由于 GPS 和 GLONASS 采取了不同的时间系统，在解算时需要估计一个系统时间差参数。该参数可以解释为 GPS 接收机钟差和 GLONASS 接收机钟差之差(Habrich，1999)。接收机钟差可以通过式(7-2-9)来表达(Roβbach，2000)，即

$$\mathrm{d}t=t-t_{\mathrm{sys}} \tag{7-2-9}$$

式中，t 是接收机钟时间；对于 GPS 观测值，t_{sys}为 GPS 系统时间，对于 GLONASS 观测值，t_{sys}为 GLONASS 系统时间。既然接收机钟差与卫星系统时间有关，那么在联合数据处理中，将包含两个接收机钟差，一个是针对 GPS 系统时间的，另一个是针对 GLONASS 系统时间的。可以将两个接收机钟差分别当做未知参数进行估计，或者将 GLONASS 接收机钟差表达成 GPS 接收机钟差的形式：

$$\begin{aligned}\mathrm{d}t_{\mathrm{R}}&=t-t_{\mathrm{GLONASS}}\\&=(t-t_{\mathrm{GPS}})+(t_{\mathrm{GPS}}-t_{\mathrm{GLONASS}})\\&=\mathrm{d}t_{\mathrm{G}}+\mathrm{d}t_{\mathrm{sys}}\end{aligned} \tag{7-2-10}$$

式中，$\mathrm{d}t_{\mathrm{R}}$ 为 GLONASS 接收机钟差，$\mathrm{d}t_{\mathrm{G}}$ 为 GPS 接收机钟差，$\mathrm{d}t_{\mathrm{sys}}$为系统时间差。将式(7-2-10)代入式(7-2-5)和式(7-2-6)，得

$$P_i^{\mathrm{r}}=\rho^{\mathrm{r}}+(c\mathrm{d}t_{\mathrm{G}}+c\mathrm{d}t_{\mathrm{sys}}+b_{i/P,\mathrm{R}}^{\mathrm{avg}})-c\mathrm{d}T^{\mathrm{r}}+d_{\mathrm{orb}}^{\mathrm{r}}+d_{\mathrm{trop}}^{\mathrm{r}}+d_{\mathrm{ion/L}i}^{\mathrm{r}}+d_{\mathrm{mult}/P_i}^{\mathrm{r}}+\varepsilon_{P_i}^{\mathrm{r}} \tag{7-2-11}$$

$$\begin{aligned}\Phi_i^{\mathrm{r}}=&\rho^{\mathrm{r}}+(c\mathrm{d}t_{\mathrm{G}}+c\mathrm{d}t_{\mathrm{sys}}+b_{i/P,\mathrm{R}}^{\mathrm{avg}})-c\mathrm{d}T^{\mathrm{r}}+d_{\mathrm{orb}}^{\mathrm{r}}+d_{\mathrm{trop}}^{\mathrm{r}}-d_{\mathrm{ion/L}i}^{\mathrm{r}}\\&+N_i^{\mathrm{r}}+\delta\tilde{b}_{i/\Phi}^{\mathrm{r}}+d_{\mathrm{mult}/\Phi_i}^{\mathrm{r}}+\varepsilon_{\Phi_i}^{\mathrm{r}}\end{aligned} \tag{7-2-12}$$

精密单点定位传统模型在两个频率码和码、相位和相位观测值之间分别进行消电离层组合。应用 GPS 和 GLONASS 精密卫星轨道和钟差产品削弱卫星轨道和钟误差后，GPS/GLONASS 组合精密单点定位传统模型如下：

$$\begin{aligned}P_{\mathrm{IF}}^{\mathrm{g}}&=(f_1^2P_1^{\mathrm{g}}-f_2^2P_2^{\mathrm{g}})/(f_1^2-f_2^2)\\&=\rho^{\mathrm{g}}+(c\mathrm{d}t_{\mathrm{G}}+b_{\mathrm{IF}/P,\mathrm{G}}^{\mathrm{avg}})+d_{\mathrm{trop}}^{\mathrm{g}}+d_{\mathrm{mult}/P_{\mathrm{IF}}}^{\mathrm{g}}+\varepsilon_{P_{\mathrm{IF}}}^{\mathrm{g}}\end{aligned} \tag{7-2-13}$$

$$
\begin{aligned}
\Phi_{\mathrm{IF}}^{\mathrm{g}} &= (f_1^2\Phi_1^{\mathrm{g}} - f_2^2\Phi_2^{\mathrm{g}})/(f_1^2 - f_2^2) \\
&= \rho^{\mathrm{g}} + (c\mathrm{d}t_{\mathrm{G}} + b_{\mathrm{IF}/P,\mathrm{G}}^{\mathrm{avg}}) + d_{\mathrm{trop}}^{\mathrm{g}} + (N_{\mathrm{IF}}^{\mathrm{g}} + \delta\tilde{b}_{\mathrm{IF}/\Phi}^{\mathrm{g}}) + d_{\mathrm{mult}/\Phi_{\mathrm{IF}}}^{\mathrm{g}} + \varepsilon_{\Phi_{\mathrm{IF}}}^{\mathrm{g}}
\end{aligned} \tag{7-2-14}
$$

$$
\begin{aligned}
P_{\mathrm{IF}}^{\mathrm{r}} &= ((f_1^{\mathrm{r}})^2 P_1^{\mathrm{r}} - (f_2^{\mathrm{r}})^2 P_2^{\mathrm{r}})/((f_1^{\mathrm{r}})^2 - (f_2^{\mathrm{r}})^2) \\
&= \rho^{\mathrm{r}} + (c\mathrm{d}t_{\mathrm{G}} + c\mathrm{d}t_{\mathrm{sys}} + b_{\mathrm{IF}/P,\mathrm{R}}^{\mathrm{avg}}) + d_{\mathrm{trop}}^{\mathrm{r}} + d_{\mathrm{mult}/P_{\mathrm{IF}}}^{\mathrm{r}} + \varepsilon_{P_{\mathrm{IF}}}^{\mathrm{r}}
\end{aligned} \tag{7-2-15}
$$

$$
\begin{aligned}
\Phi_{\mathrm{IF}}^{\mathrm{r}} &= ((f_1^{\mathrm{r}})^2 \Phi_1^{\mathrm{r}} - (f_1^{\mathrm{r}})^2 \Phi_2^{\mathrm{r}})/((f_1^{\mathrm{r}})^2 - (f_2^{\mathrm{r}})^2) \\
&= \rho^{\mathrm{r}} + (c\mathrm{d}t_{\mathrm{G}} + c\mathrm{d}t_{\mathrm{sys}} + b_{\mathrm{IF}/P,\mathrm{R}}^{\mathrm{avg}}) + d_{\mathrm{trop}}^{\mathrm{r}} + (N_{\mathrm{IF}}^{\mathrm{r}} + \delta\tilde{b}_{\mathrm{IF}/\Phi}^{\mathrm{r}}) + d_{\mathrm{mult}/\Phi_{\mathrm{IF}}}^{\mathrm{r}} + \varepsilon_{\Phi_{\mathrm{IF}}}^{\mathrm{r}}
\end{aligned} \tag{7-2-16}
$$

令

$$c\mathrm{d}\tilde{t}_{\mathrm{G}} = c\mathrm{d}t_{\mathrm{G}} + b_{\mathrm{IF}/P,\mathrm{G}}^{\mathrm{avg}} \tag{7-2-17}$$

$$c\mathrm{d}\tilde{t}_{\mathrm{sys}} = c\mathrm{d}t_{\mathrm{sys}} + b_{\mathrm{IF}/P,\mathrm{R}}^{\mathrm{avg}} - b_{\mathrm{IF}/P,\mathrm{G}}^{\mathrm{avg}} \tag{7-2-18}$$

$$\widetilde{N}_{\mathrm{IF}} = N_{\mathrm{IF}} + \delta\tilde{b}_{\mathrm{IF}/\Phi} = N_{\mathrm{IF}} + (b_{\mathrm{IF}/\Phi}^{\mathrm{avg}} - b_{\mathrm{IF}/P}^{\mathrm{avg}} + \delta b_{\mathrm{IF}/\Phi}) \tag{7-2-19}$$

N_{IF}为模糊度项的消电离层组合形式，m；$\delta\tilde{b}_{\mathrm{IF}/\Phi}$为$\delta\tilde{b}_{i/\Phi}^{\mathrm{r}}$的消电离层组合形式，即$(b_{\mathrm{IF}/\Phi,\mathrm{R}}^{\mathrm{avg}} - b_{\mathrm{IF}/P,\mathrm{R}}^{\mathrm{avg}} + \delta b_{\mathrm{IF}/\Phi}^{\mathrm{r}})$。应用各项误差改正后，观测方程简化为

$$P_{\mathrm{IF}}'^{\mathrm{g}} = \rho^{\mathrm{g}} + c\mathrm{d}\tilde{t}_{\mathrm{G}} + d_{\mathrm{trop}}^{\mathrm{g}} + \varepsilon_{P_{\mathrm{IF}}}^{\mathrm{g}} \tag{7-2-20}$$

$$\Phi_{\mathrm{IF}}'^{\mathrm{g}} = \rho^{\mathrm{g}} + c\mathrm{d}\tilde{t}_{\mathrm{G}} + d_{\mathrm{trop}}^{\mathrm{g}} + \widetilde{N}_{\mathrm{IF}}^{\mathrm{g}} + \varepsilon_{\Phi_{\mathrm{IF}}}^{\mathrm{g}} \tag{7-2-21}$$

$$P_{\mathrm{IF}}'^{\mathrm{r}} = \rho^{\mathrm{r}} + c\mathrm{d}\tilde{t}_{\mathrm{G}} + c\mathrm{d}\tilde{t}_{\mathrm{sys}} + d_{\mathrm{trop}}^{\mathrm{r}} + \varepsilon_{P_{\mathrm{IF}}}^{\mathrm{r}} \tag{7-2-22}$$

$$\Phi_{\mathrm{IF}}'^{\mathrm{r}} = \rho^{\mathrm{r}} + c\mathrm{d}\tilde{t}_{\mathrm{G}} + c\mathrm{d}\tilde{t}_{\mathrm{sys}} + d_{\mathrm{trop}}^{\mathrm{r}} + \widetilde{N}_{\mathrm{IF}}^{\mathrm{r}} + \varepsilon_{\Phi_{\mathrm{IF}}}^{\mathrm{r}} \tag{7-2-23}$$

式中，P'_{IF}是经误差改正后的消电离层组合码观测值，m；Φ'_{IF}是经误差改正后的消电离层组合载波相位观测值，m；N'_{IF}是消电离层组合模糊度，m；$\varepsilon'_{\mathrm{IF}}$是多路径误差、观测值噪声和其他残留误差。

从上面公式的推导过程可以看出，利用式(7-2-20)～式(7-2-23)估计出的“接收机钟差项”实际上是接收机钟差与消电离层组合的硬件延迟偏差平均项之和，估计出的“系统时间差项”实际上是 GPS-GLONASS 系统时间差与系统间的消电离层组合硬件延迟偏差平均项之和，估计出的“消电离层组合模糊度项”实际上是消电离层组合模糊度与消电离层组合的硬件延迟偏差项之和。

将观测方程线性化后，误差方程可表示为

$$v = BX - l \tag{7-2-24}$$

式中，待估参数向量可表示为

$$X = \begin{bmatrix} \Delta x & \Delta y & \Delta z & c\mathrm{d}\tilde{t}_{\mathrm{G}} & c\mathrm{d}\tilde{t}_{\mathrm{sys}} & d_{\mathrm{trop}} & \widetilde{N}_{\mathrm{IF}}^{\mathrm{g}1} & \cdots & \widetilde{N}_{\mathrm{IF}}^{\mathrm{g}n} & \widetilde{N}_{\mathrm{IF}}^{\mathrm{r}1} & \cdots & \widetilde{N}_{\mathrm{IF}}^{\mathrm{r}m} \end{bmatrix}^{\mathrm{T}} \tag{7-2-25}$$

式(7-2-24)中，估计的未知参数包括三维位置坐标、接收机钟差、系统时间差、天顶对流层湿分量延迟和整周模糊度。式(7-2-25)中，n 为观测的 GPS 卫星个数，m 为

观测的 GLONASS 卫星数。由于在传统模型中每颗卫星对应有两个观测值，对于每个历元，共有$(2n+2m)$个观测方程。对应未知参数向量的设计矩阵 B 可表示为

$$B=\begin{bmatrix} a_{x_{1G}} & a_{y_{1G}} & a_{z_{1G}} & 1 & 0 & m_{1G} & \cdots \\ \vdots & \vdots & \vdots & \vdots & \vdots & \vdots & \\ a_{x_{2nG}} & a_{y_{2nG}} & a_{z_{2nG}} & 1 & 0 & m_{2nG} & \cdots \\ a_{x_{1R}} & a_{y_{1R}} & a_{z_{1R}} & 1 & 1 & m_{1R} & \cdots \\ \vdots & \vdots & \vdots & \vdots & \vdots & \vdots & \\ a_{x_{2mR}} & a_{y_{2mR}} & a_{z_{2mR}} & 1 & 1 & m_{2mR} & \cdots \end{bmatrix} \tag{7-2-26}$$

式(7-2-26)中，前三列为观测方程线性化后 Δx、Δy、Δz 的系数，第四列为接收机钟差系数，第五列为 GPS-GLONASS 系统时间差系数，第六列为对流层参数 d_{trop} 的系数，第六列后的其他列为模糊度参数的系数。对于传统模型，L1 和 L2 载波上的模糊度参数经消电离层组合后，已失去整数特性，因而可以将组合后的模糊度作为一个整体来估计，这样对应在设计矩阵中的系数为 1。如果将式(7-2-25)中的待估参数“系统时间差”改为“GLONASS 接收机钟差”，则待估参数向量和设计矩阵变为

$$X'=[\Delta x \quad \Delta y \quad \Delta z \quad c\mathrm{d}\tilde{t}_{\mathrm{G}} \quad c\mathrm{d}\tilde{t}_{\mathrm{R}} \quad d_{\mathrm{trop}} \quad \widetilde{N}_{\mathrm{IF}}^{\mathrm{g1}} \quad \cdots \quad \widetilde{N}_{\mathrm{IF}}^{\mathrm{g}n} \quad \widetilde{N}_{\mathrm{IF}}^{\mathrm{r1}} \quad \cdots \quad \widetilde{N}_{\mathrm{IF}}^{\mathrm{r}m}]^{\mathrm{T}} \tag{7-2-27}$$

$$B'=\begin{bmatrix} a_{x_{1G}} & a_{y_{1G}} & a_{z_{1G}} & 1 & 0 & m_{1G} & \cdots \\ \vdots & \vdots & \vdots & \vdots & \vdots & \vdots & \\ a_{x_{2nG}} & a_{y_{2nG}} & a_{z_{2nG}} & 1 & 0 & m_{2nG} & \cdots \\ a_{x_{1R}} & a_{y_{1R}} & a_{z_{1R}} & 0 & 1 & m_{1R} & \cdots \\ \vdots & \vdots & \vdots & \vdots & \vdots & \vdots & \\ a_{x_{2mR}} & a_{y_{2mR}} & a_{z_{2mR}} & 0 & 1 & m_{2mR} & \cdots \end{bmatrix} \tag{7-2-28}$$

上述两种不同形式的表达将不对定位结果产生影响。由于系统时间差参数反映了 GPS 系统时间和 GLONASS 系统时间之间的关系，所以估计该参数显得更有意义。

2. GPS/GLONASS 组合 UofC 模型

不像传统模型那样在两个频率码和码观测值之间、相位和相位观测值之间分别进行消电离层组合，UofC 模型利用载波相位测量时电离层折射改正和伪距测量时电离层折射改正数大小相等、符号相反的特点，在两个频率码和相位观测值间分别进行消电离层组合。根据这种组合模式，应用精密卫星轨道和卫星钟差数据削

弱卫星轨道和钟误差后,GPS/GLONASS 组合 UofC 模型可表示为

$$
\begin{aligned}
P_{\mathrm{IF,L1}}^{\mathrm{g}} &= 0.5(P_1^{\mathrm{g}}+\Phi_1^{\mathrm{g}}) \\
&= \rho^{\mathrm{g}}+(c\mathrm{d}t_{\mathrm{G}}+b_{12/P,\mathrm{G}}^{\mathrm{avg}})+d_{\mathrm{trop}}^{\mathrm{g}}+0.5(N_1^{\mathrm{g}}+\delta\tilde{b}_{1/\Phi}^{\mathrm{g}})+0.5d_{\mathrm{mult}/P_{\mathrm{IF,L1}}}^{\mathrm{g}}+0.5\varepsilon_{P_{\mathrm{IF,L1}}}^{\mathrm{g}}
\end{aligned} \tag{7-2-29}
$$

$$
\begin{aligned}
P_{\mathrm{IF,L2}}^{\mathrm{g}} &= 0.5(P_2^{\mathrm{g}}+\Phi_2^{\mathrm{g}}) \\
&= \rho^{\mathrm{g}}+(c\mathrm{d}t_{\mathrm{G}}+b_{12/P,\mathrm{G}}^{\mathrm{avg}})+d_{\mathrm{trop}}^{\mathrm{g}}+0.5(N_2^{\mathrm{g}}+\delta\tilde{b}_{2/\Phi}^{\mathrm{g}})+0.5d_{\mathrm{mult}/P_{\mathrm{IF,L2}}}^{\mathrm{g}}+0.5\varepsilon_{P_{\mathrm{IF,L2}}}^{\mathrm{g}}
\end{aligned} \tag{7-2-30}
$$

$$
\begin{aligned}
\Phi_{\mathrm{IF}}^{\mathrm{g}} &= \frac{f_{1\mathrm{g}}^2\Phi_1^{\mathrm{g}}-f_{2\mathrm{g}}^2\Phi_2^{\mathrm{g}}}{f_{1\mathrm{g}}^2-f_{2\mathrm{g}}^2} \\
&= \rho^{\mathrm{g}}+(c\mathrm{d}t_{\mathrm{G}}+b_{12/P,\mathrm{G}}^{\mathrm{avg}})+d_{\mathrm{trop}}^{\mathrm{g}}+\frac{f_{1\mathrm{g}}^2(N_1^{\mathrm{g}}+\delta\tilde{b}_{1/\Phi}^{\mathrm{g}})-f_{2\mathrm{g}}^2(N_2^{\mathrm{g}}+\delta\tilde{b}_{2/\Phi}^{\mathrm{g}})}{f_{1\mathrm{g}}^2-f_{2\mathrm{g}}^2} \\
&\quad +d_{\mathrm{mult}/\Phi_{\mathrm{IF}}}^{\mathrm{g}}+\varepsilon_{\Phi_{\mathrm{IF}}}^{\mathrm{g}}
\end{aligned} \tag{7-2-31}
$$

$$
\begin{aligned}
P_{\mathrm{IF,L1}}^{\mathrm{r}} &= 0.5(P_1^{\mathrm{r}}+\Phi_1^{\mathrm{r}}) \\
&= \rho^{\mathrm{r}}+(c\mathrm{d}t_{\mathrm{G}}+b_{12/P,\mathrm{G}}^{\mathrm{avg}})+(c\mathrm{d}t_{\mathrm{sys}}+b_{12/P,\mathrm{R}}^{\mathrm{avg}}-b_{12/P,\mathrm{G}}^{\mathrm{avg}})+d_{\mathrm{trop}}^{\mathrm{r}} \\
&\quad +0.5(N_1^{\mathrm{r}}+\delta\tilde{b}_{1/\Phi}^{\mathrm{r}})+0.5d_{\mathrm{mult}/P_{\mathrm{IF,L1}}}^{\mathrm{r}}+0.5\varepsilon_{P_{\mathrm{IF,L1}}}^{\mathrm{r}}
\end{aligned} \tag{7-2-32}
$$

$$
\begin{aligned}
P_{\mathrm{IF,L2}}^{\mathrm{r}} &= 0.5(P_2^{\mathrm{r}}+\Phi_2^{\mathrm{r}}) \\
&= \rho^{\mathrm{r}}+(c\mathrm{d}t_{\mathrm{G}}+b_{12/P,\mathrm{G}}^{\mathrm{avg}})+(c\mathrm{d}t_{\mathrm{sys}}+b_{12/P,\mathrm{R}}^{\mathrm{avg}}-b_{12/P,\mathrm{G}}^{\mathrm{avg}})+d_{\mathrm{trop}}^{\mathrm{r}} \\
&\quad +0.5(N_2^{\mathrm{r}}+\delta\tilde{b}_{2/\Phi}^{\mathrm{r}})+0.5d_{\mathrm{mult}/P_{\mathrm{IF,L2}}}^{\mathrm{r}}+0.5\varepsilon_{P_{\mathrm{IF,L2}}}^{\mathrm{r}}
\end{aligned} \tag{7-2-33}
$$

$$
\begin{aligned}
\Phi_{\mathrm{IF}}^{\mathrm{r}} &= \frac{f_{1\mathrm{r}}^2\Phi_1^{\mathrm{r}}-f_{2\mathrm{r}}^2\Phi_2^{\mathrm{r}}}{f_{1\mathrm{r}}^2-f_{2\mathrm{r}}^2} \\
&= \rho^{\mathrm{r}}+(c\mathrm{d}t_{\mathrm{G}}+b_{12/P,\mathrm{G}}^{\mathrm{avg}})+(c\mathrm{d}t_{\mathrm{sys}}+b_{12/P,\mathrm{R}}^{\mathrm{avg}}-b_{12/P,\mathrm{G}}^{\mathrm{avg}})+d_{\mathrm{trop}}^{\mathrm{r}} \\
&\quad +\frac{f_{1\mathrm{r}}^2\cdot(N_1^{\mathrm{r}}+\delta\tilde{b}_{1/\Phi}^{\mathrm{r}})-f_{2\mathrm{g}}^2\cdot(N_2^{\mathrm{r}}+\delta\tilde{b}_{2/\Phi}^{\mathrm{r}})}{f_{1\mathrm{r}}^2-f_{2\mathrm{r}}^2}+d_{\mathrm{mult}/\Phi_{\mathrm{IF}}}^{\mathrm{r}}+\varepsilon_{\Phi_{\mathrm{IF}}}^{\mathrm{r}}
\end{aligned} \tag{7-2-34}
$$

式中的硬件延迟偏差项与传统模型中的推导类似,$b_{12/P,\mathrm{G}}^{\mathrm{avg}}$ 为 $b_{1/P,\mathrm{G}}^{\mathrm{avg}}$ 与 $b_{2/P,\mathrm{G}}^{\mathrm{avg}}$ 的平均值。式(7-2-29)~式(7-2-34)即 GPS/GLONASS 组合精密单点定位 UofC 模型的观测方程。

令

$$
c\mathrm{d}\tilde{t}_{\mathrm{G}} = c\mathrm{d}t_{\mathrm{G}}+b_{12/P,\mathrm{G}}^{\mathrm{avg}} \tag{7-2-35}
$$

$$
c\mathrm{d}\tilde{t}_{\mathrm{sys}} = c\mathrm{d}t_{\mathrm{sys}}+b_{12/P,\mathrm{R}}^{\mathrm{avg}}-b_{12/P,\mathrm{G}}^{\mathrm{avg}} \tag{7-2-36}
$$

$$
\tilde{N}_i = N_i^{\mathrm{r}}+\delta\tilde{b}_{i/\Phi}^{\mathrm{r}} \tag{7-2-37}
$$

进行各项误差改正后,观测方程可以简化为

$$
P_{\mathrm{IF,L1}}'^{\mathrm{g}} = \rho^{\mathrm{g}}+c\mathrm{d}\tilde{t}_{\mathrm{G}}+d_{\mathrm{trop}}^{\mathrm{g}}+0.5\tilde{N}_1^{\mathrm{g}}+0.5\varepsilon_{P_{\mathrm{IF,L1}}}'^{\mathrm{g}} \tag{7-2-38}
$$

$$
P_{\mathrm{IF,L2}}'^{\mathrm{g}} = \rho^{\mathrm{g}}+c\mathrm{d}\tilde{t}_{\mathrm{G}}+d_{\mathrm{trop}}^{\mathrm{g}}+0.5\tilde{N}_2^{\mathrm{g}}+0.5\varepsilon_{P_{\mathrm{IF,L2}}}'^{\mathrm{g}} \tag{7-2-39}
$$

$$\Phi_{\mathrm{IF}}^{\prime\mathrm{g}}=\rho^{\mathrm{g}}+c\mathrm{d}\tilde{t}_{\mathrm{G}}+d_{\mathrm{trop}}^{\mathrm{g}}+\frac{f_{1\mathrm{g}}^{2}\widetilde{N}_{1}^{\mathrm{g}}-f_{2\mathrm{g}}^{2}\widetilde{N}_{2}^{\mathrm{g}}}{f_{1\mathrm{g}}^{2}-f_{2\mathrm{g}}^{2}}+\varepsilon_{\Phi_{\mathrm{IF}}}^{\prime\mathrm{g}} \tag{7-2-40}$$

$$P_{\mathrm{IF,L1}}^{\prime\mathrm{r}}=\rho^{\mathrm{r}}+c\mathrm{d}\tilde{t}_{\mathrm{G}}^{\mathrm{g}}+c\mathrm{d}\tilde{t}_{\mathrm{sys}}+d_{\mathrm{trop}}^{\mathrm{r}}+0.5\widetilde{N}_{1}^{\mathrm{r}}+0.5\varepsilon_{P_{\mathrm{IF,L1}}}^{\prime\mathrm{r}} \tag{7-2-41}$$

$$P_{\mathrm{IF,L2}}^{\prime\mathrm{r}}=\rho^{\mathrm{r}}+c\mathrm{d}\tilde{t}_{\mathrm{G}}+c\mathrm{d}\tilde{t}_{\mathrm{sys}}+d_{\mathrm{trop}}^{\mathrm{r}}+0.5\widetilde{N}_{2}^{\mathrm{r}}+0.5\varepsilon_{P_{\mathrm{IF,L2}}}^{\prime\mathrm{r}} \tag{7-2-42}$$

$$\Phi_{\mathrm{IF}}^{\prime\mathrm{r}}=\rho^{\mathrm{r}}+c\mathrm{d}\tilde{t}_{\mathrm{G}}+c\mathrm{d}\tilde{t}_{\mathrm{sys}}+d_{\mathrm{trop}}^{\mathrm{r}}+\frac{f_{1\mathrm{r}}^{2}\widetilde{N}_{1}^{\mathrm{r}}-f_{2\mathrm{r}}^{2}\widetilde{N}_{2}^{\mathrm{r}}}{f_{1\mathrm{r}}^{2}-f_{2\mathrm{r}}^{2}}+\varepsilon_{\Phi_{\mathrm{IF}}}^{\prime\mathrm{r}} \tag{7-2-43}$$

式中，$P'_{\mathrm{IF,L1}}$是经误差改正后的L1频率上的消电离层组合码观测值，m；$P'_{\mathrm{IF,L2}}$是经误差改正后的L2频率上的消电离层组合码观测值，m；Φ'_{IF}是经误差改正后的消电离层组合载波相位观测值，m；$\varepsilon'_{\mathrm{IF}}$是多路径误差、观测值噪声和其他残留误差。

将观测方程线性化后，误差方程可表示为

$$v=BX-l \tag{7-2-44}$$

式中，待估参数向量可表示为

$$\begin{aligned}X=[\Delta x\quad \Delta y\quad \Delta z\quad c\mathrm{d}\tilde{t}_{\mathrm{G}}\quad c\mathrm{d}\tilde{t}_{\mathrm{sys}}\quad d_{\mathrm{trop}}\quad \widetilde{N}_{1}^{\mathrm{g1}}\\ \widetilde{N}_{2}^{\mathrm{g1}}\quad \cdots\quad \widetilde{N}_{1}^{\mathrm{g}n}\quad \widetilde{N}_{2}^{\mathrm{g}n}\quad \widetilde{N}_{1}^{\mathrm{r1}}\quad \widetilde{N}_{2}^{\mathrm{r1}}\quad \cdots\quad \widetilde{N}_{1}^{\mathrm{r}m}\quad \widetilde{N}_{2}^{\mathrm{r}m}]^{\mathrm{T}}\end{aligned} \tag{7-2-45}$$

式(7-2-44)中，估计的未知参数包括三维位置坐标、接收机钟差、系统时间差、天顶对流层湿分量延迟和整周模糊度。式(7-2-45)中，n为观测的GPS卫星个数，m为观测的GLONASS卫星数，由于在UofC模型中每颗卫星对应有三个观测值，因而对于每个历元，共有$(3n+3m)$个观测方程。对应未知参数向量的设计矩阵B可表示为

$$B=\begin{bmatrix}a_{x_{1\mathrm{G}}} & a_{y_{1\mathrm{G}}} & a_{z_{1\mathrm{G}}} & 1 & 0 & m_{1\mathrm{G}} & \cdots\\ \vdots & \vdots & \vdots & \vdots & \vdots & \vdots & \\ a_{x_{3n\mathrm{G}}} & a_{y_{3n\mathrm{G}}} & a_{z_{3n\mathrm{G}}} & 1 & 0 & m_{3n\mathrm{G}} & \cdots\\ a_{x_{1\mathrm{R}}} & a_{y_{1\mathrm{R}}} & a_{z_{1\mathrm{R}}} & 1 & 1 & m_{1\mathrm{R}} & \cdots\\ \vdots & \vdots & \vdots & \vdots & \vdots & \vdots & \\ a_{x_{3m\mathrm{R}}} & a_{y_{3m\mathrm{R}}} & a_{z_{3m\mathrm{R}}} & 1 & 1 & m_{3m\mathrm{R}} & \cdots\end{bmatrix} \tag{7-2-46}$$

设计矩阵(7-2-46)中，前三列为观测方程线性化后Δx、Δy、Δz的系数，第四列为接收机钟差系数，第五列为GPS-GLONASS系统时间差系数，第六列为对流层参数d_{trop}的系数，第六列后的其他列为模糊度参数的系数。对于UofC模型，L1和L2载波上的模糊度参数在解算过程中可以分别进行估计。如果将式(7-2-45)中的待估参数“系统时间差”改为“GLONASS接收机钟差”，则待估参数向量和设计矩阵变为

$$\begin{aligned}X'=[\Delta x\quad \Delta y\quad \Delta z\quad c\mathrm{d}\tilde{t}_{\mathrm{G}}\quad c\mathrm{d}\tilde{t}_{\mathrm{R}}\quad d_{\mathrm{trop}}\quad \widetilde{N}_{1}^{\mathrm{g1}}\\ \widetilde{N}_{2}^{\mathrm{g1}}\quad \cdots\quad \widetilde{N}_{1}^{\mathrm{g}n}\quad \widetilde{N}_{2}^{\mathrm{g}n}\quad \widetilde{N}_{1}^{\mathrm{r1}}\quad \widetilde{N}_{2}^{\mathrm{r1}}\quad \cdots\quad \widetilde{N}_{1}^{\mathrm{r}m}\quad \widetilde{N}_{2}^{\mathrm{r}m}]^{\mathrm{T}}\end{aligned} \tag{7-2-47}$$

$$
B'=\begin{bmatrix}
a_{x_{1G}} & a_{y_{1G}} & a_{z_{1G}} & 1 & 0 & m_{1G} & \cdots \\
\vdots & \vdots & \vdots & \vdots & \vdots & \vdots & \\
a_{x_{3nG}} & a_{y_{3nG}} & a_{z_{3nG}} & 1 & 0 & m_{3nG} & \cdots \\
a_{x_{1R}} & a_{y_{1R}} & a_{z_{1R}} & 0 & 1 & m_{1R} & \cdots \\
\vdots & \vdots & \vdots & \vdots & \vdots & \vdots & \\
a_{x_{3mR}} & a_{y_{3mR}} & a_{z_{3mR}} & 0 & 1 & m_{3mR} & \cdots
\end{bmatrix} \tag{7-2-48}
$$

上述两种不同形式的表达将不对定位结果产生影响，但估计 GPS-GLONASS 系统时间差更有意义。

7.2.2　随机模型

1. GPS/GLONASS 组合 PPP 传统模型

GPS/GLONASS 组合精密单点定位传统模型在两个频率码和码、相位和相位观测值之间分别进行消电离层组合，可以认为组合后的码观测值与组合后的相位观测值之间不相关，因而观测值方差阵为对角阵，如图 7-2-1 所示。

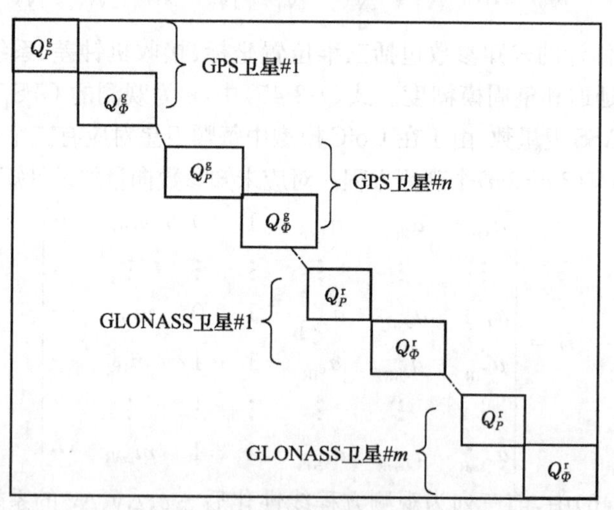

图 7-2-1　GPS/GLONASS 组合精密单点定位传统模型观测值方差阵

在组合 GPS/GLONASS 精密单点定位传统模型中，消电离层组合观测值为

$$
P_{IF}^{g}=\frac{f_{1g}^{2}P_{1}^{g}-f_{2g}^{2}P_{2}^{g}}{f_{1g}^{2}-f_{2g}^{2}} \tag{7-2-49}
$$

$$
\Phi_{IF}^{g}=\frac{f_{1g}^{2}\Phi_{1}^{g}-f_{2g}^{2}\Phi_{2}^{g}}{f_{1g}^{2}-f_{2g}^{2}} \tag{7-2-50}
$$

$$
P_{IF}^{r}=\frac{f_{1r}^{2}P_{1}^{r}-f_{2r}^{2}P_{2}^{r}}{f_{1r}^{2}-f_{2r}^{2}} \tag{7-2-51}
$$

$$\Phi_{IF}^{r}=\frac{f_{1r}^{2}\Phi_{1}^{r}-f_{2r}^{2}\Phi_{2}^{r}}{f_{1r}^{2}-f_{2r}^{2}} \tag{7-2-52}$$

式中，g代表GPS，r代表GLONASS。对于GPS，消电离层组合后的观测值方差与式(6-3-11)和式(6-3-12)相同，将其重写为

$$\sigma_{P_{IF}^{g}}^{2}=\left(\frac{f_{1g}^{2}}{f_{1g}^{2}-f_{2g}^{2}}\right)^{2}\sigma_{P_{1}^{g}}^{2}+\left(\frac{f_{2g}^{2}}{f_{1g}^{2}-f_{2g}^{2}}\right)^{2}\sigma_{P_{2}^{g}}^{2}=6.481\sigma_{P_{1}^{g}}^{2}+2.389\sigma_{P_{2}^{g}}^{2} \tag{7-2-53}$$

$$\sigma_{\Phi_{IF}^{g}}^{2}=\left(\frac{f_{1g}^{2}}{f_{1g}^{2}-f_{2g}^{2}}\right)^{2}\sigma_{\Phi_{1}^{g}}^{2}+\left(\frac{f_{2g}^{2}}{f_{1g}^{2}-f_{2g}^{2}}\right)^{2}\sigma_{\Phi_{2}^{g}}^{2}=6.481\sigma_{\Phi_{1}^{g}}^{2}+2.389\sigma_{\Phi_{2}^{g}}^{2} \tag{7-2-54}$$

GLONASS与GPS类似，假设L1频率上的观测值与L2频率上的观测值不相关，由协方差传播律可得消电离层组合后的观测值方差为

$$\sigma_{P_{IF}^{r}}^{2}=\left(\frac{f_{1r}^{2}}{f_{1r}^{2}-f_{2r}^{2}}\right)^{2}\sigma_{P_{1}^{r}}^{2}+\left(\frac{f_{2r}^{2}}{f_{1r}^{2}-f_{2r}^{2}}\right)^{2}\sigma_{P_{2}^{r}}^{2}=6.407\sigma_{P_{1}^{r}}^{2}+2.345\sigma_{P_{2}^{r}}^{2} \tag{7-2-55}$$

$$\sigma_{\Phi_{IF}^{r}}^{2}=\left(\frac{f_{1r}^{2}}{f_{1r}^{2}-f_{2r}^{2}}\right)^{2}\sigma_{\Phi_{1}^{r}}^{2}+\left(\frac{f_{2r}^{2}}{f_{1r}^{2}-f_{2r}^{2}}\right)^{2}\sigma_{\Phi_{2}^{r}}^{2}=6.407\sigma_{\Phi_{1}^{r}}^{2}+2.345\sigma_{\Phi_{2}^{r}}^{2} \tag{7-2-56}$$

假设GPS卫星L1和L2频率上码观测值精度相同，相位观测值精度也相同，分别为$\hat{\sigma}_{P^{g}}$和$\hat{\sigma}_{\Phi^{g}}$。对于GLONASS分别为$\hat{\sigma}_{P^{r}}$和$\hat{\sigma}_{\Phi^{r}}$，那么有

$$\hat{\sigma}_{P_{IF}^{g}}^{2}=8.87\hat{\sigma}_{P^{g}}^{2} \tag{7-2-57}$$

$$\hat{\sigma}_{\Phi_{IF}^{g}}^{2}=8.87\hat{\sigma}_{\Phi^{g}}^{2} \tag{7-2-58}$$

$$\hat{\sigma}_{P_{IF}^{r}}^{2}=8.75\hat{\sigma}_{P^{r}}^{2} \tag{7-2-59}$$

$$\hat{\sigma}_{\Phi_{IF}^{r}}^{2}=8.75\hat{\sigma}_{\Phi^{r}}^{2} \tag{7-2-60}$$

式中，$\hat{\sigma}_{P_{IF}^{g}}^{2}$、$\hat{\sigma}_{\Phi_{IF}^{g}}^{2}$、$\hat{\sigma}_{P_{IF}^{r}}^{2}$和$\hat{\sigma}_{\Phi_{IF}^{r}}^{2}$分别为图7-2-1中的$Q_{P}^{g}$、$Q_{\Phi}^{g}$、$Q_{P}^{r}$和$Q_{\Phi}^{r}$。

2. GPS/GLONASS组合UofC模型

GPS/GLONASS组合精密单点定位UofC模型在两个频率码和相位之间、相位和相位观测值之间分别进行消电离层组合。由于消电离层组合中都利用了相位观测值，组合后的观测值之间存在相关性。UofC模型的观测值方差阵如图7-2-2所示。

GPS/GLONASS组合精密单点定位UofC模型中，消电离层组合观测值为

$$P_{IF,L1}^{g}=0.5(P_{1}^{g}+\Phi_{1}^{g}) \tag{7-2-61}$$

$$P_{IF,L2}^{g}=0.5(P_{2}^{g}+\Phi_{2}^{g}) \tag{7-2-62}$$

$$\Phi_{IF}^{g}=\frac{f_{1g}^{2}\Phi_{1}^{g}-f_{2g}^{2}\Phi_{2}^{g}}{f_{1g}^{2}-f_{2g}^{2}} \tag{7-2-63}$$

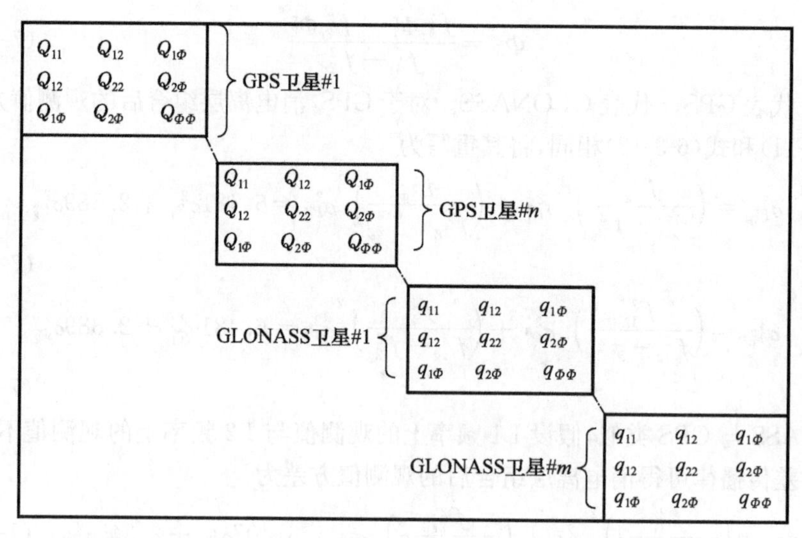

图 7-2-2　GPS/GLONASS组合精密单点定位 UofC 模型观测值方差阵

$$P_{\mathrm{IF,L1}}^{\mathrm{r}}=0.5(P_1^{\mathrm{r}}+\Phi_1^{\mathrm{r}}) \tag{7-2-64}$$

$$P_{\mathrm{IF,L2}}^{\mathrm{r}}=0.5(P_2^{\mathrm{r}}+\Phi_2^{\mathrm{r}}) \tag{7-2-65}$$

$$\Phi_{\mathrm{IF}}^{\mathrm{r}}=\frac{f_{1\mathrm{r}}^2\Phi_1^{\mathrm{r}}-f_{2\mathrm{r}}^2\Phi_2^{\mathrm{r}}}{f_{1\mathrm{r}}^2-f_{2\mathrm{r}}^2} \tag{7-2-66}$$

对于 GPS，设 $\hat{\sigma}_{P_1^{\mathrm{g}}}=\hat{\sigma}_{P_2^{\mathrm{g}}}=\hat{\sigma}_{P^{\mathrm{g}}}$、$\hat{\sigma}_{\Phi_1^{\mathrm{g}}}=\hat{\sigma}_{\Phi_2^{\mathrm{g}}}=\hat{\sigma}_{\Phi^{\mathrm{g}}}$，由式(6-3-39)～式(6-3-42)可知：

$$\hat{\sigma}^2_{P^{\mathrm{g}}_{\mathrm{IF,L1}}}=\hat{\sigma}^2_{P^{\mathrm{g}}_{\mathrm{IF,L2}}}=0.25\hat{\sigma}^2_{P^{\mathrm{g}}}+0.25\hat{\sigma}^2_{\Phi^{\mathrm{g}}} \tag{7-2-67}$$

$$\hat{\sigma}^2_{\Phi^{\mathrm{g}}_{\mathrm{IF}}}=8.87\hat{\sigma}^2_{\Phi^{\mathrm{g}}} \tag{7-2-68}$$

$$Q_{1\Phi}=1.273\hat{\sigma}^2_{\Phi^{\mathrm{g}}} \tag{7-2-69}$$

$$Q_{2\Phi}=-0.773\hat{\sigma}^2_{\Phi^{\mathrm{g}}} \tag{7-2-70}$$

式中，$\hat{\sigma}^2_{P^{\mathrm{g}}_{\mathrm{IF,L1}}}$、$\hat{\sigma}^2_{P^{\mathrm{g}}_{\mathrm{IF,L2}}}$ 和 $\hat{\sigma}^2_{\Phi^{\mathrm{g}}_{\mathrm{IF}}}$ 为消电离层组合观测值的方差，分别对应图 7-2-2 中的 Q_{11}、Q_{22}和 $Q_{\Phi\Phi}$。假设 L1 频率上的观测值与 L2 频率上的观测值不相关，那么有 $Q_{12}=0$。

对于 GLONASS，设 $\hat{\sigma}_{P^{\mathrm{r}}_{\mathrm{L1}}}=\hat{\sigma}_{P^{\mathrm{r}}_{\mathrm{L2}}}=\hat{\sigma}_{P^{\mathrm{r}}}$，$\hat{\sigma}_{\Phi^{\mathrm{r}}_{\mathrm{L1}}}=\hat{\sigma}_{\Phi^{\mathrm{r}}_{\mathrm{L2}}}=\hat{\sigma}_{\Phi^{\mathrm{r}}}$，同理可得

$$\hat{\sigma}^2_{P^{\mathrm{r}}_{\mathrm{IF,L1}}}=\hat{\sigma}^2_{P^{\mathrm{r}}_{\mathrm{IF,L2}}}=0.25\hat{\sigma}^2_{P^{\mathrm{r}}}+0.25\hat{\sigma}^2_{\Phi^{\mathrm{r}}} \tag{7-2-71}$$

$$\hat{\sigma}^2_{\Phi^{\mathrm{r}}_{\mathrm{IF}}}=\left(\frac{f_{1\mathrm{r}}^2}{f_{1\mathrm{r}}^2-f_{2\mathrm{r}}^2}\right)^2\sigma^2_{\Phi_1^{\mathrm{r}}}+\left(\frac{f_{2\mathrm{r}}^2}{f_{1\mathrm{r}}^2-f_{2\mathrm{r}}^2}\right)^2\sigma^2_{\Phi_2^{\mathrm{r}}}=8.75\hat{\sigma}^2_{\Phi^{\mathrm{r}}} \tag{7-2-72}$$

式中，$\hat{\sigma}^2_{P^{\mathrm{r}}_{\mathrm{IF,L1}}}$、$\hat{\sigma}^2_{P^{\mathrm{r}}_{\mathrm{IF,L2}}}$ 和 $\hat{\sigma}^2_{\Phi^{\mathrm{r}}_{\mathrm{IF}}}$ 为消电离层组合观测值的方差，分别对应图 7-2-2 中的 q_{11}、q_{22}和 $q_{\Phi\Phi}$。如果假设 L1 频率上的观测值与 L2 频率上的观测值不相关，那么 $q_{12}=0$。由式(7-2-64)和式(7-2-66)观测值之间的函数关系，根据协方差传播律可得$P^{\mathrm{r}}_{\mathrm{IF,L1}}$关于 $\Phi^{\mathrm{r}}_{\mathrm{IF}}$的协方差即 $q_{1\Phi}$为

$$
\begin{aligned}
q_{1\Phi} &= [0.5 \quad 0]\begin{bmatrix}\sigma_{\Phi_1^r}^2 & 0 \\ 0 & \sigma_{\Phi_2^r}^2\end{bmatrix}\left[\frac{f_{1r}^2}{f_{1r}^2-f_{2r}^2} \quad \frac{-f_{2r}^2}{f_{1r}^2-f_{2r}^2}\right]^{\mathrm{T}} \\
&= 0.5\frac{f_{1r}^2}{f_{1r}^2-f_{2r}^2}\sigma_{\Phi_1^r}^2 \\
&= 0.5\frac{f_{1r}^2}{f_{1r}^2-f_{2r}^2}\hat{\sigma}_{\Phi^r}^2 \\
&= 1.266\hat{\sigma}_{\Phi^r}^2
\end{aligned} \tag{7-2-73}
$$

同理可得 $P_{\mathrm{IF,L2}}^{\mathrm{r}}$关于 $\Phi_{\mathrm{IF}}^{\mathrm{r}}$的协方差即 $q_{2\Phi}$为

$$
q_{2\Phi} = -0.5\frac{f_{2r}^2}{f_{1r}^2-f_{2r}^2}\hat{\sigma}_{\Phi^r}^2 = -0.766\hat{\sigma}_{\Phi^r}^2 \tag{7-2-74}
$$

由 GPS 精密单点定位的观测模型可以看出,无论是传统模型还是 UofC 模型,未知参数都包括三维位置坐标、接收机钟差、对流层延迟和模糊度。位置和钟参数通常采用随机游走或一阶高斯马尔可夫过程来进行模拟。对于对流层参数,通常是对其干分量进行模型改正,对天顶方向的湿分量当做未知参数进行估计。可以将天顶方向的湿分量延迟模拟成随机游走过程。随机模型的选择主要取决于具体的应用,如果没有周跳发生,模糊度参数通常认为是常数。三维位置坐标、接收机钟差、对流层延迟和模糊度参数的随机模型公式可以参见 6.3 节。组合 GPS/GLONASS 精密单点定位相比 GPS 精密单点定位增加了一个“GPS-GLONASS 系统时间差”未知参数,可以将其模拟成随机游走过程。状态转移矩阵为单位矩阵,动态噪声矩阵可表示为

$$
Q_{\mathrm{Tsys}} = [q_{\mathrm{Tsys}}\Delta t] \tag{7-2-75}
$$

式中,q_{Tsys}为系统时间差参数的谱密度。

7.2.3　处理结果与分析

1. GPS/GLONASS 双系统组合与 GPS 单系统 PPP 结果比较

为了比较 GPS/GLONASS 组合 PPP 与 GPS 单系统 PPP 的性能,采用 IGS 测站 OHI3、WTZR、BAKE、IRKJ 和 WHIT 在 2010 年 5 月 2 日的观测数据进行处理。五个测站均处于高纬度地区,便于观测到更多的 GLONASS 卫星。这些测站装备了双频双系统接收机,能同时接收 GPS 和 GLONASS 卫星的观测数据。在观测当天,GLONASS 卫星星座已有 22 颗正常工作卫星,平均每个测站能观测到 6 颗 GLONASS 卫星。考虑到精密单点定位通常需要约半个小时的收敛时间,为了方便评价收敛后的定位精度,将每个时段长度定为 3h。将一天的观测数据划分为 8 个时段,由于最后一个时段长度小于 3h,因而取前面的 7 个时段的定位结果进行分析。考虑到精密单点定位中位置滤波需要一段时间才能收敛到一个稳定值,因此使用每个时段后 15min 的位置误差进行 RMS 统计,作为位置解的最终精度。

收敛时间的度量取决于定位所需要达到的精度，用户一般根据实际情况采用不同的标准，这里定义当位置误差达到 10cm 并在随后时间里保持在 10cm 内时滤波收敛。收敛时间针对三个坐标分量分别进行度量，以 min 为单位。

5 个测站共有 35 组定位结果数据。精密产品采用俄罗斯信息分析中心（IAC）提供的最终的 15min 间隔 GPS/GLONASS 精密卫星轨道和 30s 间隔钟差产品数据。观测数据的采样间隔为 30s，截止高度角设为 10°。在卡尔曼滤波处理中，GPS 和 GLONASS 测码伪距观测值的观测噪声分别设为 0.3m 和 0.6m，相位观测值的观测噪声均设为 2mm。由于测码伪距观测值噪声相对较大，在实际计算中，伪距观测值被赋予较低的权，收敛后的定位精度主要由载波相位观测值决定。用于计算天顶对流层湿延迟、接收机钟差、系统时间差参数动态噪声的波谱密度值分别设为 $10^{-9}\,m^2/s$、$10^{5}\,m^2/s$ 和 $10^{-7}\,m^2/s$。由于采用静态处理，位置坐标参数的波谱密度值设为 0。精密单点定位处理结果与 IGS 分析中心（CODE）提供的 ITRF 参考框架坐标进行比较，计算出位置误差并转换至测站坐标东（E）、北（N）、高程（U）三个方向。

图 7-2-3 给出了 35 组数据中各组数据位置误差在三个坐标分量上的 RMS 统

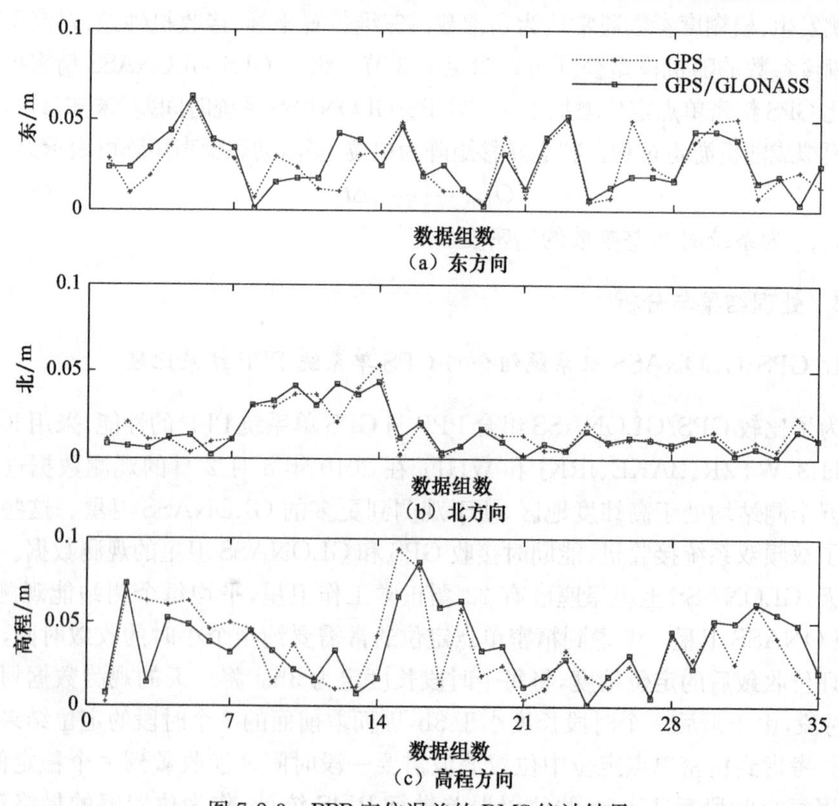

图 7-2-3　PPP 定位误差的 RMS 统计结果

计结果，反映了 3h 精密单点定位的精度。由于绝大多数位置滤波在 1h 前已经达到稳定值，可以说 RMS 值反映了位置滤波收敛后的精度。从图中可以看出，单独 GPS 的定位结果与 GPS/GLONASS 组合的定位结果在三个坐标分量上符合得非常好，在有些数据中，组合定位取得了更好的定位结果，但同时也注意到存在组合定位精度轻微下降的情况。这主要是受精度稍低的 GLONASS 精密卫星轨道和钟差数据的影响。通过计算 35 组数据位置误差的 RMS 平均值(表 7-2-1)，可以发现，单独 GPS 定位和组合定位两者的 RMS 平均值不超过 2mm。这意味着在 GPS 卫星数量较多而 GLONASS 卫星数相对较少的情况下，增加 GLONASS 观测数据对精密单点定位收敛后的精度影响不大。图 7-2-3 中，东方向的定位精度比北方向的定位精度略差，这主要与卫星轨道设计有关。

图 7-2-4 给出了所有 35 组数据位置滤波在三个坐标分量上的收敛时间。由图可以看出，在绝大多数情况下，GPS/GLONASS 组合定位在收敛时间方面相比单独 GPS 定位有明显的改善。从 35 组数据的平均收敛时间可以看出(表 7-2-1)，单独 GPS 定位位置滤波平均需要 30min 才能在所有三个坐标分量上收敛，而组合定位只需要 17min。组合定位在东、北、高程三个坐标分量上收敛时间的改善分别为 39%、30%和 60%。这说明更多的卫星观测数据有利于位置滤波更快的收敛。

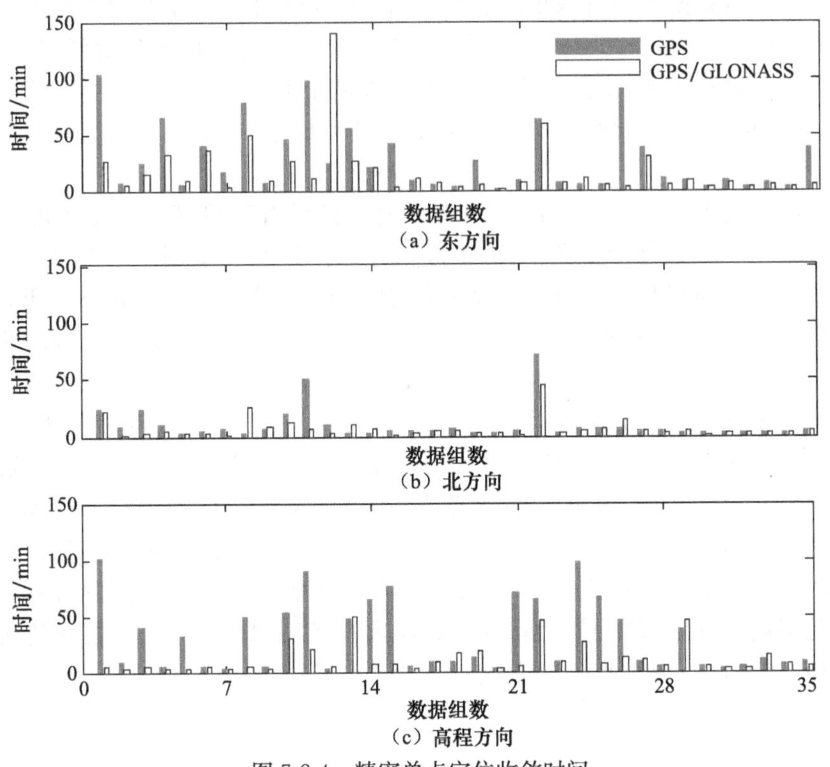

图 7-2-4　精密单点定位收敛时间

表 7-2-1　35 组数据定位精度与收敛时间统计

参数	方向	GPS	GPS/GLONASS
定位精度/cm	东方向	2.51	2.59
	北方向	1.53	1.46
	高程方向	3.37	3.51
收敛时间/min	东方向	28	17
	北方向	10	7
	高程方向	30	12

2. 传统模型与 UofC 模型 PPP 结果比较

为了对比传统模型与 UofC 模型，将采用 UofC 模型进行 GPS/GLONASS 组合精密单点定位的结果与采用传统模型的结果进行比较分析。试验计算采用了 2011 年 6 月 1 日至 4 日共 4 天的数据，选择了分别位于高纬度、中纬度和低纬度的 IGS 站 MDVJ、NICO、RECF 三个测站的观测数据。三个测站均装备了 GPS/GLONASS 双系统接收机，可以同时采集 GPS 和 GLONASS 观测数据。数据采样间隔为 30s，数据处理时截止高度角设为 10°，采用俄罗斯信息分析中心提供的精密星历和 5min 间隔的卫星钟差改正数据。参数估计采用卡尔曼滤波方法，卡尔曼滤波处理的参数设置与上面处理的设置相同。解算结果与来自 IGS 的 ITRF 参考框架坐标进行比较，并转换至测站坐标东(E)、北(N)、高程(U)三个方向。

图 7-2-5 给出了三个测站在 2011 年 6 月 1 日利用 UofC 模型和传统模型进行 GPS/GLONASS 组合精密单点定位的位置估计结果。从图中可以看出，使用 UofC 模型和传统模型位置滤波收敛极为相似，收敛后的误差曲线也基本重合。另外 3 天的处理结果也表现出类似的情况，限于篇幅，没有给出误差曲线图。图 7-2-6 给出了 4 天三个测站 MDVJ、NICO 和 RECF 利用约 2h 观测数据获得的定位误差，即卡尔曼滤波估计的位置误差在 2:00 处的值。三个测站 4 天共有 12 组位置误差值，从中可以看出，使用两种模型估计的位置结果非常接近，只有少数例外。对这 12 组东、北、高程方向的位置误差进行 RMS 统计计算，采用 UofC 模型，东、北、高程方向 RMS 分别为 0.032m、0.038m、0.051m；采用传统模型，其相应 RMS 分别为 0.035m、0.038m、0.046m。使用 UofC 模型平面位置精度在东方向上有 3mm 的提高，高程方向下降了 5mm。总体来看，使用 UofC 模型与使用传统模型在滤波收敛和定位精度上差别不大。

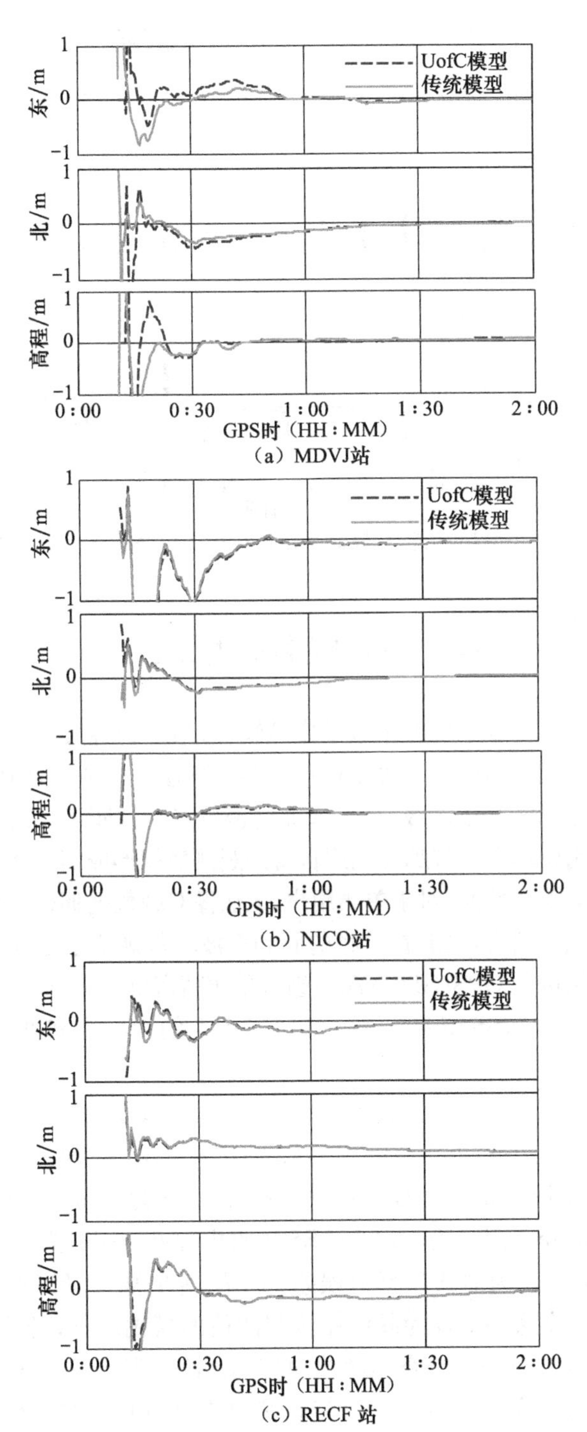

图 7-2-5　GPS/GLONASS 组合精密单点定位中 UofC 模型和传统模型位置误差比较

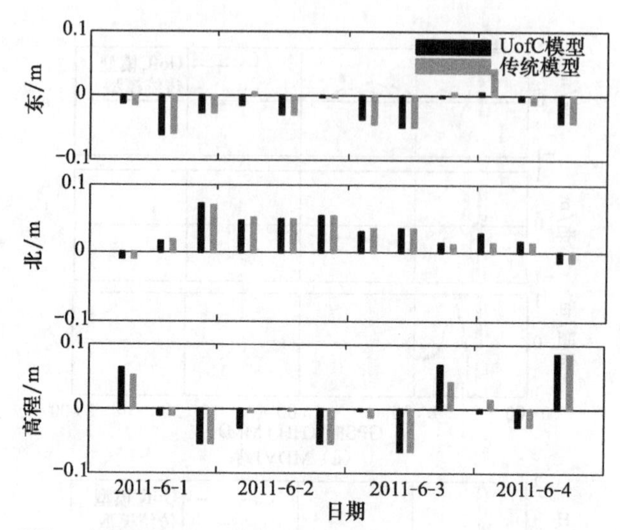

图 7-2-6　采用 3 个测站每天 2h 数据估计的 GPS/GLONASS 组合 PPP 位置误差

7.3　单频精密单点定位

单频精密单点定位要达到厘米级的定位精度,最大的挑战在于如何减轻电离层误差。一种方法是用电离层误差改正模型进行电离层误差改正,但电离层模型的改正精度被限制在分米级甚至米级,难以保证精密单点定位厘米级的定位精度。另一种方法是像双频精密单点定位那样利用自身的观测数据形成消电离层组合来消除电离层一阶误差的影响。然而,对于单频用户,无法像双频数据那样在两个频率的观测值之间形成消电离层组合,只能在单频的码和载波相位观测值之间进行组合。本节采用后面一种方法进行 GPS/GLONASS 组合单频精密单点定位(Cai et al,2013c)。

对于一颗 GLONASS 卫星 r,单一频率 L1 上的伪距和载波相位观测值可表示为

$$P^r = \rho^r + c\mathrm{d}t_R - c\mathrm{d}T^r + d^r_{orb} + d^r_{trop} + d^r_{ion} + b^r + \varepsilon^r_P \tag{7-3-1}$$

$$\Phi^r = \rho^r + c\mathrm{d}t_R - c\mathrm{d}T^r + d^r_{orb} + d^r_{trop} - d^r_{ion} + B^r + \varepsilon^r_\Phi \tag{7-3-2}$$

式中,P 为伪距观测值,m;Φ 为载波相位观测值,m;ρ 为卫星与接收机之间的几何距离,m;c 为光速,m/s;$\mathrm{d}t_R$ 为 GLONASS 接收机钟差,s;$\mathrm{d}T$ 为卫星钟差,s;d_{orb} 为卫星轨道误差,m;d_{trop} 为对流层延迟误差,m;d_{ion} 为电离层延迟误差,m;b 为伪距观测值的硬件延迟偏差,m;B 为载波相位观测值的模糊度,m,包括初始相位与相位观测值的硬件延迟偏差;ε 为各观测量对应的多路径误差及观测噪声。

利用一阶电离层误差在码观测值与载波相位观测值中大小相等、符号相反的特点,对式(7-3-1)和式(7-3-2)采用"半和"消电离层组合得

$$0.5(P^{r}+\Phi^{r})=\rho^{r}+c\mathrm{d}t_{R}-c\mathrm{d}T^{r}+d_{orb}^{r}+d_{trop}^{r}+0.5b^{r}+0.5B^{r}+0.5\varepsilon_{P}^{r} \tag{7-3-3}$$

同理可以获得 GPS 观测值“半和”消电离层组合为

$$0.5(P^{g}+\Phi^{g})=\rho^{g}+c\mathrm{d}t_{G}-c\mathrm{d}T^{g}+d_{orb}^{g}+d_{trop}^{g}+0.5b^{g}+0.5B^{g}+0.5\varepsilon_{P}^{g} \tag{7-3-4}$$

式中，g 代表 GPS 卫星；$\mathrm{d}t_G$ 为 GPS 接收机钟差，s。码和载波相位观测值进行半和组合后，由于载波相位观测值噪声显著更小，所以上面的表达式中忽略了载波相位观测值噪声。式(7-3-3)中，GLONASS 接收机钟差可以表示为 GPS 接收机钟差与 GPS-GLONASS 系统时间差之和，应用精密卫星轨道和钟差数据以及其他在精密单点定位中需要进行的误差改正后(参见第 4 章)，并考虑到码观测值硬件延迟偏差可以被接收机钟差参数和卫星模糊度参数吸收，忽略其影响后式(7-3-3)和式(7-3-4)可表示为

$$0.5(P^{r}+\Phi^{r})=\rho^{r}+c\mathrm{d}t_{G}+c\mathrm{d}t_{sys}+d_{trop}^{r}+0.5B^{r}+0.5\varepsilon_{P}^{r} \tag{7-3-5}$$

$$0.5(P^{g}+\Phi^{g})=\rho^{g}+c\mathrm{d}t_{G}+d_{trop}^{g}+0.5B^{g}+0.5\varepsilon_{P}^{g} \tag{7-3-6}$$

式(7-3-5)和式(7-3-6)为 GPS/GLONASS 组合单频精密单点定位的观测方程。待估未知参数包括三个接收机位置参数、一个接收机钟差、一个系统时间差、一个天顶对流层湿延迟、$(m+n)$个模糊度参数，其中 m 和 n 分别为 GPS 和 GLONASS 卫星的个数。采用“半和”消电离层模型，组合观测值的噪声约为伪距观测值噪声的一半。而伪距观测值精度一般为分米级，单频精密单点定位要想获得厘米级的定位精度，需要较长的滤波收敛过程。

采用 2012 年 6 月 1 日采集的全球 22 个 IGS 测站的观测资料来评价单频 GPS/GLONASS 组合精密单点定位的性能。将 GPS/GLONASS 组合精密单点定位的性能与 GPS 或 GLONASS 单系统精密单点定位的性能进行比较。图 7-3-1 提供了全球分布的 22 个测站的地理位置。所有观测值采样间隔为 30s。每个测站处理了 3 个时段的数据，每个时段长度为 3h，3 个时段分别为：1:00～4:00、4:00～7:00、7:00～10:00。一般情况下，精密单点定位位置滤波在 3h 内能够收敛。俄罗斯信息分析中心(IAC)的最终精密卫星轨道产品和 30s 间隔的钟差产品用于本次精密单点定位处理。在整个处理过程中，截止高度角设为 15°。采用卡尔曼滤波估计方法，将计算参数动态噪声的天顶对流层湿延迟、GPS 接收机钟差、GPS-GLONASS 系统时间差参数的波谱密度值分别设置为 10^{-9} m^2/s、$10^5\mathrm{m}^2/\mathrm{s}$ 和 $10^{-7}\mathrm{m}^2/\mathrm{s}$。模糊度参数和测站位置坐标被当做常量。GPS 和 GLONASS 码和相位观测值精度分别设置为 0.3m 和 0.002m。IGS 每周提供的 IGS 站的坐标解作为位置参考来评价精密单点定位的位置误差。IGS 提供的“igs08.atx”文件包含了卫星和接收机天线相位中心偏移信息，用于天线相位中心的改正。

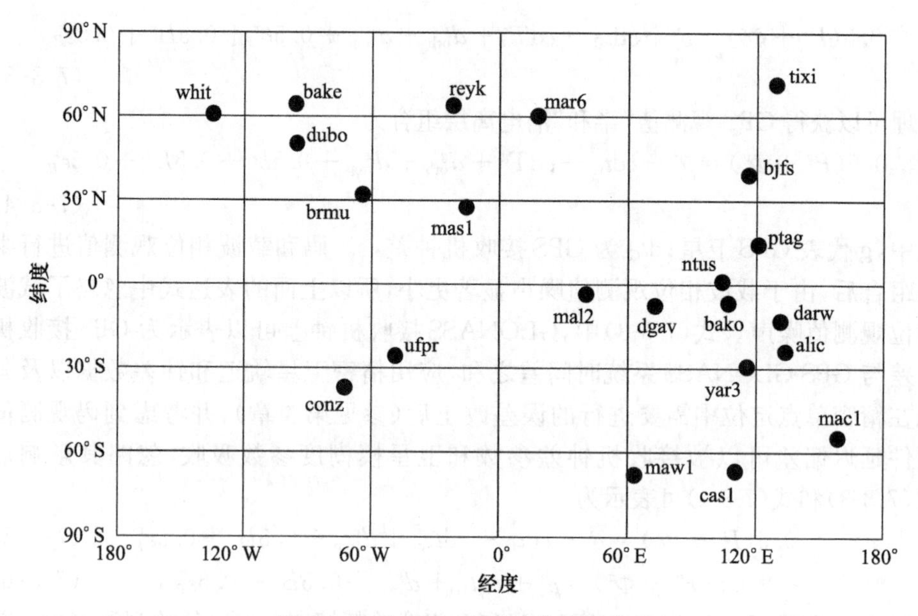

图 7-3-1　全球 22 个测站的位置分布

表 7-3-1 提供了 66 组定位结果的定位误差与收敛时间的 RMS 统计。共处理了 22 个测站，每个测站处理 3 个时段。从三维定位精度来看，组合定位相比 GPS 和 GLONASS 单系统，其精度改善分别达到了 31％和 28％。如果将平面位置收敛定义为东方向和北方向定位误差达到±0.15m 并保持在该限值以内，高程方向收敛定义为高程方向定位误差达到±0.3m 并保持在该限值以内，则在东方向上，GPS/GLONASS 组合定位需要 71min 的收敛时间，而 GPS 和 GLONASS 单系统分别需要 105min 和 103min。在北方向上，组合定位需要 33min，而 GPS 和 GLONASS 分别需要 48min 和 53min。在高程方向上，组合定位需要 59min，而 GPS 和 GLONASS 分别需要 79min 和 75min。在这三个方向上，双系统相对 GPS 和 GLONASS 单系统，收敛时间改善率分别为 32％、31％、25％和 31％、38％、21％。从表 7-3-1 可以看出，组合定位能够显著改善定位精度和缩短收敛时间。

表 7-3-1　GPS、GLONASS、GPS/GLONASS 组合单频精密单点定位的位置误差与收敛时间的 RMS 统计

参数	方向	GPS	GLO	GPS/GLO	改善率	
					GPS/GLO vs. GPS	GPS/GLO vs. GLO
定位误差/m	东方向	0.077	0.123	0.057	26％	54％
	北方向	0.027	0.041	0.028	—	32％
	高程方向	0.181	0.140	0.121	33％	14％
	三维	0.199	0.191	0.137	31％	28％

续表

参数	方向	GPS	GLO	GPS/GLO	改善率	
					GPS/GLO vs. GPS	GPS/GLO vs. GLO
收敛时间/min	东方向	105	103	71	32%	31%
	北方向	48	53	33	31%	38%
	高程方向	79	75	59	25%	21%

7.4　GLONASS卫星频率信道号的自主识别方法

与GPS卫星不同,GLONASS卫星采用频分多址的技术,即不同的卫星对应于不同的频率。根据GLONASS接口控制文件(interface control document,ICD),GLONASS卫星的频率可以由卫星频率信道号计算获得。在利用GLONASS载波相位观测值进行精密单点定位处理时,需要利用GLONASS卫星的频率将以周为单位的相位观测值转化为以米为单位的距离观测值。因而,在利用GLONASS载波相位观测值进行精密定位之前,应首先获取GLONASS卫星的频率信道号。由于GLONASS频繁发射新卫星以替代退役的卫星,新卫星的PRN号大多采用了被替代卫星的PRN号,但卫星的频率和频率信道号发生了变化,这就要求在每次GLONASS载波相位处理时需要更新各观测卫星的频率信道号,使卫星的频率信道号与观测数据的时间相对应(Cai et al,2013b)。尽管通过访问官方网站或者导航文件可以获取该频率信道号信息,但在一定程度上增加了数据处理的复杂性,不利于软件的自动化处理。鉴于此,本节设计了一种利用GLONASS观测数据自主计算GLONASS卫星频率信道号的算法,避免了在数据处理时需额外获取卫星频率信道号的繁琐,同时也为GLONASS精密单点定位软件的自动化处理实现提供了便利。

对于一颗GLONASS卫星r,某一频率Li($i=1,2$)上的测码伪距和载波相位观测值可以表示为

$$P_i^{\mathrm{r}}=\rho^{\mathrm{r}}+c\mathrm{d}t-c\mathrm{d}T^{\mathrm{r}}+d_{\mathrm{orb}}^{\mathrm{r}}+d_{\mathrm{trop}}^{\mathrm{r}}+d_{\mathrm{ion/L}i}^{\mathrm{r}}+b_i^{\mathrm{r}}+\varepsilon_{P_i}^{\mathrm{r}} \tag{7-4-1}$$

$$\Phi_i^{\mathrm{r}}=\rho^{\mathrm{r}}+c\mathrm{d}t-c\mathrm{d}T^{\mathrm{r}}+d_{\mathrm{orb}}^{\mathrm{r}}+d_{\mathrm{trop}}^{\mathrm{r}}-d_{\mathrm{ion/L}i}^{\mathrm{r}}+B_i^{\mathrm{r}}+\varepsilon_{\Phi_i}^{\mathrm{r}} \tag{7-4-2}$$

式中,P为码观测值,m;Φ为载波相位观测值,m;ρ为卫星与接收机之间的几何距离,m;c为光速,m/s;dt为GLONASS接收机钟差,s;dT为卫星钟差,s;d_{orb}为卫星轨道误差,m;d_{trop}为对流层延迟误差,m;d_{ion}为电离层延迟误差,m;b为伪距观测值的硬件延迟偏差,m;B为载波相位观测值的模糊度,m,包括初始相位与相位观测值的硬件延迟偏差;ε为各观测量对应的多路径误差及观测噪声。

对式(7-4-1)和式(7-4-2)进行相邻历元间差分，可以得到历元间单差观测值为

$$\Delta P_i^r = \Delta\rho^r + c\Delta dt - c\Delta dT^r + \Delta d_{orb}^r + \Delta d_{trop}^r + \Delta d_{ion/Li}^r + \varepsilon_{\Delta P_i}^r \tag{7-4-3}$$

$$\Delta \Phi_i^r = \Delta\rho^r + c\Delta dt - c\Delta dT^r + \Delta d_{orb}^r + \Delta d_{trop}^r - \Delta d_{ion/Li}^r + \varepsilon_{\Delta \Phi_i}^r \tag{7-4-4}$$

通常认为硬件延迟偏差在短时间内是稳定的，因而可以在历元间单差过程中消除。只要不存在周跳，模糊度参数是一个常数，在历元间单差过程中也被消除。如果存在周跳，则发生周跳历元处的单差观测值不能使用，将被作为粗差观测值剔除。

将式(7-4-4)减式(7-4-3)，可以得到如下等式：

$$\Delta \Phi_i^r = \Delta P_i^r - 2 \cdot \Delta d_{ion/Li}^r + \varepsilon_{\Delta \Phi_i - \Delta P_i}^r \tag{7-4-5}$$

式(7-4-5)左边项是历元间单差的载波相位观测值，以距离为单位，表示为以周为单位的单差载波相位观测值乘以波长的形式为

$$\Delta \Phi_i^r = \lambda_i^r \Delta\varphi_i^r = \frac{c}{f_i^r}\Delta\varphi_i^r \tag{7-4-6}$$

式(7-4-5)右边 $\Delta d_{ion/Li}^r$ 项反映了电离层误差的历元间的变化，在通常情况下，电离层电子总含量低于 0.01TECU/s，即使在活跃的电离层情况下，电子总含量的变化通常也只约为 0.03TECU/s。对于 30s 的采样间隔，电离层误差在历元间的变化小于典型的 0.25m，该数值与伪距观测值的噪声相当，因此可以被忽略(Cai et al, 2013b)。

根据 GLONASS 接口控制文件，每颗 GLONASS 卫星的信号频率可以根据其频率信道号进行计算，其计算公式为

$$f_1^r = f_{0,1} + k^r \cdot \tilde{f}_1 = 1602 + 0.5625 \cdot k^r = 9 \times (178 + 0.0625 \cdot k^r) \tag{7-4-7}$$

$$f_2^r = f_{0,2} + k^r \cdot \tilde{f}_2 = 1246 + 0.4375 \cdot k^r = 7 \times (178 + 0.0625 \cdot k^r) \tag{7-4-8}$$

式中，$f_i (i=1,2)$ 为 GLONASS 信号频率，MHz；k 为 GLONASS 卫星的频率信道号。自 2005 年以来发射的 GLONASS 卫星，各颗卫星的频率信道号 $k=-7,\cdots,+6$。

根据式(7-4-6)～式(7-4-8)并考虑各观测量的单位，卫星的频率信道号可以通过如下公式获得：

$$k^r = (10^{-6} c\Delta\varphi_i^r / \Delta \Phi_i^r - f_{0,i}) / \tilde{f}_i \tag{7-4-9}$$

忽略式(7-4-5)中的电离层误差项和噪声项，将 $\Delta \Phi_i^r$ 代入式(7-4-9)可得

$$k^r = (10^{-6} c\Delta\varphi_i^r / \Delta P_i^r - f_{0,i}) / \tilde{f}_i \tag{7-4-10}$$

理论上，只需要一个历元单个频率上的载波相位观测值与伪距观测值便可计算出卫星的频率信道号，但式(7-4-10)中涉及伪距观测值，精度较低，因而采用单个频率

单个历元的观测数据计算出的卫星的频率信道号不够精确。为了提高频率信道号计算的准确性和可靠性，可以在每个历元利用两个频率的观测值分别计算卫星的频率信道号取其平均值，然后在多个历元的估计结果中取其平均值，以减弱伪距观测值噪声的影响，其计算公式为

$$\hat{k}^{r}=0.5[(10^{-6}c\Delta\varphi_{1}^{r}/\Delta P_{1}^{r}-1602)/0.5625+(10^{-6}c\Delta\varphi_{2}^{r}/\Delta P_{2}^{r}-1246)/0.4375] \tag{7-4-11}$$

$$\bar{k}^{r}=\frac{1}{m}\sum_{t=1}^{m}\hat{k}^{r}(t) \tag{7-4-12}$$

式中，$\hat{k}^{r}$ 是利用两个频率观测数据获得的频率信道号估值，$\bar{k}^{r}$ 是多历元 $\hat{k}^{r}$ 的平均值，m 是历元数。这种通过多历元取其平均值的方法，可以有效地降低伪距噪声对计算结果的影响，对于采样间隔不大于 30s 的观测数据，一般由 10～30 个历元便可以获得可靠的频率信道号估值。通过上述方法获得的 $\bar{k}$ 估值是一个浮点数，与其最接近的整数值便是 GLONASS 卫星的频率信道号。

图 7-4-1 显示了利用 2011 年 11 月 1 日 IGS 站 CHUR 的观测数据计算获得的

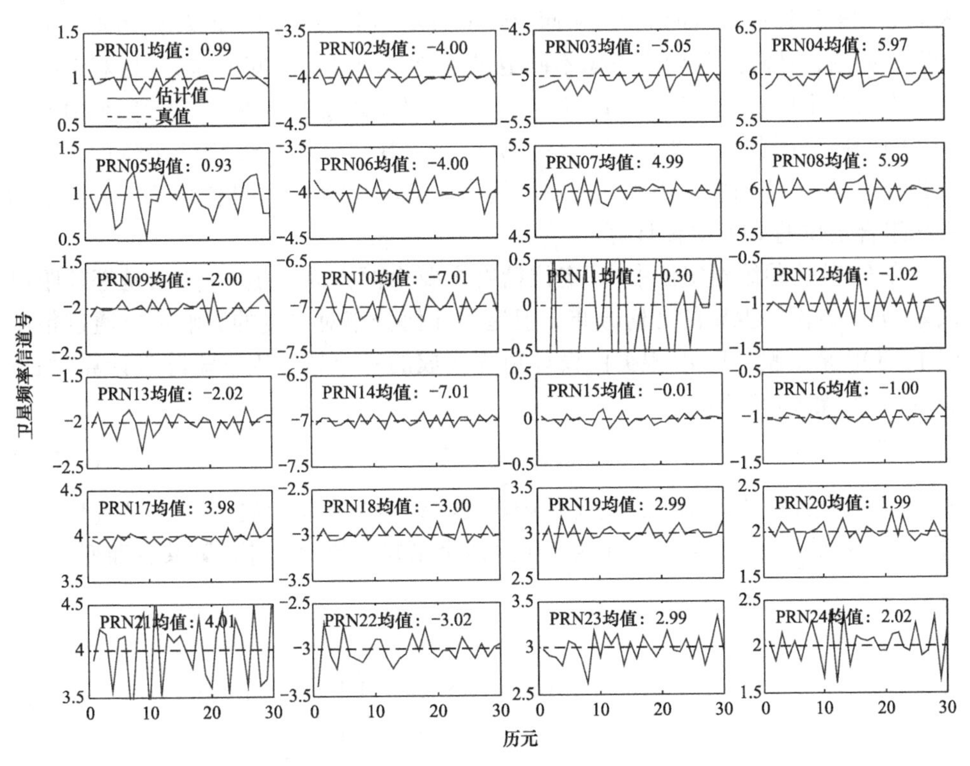

图 7-4-1 利用 2011 年 11 月 1 日 IGS 站 CHUR 的观测数据计算获得的各历元 GLONASS 卫星频率信道号的估值

各历元 $\hat{k}^r$ 估值，每个子图对应一颗 GLONASS 卫星，图中虚线代表真值，实线代表估计值。从图中可以看出，对于大多数卫星，单历元估值已经足够精确，但也有几颗卫星如 PRN11 和 PRN21，它们的单历元估计值波动幅度超过了 0.5，当固定成整数时，容易获得错误的结果。多历元取平均可以很好地解决这个问题。各子图中标出了 30 个历元求平均的频率信道号，与其真值进行比较很容易发现，其多历元估值已经很接近于其真值，通过获取与之最接近的整数便可以获得可靠的频率信道号。

7.5 双系统组合 PDOP 计算方法

卫星位置精度因子(position dilution of precision，PDOP)是衡量卫星导航系统定位精确程度的一个重要指标，特别是在组合 GPS/GLONASS 应用中，引入 GLONASS 后 PDOP 的改善程度决定了组合系统能否有效提高定位精度。在双系统组合定位中，由于不同卫星系统采用了不同的时间系统，需要增加一个额外的未知参数来估计该系统时间差，从而导致 PDOP 的计算不同于单系统 PDOP 值的计算。如果在计算过程中未考虑不同卫星系统时间参考之间的差异，将双系统简单地当做一个单系统来计算 PDOP 值，会导致过于乐观的结果。本节考虑 GPS 和 GLONASS 之间的系统时间差异，讨论针对 GPS/GLONASS 组合定位的 PDOP 计算方法，该方法同样适用于其他双星组合定位，也可以进行延伸用于三系统或四系统组合定位的 PDOP 值计算。

在 GPS 伪距绝对定位中，其定位精度主要由两方面决定，一方面是等效距离误差，另一方面是卫星的几何分布。卫星的几何分布对精度的影响可以通过精度因子 DOP 来反映。DOP 根据由设计矩阵构成的一个精度因子矩阵来计算，如下所示(徐绍铨等，2003)：

$$Q_X = (A^{\mathrm{T}} A)^{-1} \tag{7-5-1}$$

式中，A 为设计矩阵。GPS 绝对定位中需要估计四个未知参数，即三个位置坐标分量和一个接收机钟差参数，因而相应于这四个未知参数的设计矩阵共有四列，如下所示：

$$A_{\mathrm{GPS}} = \begin{bmatrix} u_1 & v_1 & w_1 & 1 \\ u_2 & v_2 & w_2 & 1 \\ \vdots & \vdots & \vdots & \vdots \\ u_n & v_n & w_n & 1 \end{bmatrix} \tag{7-5-2}$$

式中，n 为 GPS 卫星的个数；u、v、w 分别为观测方程中相应于位置坐标分量 x、y、z

的系数。由式(7-5-1)和式(7-5-2)计算出的相应三个坐标分量的精度因子矩阵具有如下形式：

$$Q_X = \begin{bmatrix} q_{11} & q_{12} & q_{13} \\ q_{21} & q_{22} & q_{23} \\ q_{31} & q_{32} & q_{33} \end{bmatrix} \tag{7-5-3}$$

空间位置精度因子 PDOP 可以通过式(7-5-4)计算获得：

$$\mathrm{PDOP} = \sqrt{q_{11} + q_{22} + q_{33}} \tag{7-5-4}$$

在 GPS/GLONASS 组合绝对定位中，由于 GPS 和 GLONASS 采用了不同的时间系统，所以在 GLONASS 观测方程中需引入一个额外的未知参数，即 GPS-GLONASS 系统时间差参数(Habrich，1999)。待估未知参数增加到 5 个，其相应的设计矩阵为

$$A_{\mathrm{GPS/GLONASS}} = \begin{bmatrix} u_{\mathrm{i}1} & v_{\mathrm{i}1} & w_{\mathrm{i}1} & 1 & 0 \\ u_{\mathrm{i}2} & v_{\mathrm{i}2} & w_{\mathrm{i}2} & 1 & 0 \\ \vdots & \vdots & \vdots & \vdots & \vdots \\ u_{\mathrm{i}n} & v_{\mathrm{i}n} & w_{\mathrm{i}n} & 1 & 0 \\ u_{\mathrm{j}1} & v_{\mathrm{j}1} & w_{\mathrm{j}1} & 1 & 1 \\ u_{\mathrm{j}2} & v_{\mathrm{j}2} & w_{\mathrm{j}2} & 1 & 1 \\ \vdots & \vdots & \vdots & \vdots & \vdots \\ u_{\mathrm{j}m} & v_{\mathrm{j}m} & w_{\mathrm{j}m} & 1 & 1 \end{bmatrix} \tag{7-5-5}$$

式中，i 代表 GPS 卫星；j 代表 GLONASS 卫星；n 为 GPS 卫星的个数；m 为 GLONASS 卫星的个数。矩阵中的五列分别为观测方程中对应位置坐标分量 x、y、z、接收机钟差、GPS-GLONASS 系统时间差参数的系数。在本节中，将采用式(7-5-2)和式(7-5-5)设计矩阵计算 PDOP 值的方法分别称为“四参数法”和“五参数法”(蔡昌盛等，2011)。使用五参数法计算 PDOP 值符合双系统组合定位的实际情况，能更准确地反映卫星几何与定位精度的关系，错误地使用四参数法将会获得虚假的 PDOP 结果。

图 7-5-1 是利用 2010 年 10 月 8 日 IGS 站 BJFS 的观测数据，采用四参数法和五参数法分别计算获得的 PDOP 值。BJFS 站使用的是 Trimble NetR8 接收机，能同时接收 GPS 和 GLONASS 观测数据。采用四参数法计算时，将 GLONASS 卫星简单地当做 GPS 卫星来对待。五参数法计算 PDOP 时区分 GPS 和 GLONASS 卫星。从图 7-5-1 中可以看出，通过四参数法和五参数法计算获得的 PDOP 存在差异，四参数法的计算结果明显偏小，其平均差异为 0.1，最大差异达到了 1.4。四参数法由于未考虑 GPS-GLONASS 系统时间差这一未知参数，计算结果并不能真

实地反映卫星的几何分布对定位精度的影响,因而错误地使用四参数法将会对计算 PDOP 产生较大影响。

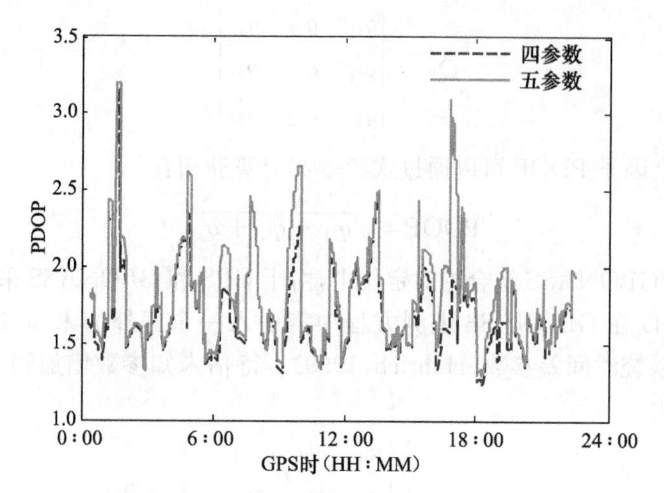

图 7-5-1 利用四参数法和五参数法计算获得的 PDOP 值结果对比

7.6 本章小结

本章推导了 GPS/GLONASS 双系统组合精密单点定位的观测模型与随机模型,给出了在参数估计中各参数的具体表达形式。由于 GPS 和 GLONASS 时间系统存在差异,在观测模型中需要通过一个额外的未知参数,即 GPS-GLONASS 系统时间差参数,以弥补它们在时间系统之间的差异。通过公式推导可以发现,该参数估值还包含硬件延迟偏差的影响。接收机钟差参数估值中也包含部分硬件延迟偏差。利用协方差传播率,推导了消电离层组合观测值的方差,给出了待估参数的随机模型。利用实例数据分析阐述了 GPS/GLONASS 双系统组合精密单点定位相对 GPS 单系统精密单点定位的优势。比较了传统模型与 UofC 模型双系统组合精密单点定位的结果。

针对单频用户,讨论了 GPS/GLONASS 单频精密单点定位的模型与结果,通过实例数据从定位精度与收敛时间两方面对比分析了双系统与 GPS 单系统或 GLONASS 单系统精密单点定位的性能,结果表明,双系统能显著提升定位精度和缩短收敛时间。考虑到 GLONASS 卫星的频率或频率信道号随着卫星的更新而时常发生变化,在一定程度上增加了数据处理的复杂性,不利于软件的自动化处理。本章提出了一种仅利用 GLONASS 自身观测数据便可计算 GLONASS 卫星频率信道号的算法,避免了在数据处理时需额外获取卫星频率信道号的繁琐,为

GLONASS 卫星的频率计算提供了便利，方便软件的自动化实现。通过实例计算发现，该方法计算的 GLONASS 卫星频率准确性和可靠性高。由于在 GPS/GLONASS 双系统组合定位中，需要增加一个额外的未知参数来估计其系统时间之间的差异，从而导致 PDOP 值的计算不同于单系统 PDOP 值的计算。本章重新定义了双系统 PDOP 值的计算方法，从而通过 PDOP 值可以更加准确地反映卫星几何与定位精度的关系。

第8章　GPS/GLONASS组合精密单点定位模糊度固定解

8.1　概　　述

在相对定位中,可以通过形成卫星间与测站间双差载波相位观测值来消除卫星和接收机端的初始相位偏差与硬件延迟偏差,从而恢复模糊度参数的整数特性,进行模糊度固定。但在非差相位观测量中,初始相位偏差与硬件延迟偏差无法像双差观测值那样得以消除,使得非差相位中的模糊度参数丧失了整数特性,无法采用传统的方法进行模糊度固定。考虑到初始相位和硬件延迟偏差之间很难分离,将它们统称为相位偏差。近年来,模糊度固定成为精密单点定位领域的研究热点问题,国内外学者提出了几种固定非差载波相位整周模糊度的方法,这些方法的共同出发点是通过剥离出相位偏差的小数部分来恢复模糊度参数的整数特性,通过将模糊度参数固定到正确的整数缩短定位解的收敛时间和改善精度。研究人员围绕未校正的相位延迟偏差(uncalibrated phase delays,UPD)的获取展开了大量卓有成效的研究工作(Geng et al,2010a;Geng et al,2010b;Li et al,2013b;Zhang et al,2013a),为最终模糊度固定解的形成奠定了基础。

PPP模糊度固定方法大致可以分为三种:星间单差法(Ge et al,2007)、整数相位钟法(Laurichesse et al,2009)、钟差解耦法(Collins et al,2010)。Geng等(2010a)和Shi(2012)从不同角度对这几种方法进行了对比,证实了这三种方法在数学模型上的等价性,但在算法具体实现上三者存在差异。本章对上述三种模糊度固定解方法进行介绍,在此基础上发展GPS/GLONASS组合精密单点定位模糊度固定解方法,最后通过实例进行验证。

8.2　PPP模糊度固定解方法

整周模糊度固定的主要流程分为两部分:网络解部分和用户端部分。其具体流程如图8-2-1所示,网络解部分的主要功能是通过全球或区域参考站网数据估计宽巷和窄巷相位延迟并播发给用户使用,用户端通过接收到的相位延迟完成模糊度固定,得到精密单点定位固定解。宽巷UPD具有很好的时间稳定性,但窄巷相位延迟较不稳定,且随时间变化,Ge等(2007)提出每15min估计一次窄巷相位延迟。在卫星间单差观测值的基础上，网络解部分首先通过已知的参考站网坐标估计浮点解模糊度，宽巷模糊度浮点解通过 MW 宽巷组合计算，然后将宽巷模糊度固定到其最接近的整数。当宽巷模糊度固定后，再对窄巷模糊度进行固定，从而获得宽巷和窄巷 UPD 小数偏差。用户端解与网络解过程相反，基于网络解获得的宽巷与窄巷 UPD 小数偏差，固定用户端宽巷与窄巷模糊度，进而获得消电离层组合模糊度固定解，完成精密单点定位解算。

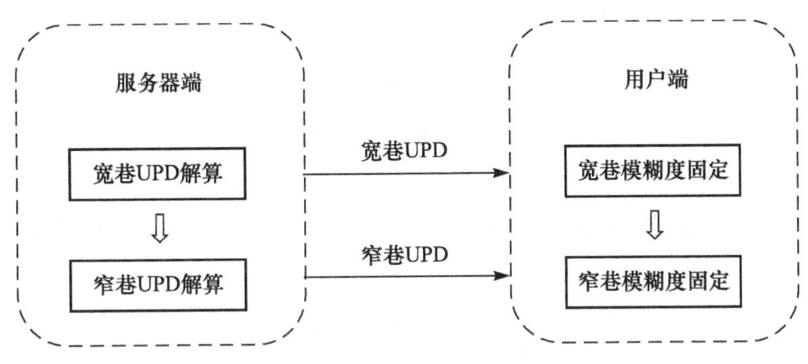

图 8-2-1　PPP 模糊度固定示意图

8.2.1　几种观测值的线性组合

为了方便介绍几种典型的 GPS 非差整周模糊度固定解方法，首先列出 GPS 观测等式以及几种线性组合形式。在 GPS 卫星定位中，常用的观测值有测码伪距和载波相位观测值。对于一个双频接收机，L1 和 L2 频段上的观测值可以通过下面的等式来描述：

$$P_i = \rho + c(\mathrm{d}t - \mathrm{d}T) + d_{\mathrm{orb}} + d_{\mathrm{trop}} + d_{\mathrm{ion/L}i} + d_{\mathrm{mult}/P_i} + b_{P_i} - B_{P_i} + \varepsilon_{P_i} \tag{8-2-1}$$

$$\Phi_i = \rho + c(\mathrm{d}t - \mathrm{d}T) + d_{\mathrm{orb}} + d_{\mathrm{trop}} - d_{\mathrm{ion/L}i} + \lambda_i N_i + d_{\mathrm{mult}/\Phi_i} + b_{\Phi_i} - B_{\Phi_i} + \varepsilon_{\Phi_i} \tag{8-2-2}$$

式中，P 为测码伪距观测值，m；Φ 为载波相位观测值，m；ρ 为卫星与接收机之间的几何距离，m；c 为光速，m/s；$\mathrm{d}t$ 为接收机钟差，s；$\mathrm{d}T$ 为卫星钟差，s；d_{orb}为卫星轨道误差，m；d_{trop}为对流层延迟误差，m；d_{ion}为电离层延迟误差，m；b_{P_i} 和 B_{P_i} 分别为接收机和卫星端的码硬件延迟偏差；b_{Φ_i} 和 B_{Φ_i} 分别为接收机和卫星端的载波相位硬件延迟偏差，初始相位偏差与载波相位硬件延迟偏差一般很难分离，在此不单独列出；ε 为各观测量对应的多路径误差及观测噪声。

1. 消电离层组合

令 $\alpha = f_1^2/(f_1^2 - f_2^2)$，$\beta = -f_2^2/(f_1^2 - f_2^2)$，则消电离层组合伪距和载波相位观

测值可表示为

$$\begin{aligned} P_{IF} &= \alpha P_1 + \beta P_2 \\ &= \rho + (cdt + b_{P_{IF}}) - (cdT + B_{P_{IF}}) + d_{orb} + d_{trop} + d_{mult/P_{IF}} + \varepsilon_{P_{IF}} \end{aligned} \tag{8-2-3}$$

$$\begin{aligned} \Phi_{IF} &= \alpha \Phi_1 + \beta \Phi_2 \\ &= \rho + (cdt + b_{\Phi_{IF}}) - (cdT + B_{\Phi_{IF}}) + d_{orb} + d_{trop} + \lambda_{IF} N_{IF} + d_{mult/\Phi_{IF}} + \varepsilon_{\Phi_{IF}} \end{aligned} \tag{8-2-4}$$

式中

$$\lambda_{IF} = \frac{cf_1}{77(f_1^2 - f_2^2)} \tag{8-2-5}$$

$$N_{IF} = 17N_1 + 60N_{WL} \tag{8-2-6}$$

$$N_{WL} = N_1 - N_2 \tag{8-2-7}$$

$b_{P_{IF}}$、$B_{P_{IF}}$、$b_{\Phi_{IF}}$和$B_{\Phi_{IF}}$分别为L1和L2频率上伪距和载波相位硬件延迟偏差的消电离层组合，它们具有如下形式：

$$b_{P_{IF}} = \alpha b_{P_1} + \beta b_{P_2} \tag{8-2-8}$$

$$B_{P_{IF}} = \alpha B_{P_1} + \beta B_{P_2} \tag{8-2-9}$$

$$b_{\Phi_{IF}} = \alpha b_{\Phi_1} + \beta b_{\Phi_2} \tag{8-2-10}$$

$$B_{\Phi_{IF}} = \alpha B_{\Phi_1} + \beta B_{\Phi_2} \tag{8-2-11}$$

在精密单点定位中，采用精密卫星轨道和钟差数据后，卫星轨道和钟误差可以忽略不计。接收机位置参数、接收机钟差、天顶对流层湿延迟以及模糊度参数当做未知参数进行估计，通过选择合适的站址，可以有效避免或者减弱多路径误差的产生，式(8-2-3)和式(8-2-4)消电离层组合观测值可简化为

$$P_{IF} = \rho + (cdt + b_{P_{IF}} - B_{P_{IF}}) + d_{trop} + \varepsilon_{P_{IF}} \tag{8-2-12}$$

$$\Phi_{IF} = \rho + (cdt + b_{P_{IF}} - B_{P_{IF}}) + d_{trop} + \lambda_{IF} N_{IF} + (b_{\Phi_{IF}} - b_{P_{IF}}) - (B_{\Phi_{IF}} - B_{P_{IF}}) + \varepsilon_{\Phi_{IF}} \tag{8-2-13}$$

式(8-2-12)和式(8-2-13)是传统的精密单点定位模糊度浮点解模型。从式(8-2-13)可以看出，括号内的硬件延迟偏差在参数估计过程中将会并入模糊度参数中，从而破坏模糊度参数的整周特性，如果不能有效地将硬件延迟偏差与模糊度参数分离开，估计获得的参数只能是模糊度浮点解。

2. 无几何项消电离层组合

令

$$cdt_{P_{IF}} = cdt + b_{P_{IF}} \tag{8-2-14}$$

$$cdT_{P_{IF}} = cdT + B_{P_{IF}} \tag{8-2-15}$$

$$cdt_{\Phi_{IF}} = cdt + b_{\Phi_{IF}} \tag{8-2-16}$$

$$cdT_{\Phi_{IF}} = cdT + B_{\Phi_{IF}} \tag{8-2-17}$$

则

$$P_{\mathrm{IF}}=\rho+c\mathrm{d}t_{P_{\mathrm{IF}}}-c\mathrm{d}T_{P_{\mathrm{IF}}}+d_{\mathrm{trop}}+\varepsilon_{P_{\mathrm{IF}}} \tag{8-2-18}$$

$$\Phi_{\mathrm{IF}}=\rho+c\mathrm{d}t_{\Phi_{\mathrm{IF}}}-c\mathrm{d}T_{\Phi_{\mathrm{IF}}}+d_{\mathrm{trop}}-\lambda_{\mathrm{IF}}N_{\mathrm{IF}}+\varepsilon_{\Phi_{\mathrm{IF}}} \tag{8-2-19}$$

式(8-2-18)和式(8-2-19)求差可以消去几何距离项：

$$\begin{aligned}G_{\mathrm{IF}}&=\Phi_{\mathrm{IF}}-P_{\mathrm{IF}}\\&=-\lambda_{\mathrm{IF}}N_{\mathrm{IF}}+(c\mathrm{d}t_{\Phi_{\mathrm{IF}}}-c\mathrm{d}t_{P_{\mathrm{IF}}})-(c\mathrm{d}T_{\Phi_{\mathrm{IF}}}-c\mathrm{d}T_{P_{\mathrm{IF}}})+\varepsilon_{G_{\mathrm{IF}}}\\&=-\lambda_{\mathrm{IF}}N_{\mathrm{IF}}+(b_{\Phi_{\mathrm{IF}}}-b_{P_{\mathrm{IF}}})-(B_{\Phi_{\mathrm{IF}}}-B_{P_{\mathrm{IF}}})+\varepsilon_{G_{\mathrm{IF}}}\end{aligned} \tag{8-2-20}$$

3. Melbourne-Wübbena(MW)线性组合

宽巷相位组合 Φ_{WL} 可表示为

$$\begin{aligned}\Phi_{\mathrm{WL}}&=\alpha_{\mathrm{WL}}\Phi_1+\beta_{\mathrm{WL}}\Phi_2\\&=\rho+c\mathrm{d}t-c\mathrm{d}T+d_{\mathrm{trop}}+\frac{f_1^2}{f_2^2}d_{\mathrm{ion/L1}}-\lambda_{\mathrm{WL}}N_{\mathrm{WL}}+(\alpha_{\mathrm{WL}}b_{\Phi_1}+\beta_{\mathrm{WL}}b_{\Phi_2})\\&\quad-(\alpha_{\mathrm{WL}}B_{\Phi_1}+\beta_{\mathrm{WL}}B_{\Phi_2})+\varepsilon_{\Phi_{\mathrm{WL}}}\end{aligned} \tag{8-2-21}$$

式中

$$\alpha_{\mathrm{WL}}=f_1/(f_1-f_2) \tag{8-2-22}$$

$$\beta_{\mathrm{WL}}=-f_2/(f_1-f_2) \tag{8-2-23}$$

窄巷码观测值组合可表示为

$$\begin{aligned}P_{\mathrm{NL}}&=\alpha_{\mathrm{NL}}P_1+\beta_{\mathrm{NL}}P_2\\&=\rho+c\mathrm{d}t-c\mathrm{d}T+d_{\mathrm{trop}}+\frac{f_1^2}{f_2^2}d_{\mathrm{ion/L1}}+(\alpha_{\mathrm{NL}}b_{P_1}+\beta_{\mathrm{NL}}b_{P_2})-(\alpha_{\mathrm{NL}}B_{P_1}+\beta_{\mathrm{NL}}B_{P_2})+\varepsilon_{P_{\mathrm{NL}}}\end{aligned} \tag{8-2-24}$$

基于上述宽巷与窄巷组合，MW 线性组合可表示为(Melbourne，1985；Wübbena，1985)

$$\begin{aligned}\Phi_{\mathrm{MW}}&=\Phi_{\mathrm{WL}}-P_{\mathrm{NL}}\\&=-\lambda_{\mathrm{WL}}N_{\mathrm{WL}}+(b_{\Phi_{\mathrm{MW}}}-B_{\Phi_{\mathrm{MW}}})+\varepsilon_{\Phi_{\mathrm{MW}}}\end{aligned} \tag{8-2-25}$$

式中

$$b_{\Phi_{\mathrm{MW}}}=(\alpha_{\mathrm{WL}}b_{\Phi_1}+\beta_{\mathrm{WL}}b_{\Phi_2})-(\alpha_{\mathrm{NL}}b_{P_1}+\beta_{\mathrm{NL}}b_{P_2}) \tag{8-2-26}$$

$$B_{\Phi_{\mathrm{MW}}}=(\alpha_{\mathrm{WL}}B_{\Phi_1}+\beta_{\mathrm{WL}}B_{\Phi_2})-(\alpha_{\mathrm{NL}}B_{P_1}+\beta_{\mathrm{NL}}B_{P_2}) \tag{8-2-27}$$

8.2.2 几种典型的 GPS 模糊度固定解方法

1. 星间单差法

星间单差法最早可追溯到 1999 年，Gabor 等(1999)分析了 GPS 星间单差宽巷、窄巷未校正的相位延迟偏差(UPD)的特性，指出宽巷 UPD 随时间变化平稳，然而由于窄巷 UPD 波长仅为 10.7cm，受当时 GPS 卫星轨道、钟差产品精度等因素的限制，窄巷UPD随时间变化的短期稳定性特征没能得到很好的体现(Gabor et al,1999)。随着GPS现代化进程的稳步推进，接收机质量、跟踪站数量、处理方法、卫星性能与卫星几何分布条件等都得到了显著改善，精密卫星轨道与钟差数据产品精度也随之得到了提高。在此背景下，Ge等(2007)对UPD时间变化特性进行了分析，计算结果表明，宽巷UPD相当稳定，一周内精度优于0.05周，窄巷UPD虽然随时间波动较显著，但在短时间(如15min)内，仍可以近似作为常数。这一特性为PPP模糊度固定创造了条件。

双差观测值由两个不同测站的卫星间单差观测值组成。在双差相对定位中，双差载波相位观测值模糊度很容易被固定为整数，这是因为在双差过程中，UPD小数偏差被消除。基于这个事实，可以认为两个不同测站的卫星间单差观测值的UPD小数偏差具有很好的一致性，否则测站间求差无法消去该UPD小数偏差项。换句话说，不同测站的卫星间单差模糊度具有相似的小数偏差项。考虑到该小数偏差的时间稳定性，卫星间单差UPD小数偏差项可以事先进行估计，然后应用到用户站的PPP模糊度固定中(Ge et al,2007)。

卫星间单差法的函数模型由式(8-2-12)、式(8-2-13)和式(8-2-25)组成，将它们重写为

$$P_{\mathrm{IF}}=\rho+(c\mathrm{d}t+b_{P_{\mathrm{IF}}}-B_{P_{\mathrm{IF}}})+d_{\mathrm{trop}}+\varepsilon_{P_{\mathrm{IF}}} \tag{8-2-28}$$

$$\Phi_{\mathrm{IF}}=\rho+(c\mathrm{d}t+b_{P_{\mathrm{IF}}}-B_{P_{\mathrm{IF}}})+d_{\mathrm{trop}}+\lambda_{\mathrm{IF}}N_{\mathrm{IF}}+(b_{\Phi_{\mathrm{IF}}}-b_{P_{\mathrm{IF}}})-(B_{\Phi_{\mathrm{IF}}}-B_{P_{\mathrm{IF}}})+\varepsilon_{\Phi_{\mathrm{IF}}} \tag{8-2-29}$$

$$\Phi_{\mathrm{MW}}=-\lambda_{\mathrm{WL}}N_{\mathrm{WL}}+(b_{\Phi_{\mathrm{MW}}}-B_{\Phi_{\mathrm{MW}}})+\varepsilon_{\Phi_{\mathrm{MW}}} \tag{8-2-30}$$

在上述模型中，宽巷模糊度N_{WL}波长达到了86.9cm，考虑到其长波长特性，宽巷模糊度先被固定，然后将其作为已知值，进行N_1模糊度的固定。

1) 网络解

在网络解中，模糊度N_{WL}和N_1的整数值可以通过它们的浮点解进行取整获得，浮点解与整数解之间的差值作为产品播发给用户使用。在网络解中，首先进行宽巷模糊度固定，然后进行窄巷模糊度固定。

(1) 宽巷模糊度固定。对式(8-2-30)进行卫星间单差操作，如下所示：

$$\Delta\Phi_{\mathrm{MW}}^{j,i}=\Phi_{\mathrm{MW}}^{j}-\Phi_{\mathrm{MW}}^{i}=-\lambda_{\mathrm{WL}}\Delta N_{\mathrm{WL}}^{j,i}-\Delta B_{\Phi_{\mathrm{MW}}}^{j,i}+\varepsilon_{\Delta\Phi_{\mathrm{MW}}} \tag{8-2-31}$$

式中，j、i表示不同的卫星。从式(8-2-31)中可以看出，卫星间单差操作已经消除了接收机端的宽巷硬件延迟偏差$b_{\Phi_{\mathrm{MW}}}$，剩下的卫星端的宽巷硬件延迟偏差具有很好的日稳定性(Ge et al,2007)。通过多个历元数据平滑可以获得$\Delta N_{\mathrm{WL}}^{j,i}$浮点解，其整数解$\Delta\widetilde{N}_{\mathrm{WL}}^{j,i}$取离浮点解最近的整数值。获得整数值宽巷模糊度后，代入式(8-2-31)获得卫星端宽巷硬件延迟偏差改正：

$$\Delta B_{\Phi_{\mathrm{MW}}}^{j,i}=-\Delta\Phi_{\mathrm{MW}}^{j,i}-\lambda_{\mathrm{WL}}\Delta\widetilde{N}_{\mathrm{WL}}^{j,i} \tag{8-2-32}$$

式(8-2-32)用于确定观测网络中单个接收机卫星端宽巷硬件延迟偏差,在多个接收机之间取平均可以获得精度更高的卫星端宽巷硬件延迟偏差改正值,提供给用户使用。

(2) 窄巷模糊度固定。对等式(8-2-6)进行卫星间单差操作并乘以波长,可以获得

$$\lambda_{\mathrm{IF}}\Delta N_{\mathrm{IF}}^{j,i}=17\lambda_{\mathrm{IF}}\Delta N_{1}^{j,i}+60\lambda_{\mathrm{IF}}\Delta N_{\mathrm{WL}}^{j,i} \tag{8-2-33}$$

对等式(8-2-20)进行卫星间单差操作,可以获得

$$\Delta G_{\mathrm{IF}}^{j,i}=-\lambda_{\mathrm{IF}}\Delta N_{\mathrm{IF}}^{j,i}-(\Delta B_{\Phi_{\mathrm{IF}}}^{j,i}-\Delta B_{P_{\mathrm{IF}}}^{j,i})+\varepsilon_{\Delta G_{\mathrm{IF}}} \tag{8-2-34}$$

从式(8-2-34)中可以看出,在卫星间单差的过程中,接收机端的硬件延迟偏差已经被消除。由式(8-2-33)和式(8-2-34)可以获得

$$\Delta G_{\mathrm{IF}}^{j,i}+60\lambda_{\mathrm{IF}}\Delta N_{\mathrm{WL}}^{j,i}=-17\lambda_{\mathrm{IF}}\Delta N_{1}^{j,i}-(\Delta B_{\Phi_{\mathrm{IF}}}^{j,i}-\Delta B_{P_{\mathrm{IF}}}^{j,i})+\varepsilon_{\Delta G_{\mathrm{IF}}} \tag{8-2-35}$$

在式(8-2-35)中,左边宽巷整周模糊度在上一个步骤中已经被确定,可以当做已知值使用。从式(8-2-35)可以看出,单差整周模糊度项 $\Delta N_{1}^{j,i}$ 被卫星端的硬件延迟偏差污染,用户端为了获取模糊度整数解,必须对卫星端的硬件延迟偏差进行改正。在网络解中,位置滤波经过一段时间的收敛过程,$\Delta N_{1}^{j,i}$ 达到了稳定值,取其最近的整数值得到 $\Delta\widetilde{N}_{1}^{j,i}$。

令卫星端窄巷硬件延迟偏差

$$\Delta B_{\Phi P}^{j,i}=\Delta B_{\Phi_{\mathrm{IF}}}^{j,i}-\Delta B_{P_{\mathrm{IF}}}^{j,i} \tag{8-2-36}$$

然后将式(8-2-36)代入式(8-2-35)可以获得

$$\Delta B_{\Phi P}^{j,i}=-(\Delta G_{\mathrm{IF}}^{j,i}+60\lambda_{\mathrm{IF}}\Delta\widetilde{N}_{\mathrm{WL}}^{j,i})-17\lambda_{\mathrm{IF}}\Delta\widetilde{N}_{1}^{j,i} \tag{8-2-37}$$

式(8-2-37)用于确定观测网络中单个接收机卫星端窄巷硬件延迟偏差,在多个接收机之间取平均可以获得精度更高的卫星端窄巷硬件延迟偏差改正值,提供给用户使用。

2) 用户解

应用网络解播发的卫星端宽巷硬件延迟和窄巷硬件延迟偏差改正,来消除用户解中卫星端硬件延迟偏差,通过卫星间单差操作来消除接收机端硬件延迟偏差,从而恢复模糊度参数的整数特性,进而获得模糊度固定解。像网络解那样首先固定宽巷模糊度,然后固定窄巷模糊度。

(1) 宽巷模糊度固定。在用户端仍然采用卫星间单差观测值,将网络解中获得的卫星端宽巷硬件延迟偏差 $\Delta B_{\Phi_{\mathrm{MW}}}^{j,i}$ 作为已知值代入式(8-2-31),从而可以恢复用户端宽巷模糊度的整周特性,进而获得宽巷模糊度的整数解。

(2) 窄巷模糊度固定。采用星间单差观测值,将网络解中获得的卫星端窄巷硬件延迟偏差 $\Delta B_{\Phi P}^{j,i}$ 作为已知值代入式(8-2-35),从而可以恢复用户端窄巷模糊度的整周特性,进而获得窄巷模糊度的整数解。

2. 钟差解耦法

在传统精密单点定位模型中，码和相位观测值都采用相同的卫星钟差改正数进行改正，Collins等(2010)提出了一种区别对待码观测值与相位观测值的卫星钟差改正方法，也就是码和相位观测值应用不同的卫星钟差数据进行改正，这种模糊度固定解模型称为钟差解耦(decoupled clock)模型。

重写式(8-2-18)、式(8-2-19)和式(8-2-25)得

$$P_{\mathrm{IF}}=\rho+c\mathrm{d}t_{P_{\mathrm{IF}}}-c\mathrm{d}T_{P_{\mathrm{IF}}}+d_{\mathrm{trop}}+\varepsilon_{P_{\mathrm{IF}}} \tag{8-2-38}$$

$$\Phi_{\mathrm{IF}}=\rho+c\mathrm{d}t_{\Phi_{\mathrm{IF}}}-c\mathrm{d}T_{\Phi_{\mathrm{IF}}}+d_{\mathrm{trop}}-\lambda_{\mathrm{IF}}(17N_1+60N_{\mathrm{WL}})+\varepsilon_{\Phi_{\mathrm{IF}}} \tag{8-2-39}$$

$$\Phi_{\mathrm{MW}}=(b_{\Phi_{\mathrm{MW}}}-B_{\Phi_{\mathrm{MW}}})-\lambda_{\mathrm{WL}}N_{\mathrm{WL}}+\varepsilon_{\Phi_{\mathrm{MW}}} \tag{8-2-40}$$

式(8-2-38)～式(8-2-40)称为钟差解耦模型，($c\mathrm{d}t_{P_{\mathrm{IF}}}, c\mathrm{d}t_{\Phi_{\mathrm{IF}}}, b_{\Phi_{\mathrm{MW}}}$)与($c\mathrm{d}T_{P_{\mathrm{IF}}}, c\mathrm{d}T_{\Phi_{\mathrm{IF}}}, B_{\Phi_{\mathrm{MW}}}$)分别称为接收机和卫星端钟差解耦参数。

1) 网络解

在上述模型中，未知参数包括测站坐标、钟差解耦参数、对流层延迟和模糊度。如果将所有这些参数当做未知参数进行估计，将会造成奇异解，为了解决这个问题，必须定义参考基准(Shi，2012)。首先，从网络观测站中选择一个参考测站，设置该测站接收机端钟差解耦参数($c\mathrm{d}t_{P_{\mathrm{IF}}}, c\mathrm{d}t_{\Phi_{\mathrm{IF}}}, b_{\Phi_{\mathrm{MW}}}$)为0。这相当于定义了一个钟基准。其次，设置该参考站观测到的所有卫星的 N_1 和 N_{WL} 为任意整数值，这相当于定义了一个模糊度基准。再次，从观测网络中任选一个非参考站接收机，并且从该接收机观测到的卫星中选择一颗参考卫星。设置该参考卫星的 N_1 和 N_{WL} 为任意整数值，在该非参考站接收机中观测到的其他卫星，它们的模糊度估计值将以该参考卫星的模糊度值为参考。这相当于定义了该非参考站接收机的模糊度基准。最后，重复第三个步骤，逐一选择其他非参考站接收机，在这个过程中选择的参考卫星可以是不同的。采取这种模糊度基准定义方式，观测网络中的每个接收机都有各自的模糊度基准，在这个观测网络中不存在一个统一的模糊度基准。按照上述步骤，在利用式(8-2-38)～式(8-2-40)进行参数估计过程中，可以解决方程秩亏问题。从而估计获得卫星端钟差解耦参数($c\mathrm{d}T_{P_{\mathrm{IF}}}, c\mathrm{d}T_{\Phi_{\mathrm{IF}}}, B_{\Phi_{\mathrm{MW}}}$)。

2) 用户解

利用网络解提供的卫星端钟差解耦参数($c\mathrm{d}T_{P_{\mathrm{IF}}}, c\mathrm{d}T_{\Phi_{\mathrm{IF}}}, B_{\Phi_{\mathrm{MW}}}$)可以实现用户端模糊度固定解。在网络解中参考接收机定义的钟基准在用户解中仍然有效，也就是说，在用户解中不需要定义额外的钟基准。然而，模糊度基准需要重新进行定义，像网络解那样，选择一颗参考卫星并设置该参考卫星的 N_1 和 N_{WL} 为任意整数值，其他卫星的模糊度解以该基准为参考。在这种情况下，估计获得的接收机端钟差解耦参数($c\mathrm{d}t_{P_{\mathrm{IF}}}, c\mathrm{d}t_{\Phi_{\mathrm{IF}}}, b_{\Phi_{\mathrm{MW}}}$)将与该模糊度基准相关联，而并非绝对的钟差解耦参数值。应用网络解提供的卫星端钟差解耦参数($c\mathrm{d}T_{P_{\mathrm{IF}}}, c\mathrm{d}T_{\Phi_{\mathrm{IF}}}, B_{\Phi_{\mathrm{MW}}}$)并设置模

糊度基准，利用式(8-2-38)～式(8-2-40)便可以获得整周宽巷 N_{WL} 和 N_1 模糊度固定解。

3. 整数相位钟法

整数相位钟法由 Laurichesse 等(2009)提出，其函数模型由式(8-2-18)、式(8-2-19)和式(8-2-25)组成，将其重写为

$$P_{IF}=\rho+c\mathrm{d}t_{P_{IF}}-c\mathrm{d}T_{P_{IF}}+d_{trop}+\varepsilon_{P_{IF}} \tag{8-2-41}$$

$$\Phi_{IF}=\rho+c\mathrm{d}t_{\Phi_{IF}}-c\mathrm{d}T_{\Phi_{IF}}+d_{trop}-\lambda_{IF}N_{IF}+\varepsilon_{\Phi_{IF}} \tag{8-2-42}$$

$$\Phi_{MW}=-\lambda_{WL}N_{WL}+(b_{\Phi_{MW}}-B_{\Phi_{MW}})+\varepsilon_{\Phi_{MW}} \tag{8-2-43}$$

与钟差解耦法类似，上述模型需要对码观测值与载波相位观测值分别进行卫星钟差改正，由于在对窄巷模糊度进行固定的过程中使用了卫星相位钟差改正，该方法称为整数相位钟模型。

1) 网络解

在网络解中，首先固定宽巷模糊度，获得宽巷卫星硬件延迟偏差；然后固定窄巷模糊度，获得卫星相位钟差改正值。将宽巷卫星硬件延迟偏差与卫星相位钟差改正值作为产品数据提供给用户使用(Shi，2012)。

(1) 宽巷模糊度固定。利用式(8-2-43)，通过多个历元数据平滑可以获得 N_{WL} 浮点解，其整数解 $\Delta\widetilde{N}_{WL}$ 取离浮点解最近的整数值。与钟差解耦法类似，需要定义一个钟基准，选择一个参考接收机，然后设置该接收机端宽巷硬件延迟偏差 $b_{\Phi_{MW}}$ 为0。获得整数值宽巷模糊度后，代入式(8-2-43)获得卫星端宽巷硬件延迟偏差改正：

$$B_{\Phi_{MW}}=-\Phi_{MW}-\lambda_{WL}\widetilde{N}_{WL} \tag{8-2-44}$$

卫星端宽巷硬件延迟偏差计算出来后，广播给用户进行使用。

(2) 窄巷模糊度固定。式(8-2-6)建立了消电离层模糊度 N_{IF} 与宽巷模糊度 N_{WL} 和窄巷模糊度 N_1 之间的关系，将式(8-2-6)代入式(8-2-42)，然后将宽巷模糊度、几何距离项、对流层延迟项移到等式左边，得

$$\Phi_{IF}-60\lambda_{IF}N_{WL}-\rho-d_{trop}=c\mathrm{d}t_{\Phi_{IF}}-c\mathrm{d}T_{\Phi_{IF}}-17\lambda_{IF}N_1+\varepsilon_{\Phi_{IF}} \tag{8-2-45}$$

等式左边中的宽巷模糊度已经被固定，可以作为已知值使用，网络中的测站坐标是已知的，因而几何距离项可以根据卫星位置进行计算，对流层延迟项可以在 PPP 浮点解中进行估计获得，将等式左边项记为 $\hat{\Phi}_{IF}$，忽略残留误差项 $\varepsilon_{\Phi_{IF}}$，然后可以获得等式：

$$\hat{\Phi}_{IF}=c\mathrm{d}t_{\Phi_{IF}}-c\mathrm{d}T_{\Phi_{IF}}-17\lambda_{IF}N_1 \tag{8-2-46}$$

通过如下步骤来获取式(8-2-46)中的卫星相位钟 $c\mathrm{d}T_{\Phi_{IF}}$。首先，在宽巷模糊度固定部分设置参考接收机 $c\mathrm{d}t_{\Phi_{IF}}$ 为0。其次，在参考接收机处设置所有观测到的卫星 N_1 模糊度为任意整数值。再次，利用式(8-2-46)求得卫星相位钟的初始值，其值为 $(-\hat{\Phi}_{IF}-17\lambda_{IF}N_1)$ 的小数部分，在这个步骤中仅仅获得了该测站观测卫星的卫星相

位钟。然后，增加一个新接收机，并将该接收机 $\hat{\Phi}_{IF}$ 与卫星相位钟的初始值相加，相加后的结果进行取整，其整数值作为 N_1 模糊度项，而小数部分作为接收机相位钟 $cdt_{\Phi_{IF}}$。获得 N_1 模糊度项和接收机相位钟 $cdt_{\Phi_{IF}}$ 项后，利用式(8-2-46)获得该颗卫星相位钟。最后，增加另一个接收机，重复第四个步骤，直到所有卫星的相位钟 $cdT_{\Phi_{IF}}$ 被获得。利用上述步骤可以获得整周模糊度 N_1，另外，在网络解中确定一组卫星相位钟，卫星相位钟作为产品数据提供给用户使用。

2) 用户解

在用户解中需要的改正数包括宽巷卫星硬件延迟偏差、IGS 提供的卫星钟差改正数据及卫星相位钟。用户解分为宽巷模糊度固定与窄巷模糊度固定。

(1) 宽巷模糊度固定。宽巷模糊度在应用宽巷卫星硬件延迟偏差进行改正后，还受宽巷接收机硬件延迟偏差的影响。考虑到宽巷接收机硬件延迟偏差对于观测的所有卫星是相同的，可以在观测的所有卫星中对宽巷模糊度浮点数的小数部分进行平均，从而获得其宽巷接收机硬件延迟偏差，进而获得用户端的宽巷模糊度固定解。

(2) 窄巷模糊度固定。利用 IGS 提供的卫星码钟差改正数据和网络解中提供的卫星相位钟差改正数据进行窄巷模糊度 N_1 的固定。利用式(8-2-41)和式(8-2-45)进行参数估计，将接收机坐标、接收机码钟 $cdt_{P_{IF}}$、接收机相位钟 $cdt_{\Phi_{IF}}$、对流层延迟、整周模糊度当做参数进行估计。

8.3 GPS/GLONASS 组合 PPP 模糊度固定解方法

精密单点定位一般采用模糊度浮点解，模糊度固定后，其性能可以得到进一步改善。在整周模糊度固定过程中，通常的做法是首先获取模糊度浮点解，然后在此基础上进行固定。根据 Laurichesse(2011)的分析，模糊度浮点解的精度显著影响整周模糊度固定的成功率和可靠性。GNSS 多系统组合可以有效提高模糊度浮点解精度，从而有望进一步提升整周模糊度固定解性能。本节对 GPS/GLONASS 组合精密单点定位模糊度整数解方法进行讨论，利用全球 20 个 IGS 站的数据，从定位精度、收敛时间、首次固定模糊度时间三个方面对其性能进行评估。

8.3.1 CNES 卫星轨道与钟差产品

IGS 分析中心 CNES/CLS 提供了 GPS 和 GLONASS 精密卫星轨道和钟差数据。该中心自 2007 年起便开始处理来自 IGS 永久跟踪站网的 GNSS 数据，他们将卫星轨道与地球自转参数以及测站坐标一起进行估计，能获得亚厘米级精度的测站坐标估计值。CNES 所提供的 GPS 卫星三维轨道和钟差产品的精度分别优于 5cm 和 0.12ns(约 3.6cm)，这样的精度可以满足精密单点定位中固定模糊度的精度要求(Laurichesse,2011)。Pan等(2014)利用ESA/ESOC和IAC两个分析中心提供的事后GLONASS卫星钟差数据对CNES提供的GLONASS卫星轨道和钟差产品精度进行评估,分析结果表明,CNES提供的GLONASS数据产品精度要略低于其提供的GPS产品,其三维轨道和钟差精度分别为8cm和0.14ns(约4.2cm)。

8.3.2 整周模糊度固定方法

1. 观测模型

在前面的章节中,已经对GPS/GLONASS组合精密单点定位浮点解的观测模型、随机模型以及各种误差的处理策略进行了详细的讨论,这里不再赘述。在观测方程中,当考虑载波相位观测值中的小数偏差时,一颗GPS卫星或者GLONASS卫星两个频率上的测码伪距和载波相位观测值可以表示为

$$P_i = \rho + c(\mathrm{d}t - \mathrm{d}T) + d_{\mathrm{orb}} + d_{\mathrm{trop}} + d_{\mathrm{ion/L}i} + \varepsilon_{P_i} \tag{8-3-1}$$

$$\Phi_i = \rho + c(\mathrm{d}t - \mathrm{d}T) + d_{\mathrm{orb}} + d_{\mathrm{trop}} - d_{\mathrm{ion/L}i} + \lambda_i(N_i + b_i - B_i) + \varepsilon_{\Phi_i} \tag{8-3-2}$$

式中,$i(i=1,2)$为频率标识;P_i是第i个频率上的伪距观测值,m;Φ_i是第i个频率上的载波相位观测值,m;ρ是卫星与测站之间的几何距离,m;c是光速,m/s;$\mathrm{d}t$是接收机钟差,s;$\mathrm{d}T$是卫星钟差,s;d_{orb}是卫星轨道误差,m;d_{trop}是对流层延迟,m;$d_{\mathrm{ion/L}i}$是第i个频率上的电离层延迟,m;λ_i是第i个频率上的载波相位波长,m/周;N_i是第i个频率上的载波相位模糊度,周;b_i和B_i分别是第i个频率上接收机端与卫星端的未校准硬件延迟的小数部分偏差(fractional cycle biases,FCB)值,周;ε_{P_i}和ε_{Φ_i}包含多路径误差与测量噪声,m。

为简便起见,在式(8-3-1)中未列出码观测值的硬件延迟偏差项。由于CNES所提供的卫星轨道和钟差数据相对于P_1和P_2码观测值,如果使用民用码观测值C_1和C_2,就必须进行C_1和P_1、C_2和P_2之间的码间偏差(DCB)改正。根据Dach等(2007)的分析,DCB可达1.2m。本节使用CODE分析中心按月提供的DCB数据来对观测值进行改正。

对GPS卫星数据进行星间单差操作来消除GPS接收机端的FCB。当组成星间单差观测值时,选择高度角最高的GPS卫星作为基准星。在采用精密卫星轨道和钟差数据后,星间单差消电离层组合观测值可表示为

$$\Delta P_{\mathrm{IF}}^{k,j} = P_{\mathrm{IF}}^{k} - P_{\mathrm{IF}}^{j} = \Delta\rho^{k,j} + \Delta d_{\mathrm{trop}}^{k,j} + \Delta\varepsilon_{P_{\mathrm{IF}}}^{k,j} \tag{8-3-3}$$

$$\Delta\Phi_{\mathrm{IF}}^{k,j} = \Phi_{\mathrm{IF}}^{k} - \Phi_{\mathrm{IF}}^{j} = \Delta\rho^{k,j} + \Delta d_{\mathrm{trop}}^{k,j} + \lambda_1(\Delta N_{\mathrm{IF}}^{k,j} - \Delta B_{\mathrm{IF}}^{k,j}) + \Delta\varepsilon_{\Phi_{\mathrm{IF}}}^{k,j} \tag{8-3-4}$$

式中,j代表GPS基准星;k代表另一颗GPS卫星;P_{IF}和Φ_{IF}分别是消电离层测码伪距和载波相位观测值,m;ΔN_{IF}和$\Delta B_{\mathrm{IF}}^{k,j}$分别是星间单差消电离层模糊度和卫星

端FCB,周。两者可表示为

$$\Delta N_{\mathrm{IF}}^{k,j}=\frac{f_1^2\Delta N_1^{k,j}-f_1f_2\Delta N_2^{k,j}}{f_1^2-f_2^2} \tag{8-3-5}$$

$$\Delta B_{\mathrm{IF}}^{k,j}=\frac{f_1^2\Delta B_1^{k,j}-f_1f_2\Delta B_2^{k,j}}{f_1^2-f_2^2} \tag{8-3-6}$$

式中,f_1 和 f_2 分别表示L1和L2频率上GPS载波相位的频率,Hz;ΔN_1 和 ΔN_2 分别表示L1和L2频率上的星间单差模糊度,周;$\Delta B_1^{k,j}$ 和 $\Delta B_2^{k,j}$ 分别表示L1和L2频率上的卫星端星间单差FCB,周。

从式(8-3-5)中可以看出,星间单差消电离层模糊度 ΔN_{IF} 并不是一个整数,但是 ΔN_{IF} 可以分解为一个整数的星间单差宽巷模糊度项 ΔN_{WL}(周)与一个整数的星间单差窄巷模糊度项 ΔN_{NL}(周),分解公式为

$$\Delta N_{\mathrm{IF}}^{k,j}=\frac{f_1f_2}{f_1^2-f_2^2}\Delta N_{\mathrm{WL}}^{k,j}+\frac{f_1}{f_1+f_2}\Delta N_{\mathrm{NL}}^{k,j} \tag{8-3-7}$$

同样,星间单差消电离层FCB项也可以分解为宽巷与窄巷FCB组合的形式。GPS整周模糊度固定分为两步,首先固定宽巷模糊度,然后固定窄巷模糊度。

2. GPS宽巷模糊度固定

GPS宽巷模糊度浮点值可以通过MW组合观测值计算得到,计算公式为

$$\Delta \Phi_{\mathrm{MW}}^{k,j}=\frac{f_1\cdot\Delta\Phi_1^{k,j}-f_2\cdot\Delta\Phi_2^{k,j}}{f_1-f_2}-\frac{f_1\cdot\Delta P_1^{k,j}+f_2\cdot\Delta P_2^{k,j}}{f_1+f_2} \tag{8-3-8}$$

$$\Delta N_{\mathrm{WL}}^{k,j}=\Delta\Phi_{\mathrm{MW}}^{k,j}/\lambda_{\mathrm{WL}} \tag{8-3-9}$$

式中,λ_{WL} 是GPS宽巷模糊度的波长,m/周;$\lambda_{\mathrm{WL}}=c/(f_1-f_2)\approx 0.86\mathrm{m}$;$\Delta N_{\mathrm{WL}}^{k,j}$ 是GPS星间单差宽巷模糊度,周,$\Delta N_{\mathrm{WL}}^{k,j}=\Delta N_1^{k,j}-\Delta N_2^{k,j}$。

在固定宽巷模糊度之前,使用卫星端宽巷FCB改正值来恢复GPS宽巷模糊度的整数特性。CNES提供每日更新的GPS卫星端宽巷FCB改正值(Laurichesse,2011)。由于宽巷模糊度的波长长达0.86m,所以通过将宽巷模糊度浮点值取整到最邻近的整数来固定宽巷模糊度。尽管宽巷模糊度的波长很长,但当宽巷模糊度估计值噪声比较大时,可能导致个别历元的宽巷模糊度固定错误。因而,采用下面的平滑操作来提高固定宽巷模糊度的可靠性:

$$\langle\Delta N_{\mathrm{WL}}\rangle_i=\langle\Delta N_{\mathrm{WL}}\rangle_{i-1}+\frac{1}{i}(\Delta N_{\mathrm{WL}i}-\langle\Delta N_{\mathrm{WL}}\rangle_{i-1}) \tag{8-3-10}$$

式中,$\langle\Delta N_{\mathrm{WL}}\rangle_i$ 是历元1到历元 i 的宽巷模糊度均值,周;$\Delta N_{\mathrm{WL}i}$ 是历元 i 的宽巷模糊度值,周。在进行平滑操作之前,需要进行周跳探测,当周跳发生时,平滑操作需要在发生周跳的历元重新开始。非差相位观测值的周跳探测可以联合使用MW宽巷组合法和电离层残差法(Blewitt,1990;Cai et al,2013d)进行周跳探测。

3. GPS窄巷模糊度固定

通过星间单差操作，GPS窄巷模糊度接收机端的小数偏差得以消除，而其卫星端的小数偏差则包含在CNES提供的GPS卫星钟差数据中，应用其钟差数据，GPS窄巷模糊度的整数特性得以恢复(Laurichesse，2011)。在GPS宽巷模糊度固定成整数后，联合卡尔曼滤波计算得到的消电离层模糊度浮点值，根据式(8-3-7)可以求得GPS窄巷模糊度浮点值。从式(8-3-7)中可知，由于宽巷模糊度波长很长，固定成功率很高，所以窄巷模糊度浮点值的求解精度主要取决于消电离层模糊度浮点值的解算精度。

LAMBDA(least-squares ambiguity de-correlation adjustment)方法可以用于固定GPS星间单差窄巷模糊度(Teunissen，1995)。当一个历元中至少有4个窄巷模糊度浮点值时，才能使用LAMBDA方法进行窄巷模糊度固定(Jokinen et al，2013；Li et al，2014a)。当一个历元中多于4个窄巷模糊度浮点值时，采用最小星座方法(MCM)固定窄巷模糊度(Jokinen et al，2012；Schuster et al，2012)。MCM的目的是选出一组最优的浮点模糊度组合进行模糊度固定。为了确保窄巷模糊度固定的可靠性，并不一定是将所有的GPS窄巷模糊度固定成整数。MCM是将众多窄巷模糊度浮点值按最少4个窄巷模糊度浮点值一组分成多个子集，然后将各个子集分别使用LAMBDA方法进行模糊度固定。假如一个历元中有6个浮点窄巷模糊度，需要分成1个6卫星子集、6个5卫星子集和15个4卫星子集进行模糊度固定测试。由于需要对所有的浮点窄巷模糊度组合进行测试，所以MCM的效率很低。

Pan等(2014)提出了一种改进的最小星座方法(improved minimum constellation method，IMCM)来减少进行模糊度固定测试的浮点窄巷模糊度组合的数量，图8-3-1给出了IMCM固定窄巷模糊度的流程图。在IMCM中，首先，当某颗卫星的高度角低于10°时，因为其多路径误差和观测噪声会显著增加，所以这颗卫星的窄巷模糊度不参与固定，排除在浮点窄巷模糊度组合之外。其次，所有用于模糊度固定的窄巷模糊度浮点值必须已经有效收敛，当某颗卫星有连续5个历元的窄巷模糊度浮点值的标准偏差(STD)值小于0.1周时，认为这颗卫星的浮点窄巷模糊度已经有效收敛。“0.1周”和“5个历元”是在综合考虑可靠性和效率后凭经验选取的。当有4颗卫星的窄巷模糊度浮点值有效收敛时，对这4颗卫星的窄巷模糊度浮点值使用LAMBDA方法进行模糊度固定，然后进行Ratio值检验，如果Ratio值大于2.0(Wei et al，1995)，则将这4颗卫星的窄巷模糊度固定成整数。当有4颗以上卫星的窄巷模糊度浮点值有效收敛时，采用IMCM选出一组最优的浮点窄巷模糊度组合进行模糊度固定。在IMCM中，如果某颗卫星已有连续10个历元的浮点窄巷模糊度均被固定成相同的值，则认为这颗卫星的窄巷模糊度比较稳定而且固定成功率比较高,那么以后历元所有进行模糊度固定测试的子集均必须包括这颗卫星。在进行以上设置后,用于模糊度固定测试的浮点窄巷模糊度组合数量大大减少。使用 IMCM,和传统的 MCM 相比,计算效率会显著提高,这一点将通过后面的算例分析进行阐述。

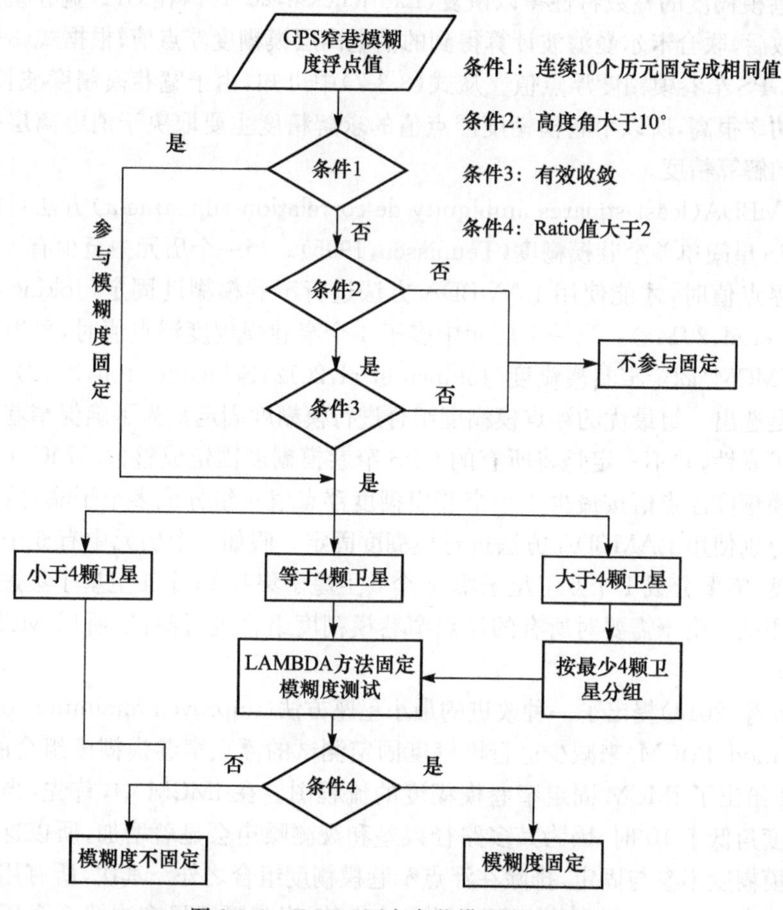

图 8-3-1　IMCM 固定窄巷模糊度流程图

4. GLONASS 模糊度处理

对于 GLONASS,由于其采用频分多址技术,所以其测码伪距和载波相位观测值存在频率间偏差,导致星间单差操作不能有效消除接收机端的 FCB。因此,GPS 模糊度固定方法并不适用于 GLONASS。在本研究中,GLONASS 模糊度不固定为整数,而是保持浮点数。据前文所述,窄巷模糊度能否成功固定主要取决于消电离层模糊度的解算状况。相比 GPS 单系统,引入 GLONASS 观测值后,可以增加可见卫星数，改善卫星的几何分布，提高 GPS 消电离层模糊度的解算精度，加快 GPS 消电离层模糊度的收敛速度(Jokinen et al，2013)，因此在模糊度整数解方法中引入 GLONASS 观测值，可以提高 GPS 窄巷模糊度固定的成功率，尤其是当 GPS 单系统浮点解收敛时间很长、解算精度很差时，引入 GLONASS 观测值将具有明显的优势。

图 8-3-2 给出了 GPS/GLONASS 精密单点定位整周模糊度固定的流程图。

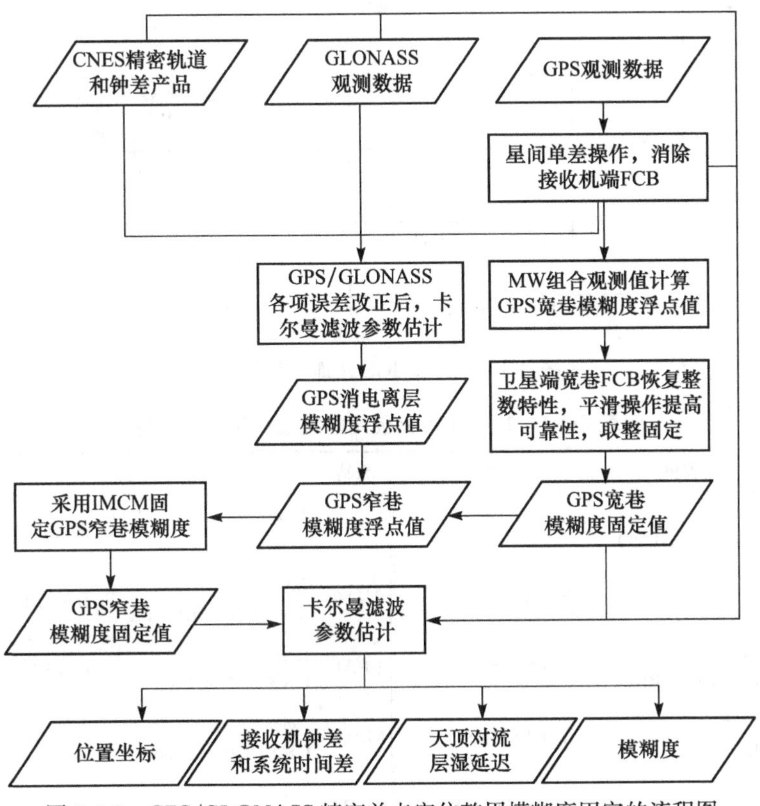

图 8-3-2　GPS/GLONASS 精密单点定位整周模糊度固定的流程图

8.3.3　数据处理与结果分析

1. 数据获取

利用全球均匀分布的 20 个 IGS 站 2014 年 2 月 1 日、2 日连续两天的数据，对 GPS/GLONASS 精密单点定位模糊度固定解的性能进行评估。图 8-3-3 给出了 20 个 IGS 站的地理位置分布，表 8-3-1 中给出了 20 个 IGS 站使用的接收机和天线类型。观测数据的采样间隔是 30s，截止高度角设为 7°。使用 CNES 提供的 GPS、GLONASS 卫星精密轨道和钟差产品进行精密单点定位处理。GPS 与 GLO-

NASS 码观测值的 STD 值设为 0.3m 和 0.6m，二者载波相位观测值的 STD 值均设为 0.002m。

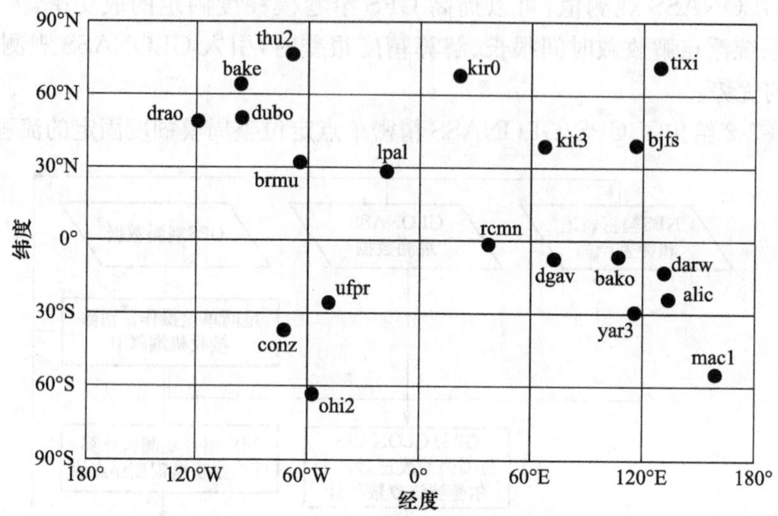

图 8-3-3　20 个 IGS 站地理位置分布

表 8-3-1　20 个 IGS 站使用的接收机和天线类型

测站	接收机	天线	测站	接收机	天线
ALIC	Leica GRX1200GGPRO	LEIAR25. R3	KIR0	Jps EGGDT	AOAD/M_T
BAKE	Tps NET-G3A	TPSCR. G3	KIT3	Javad TRE_G3THDELTA	JAV_RINGANT_G3T
BAKO	Leica GRX1200GGPRO	LEIAT504GG	LPAL	Leica GRX1200GGPRO	LEIAT504GG
BJFS	Trimble NETR8	TRM59800. 00	MAC1	Leica GRX1200+GNSS	AOAD/M_T
BRMU	Leica GRX1200GGPRO	JAVRINGANT_DM	OHI2	Jps E_GGD	TPSCR. G3
CONZ	Leica GRX1200+GNSS	LEIAR25. R3	RCMN	Leica GRX1200GGPRO	LEIAT504GG
DARW	Leica GRX1200GGPRO	ASH700936D_M	THU2	Leica GRX1200+GNSS	ASH701073. 1
DGAV	Javad TRE_G3THDELTA	ASH701945E_M	TIXI	Jps EGGDT	TPSCR3_GGD
DRAO	Trimble NETR8	TRM59800. 00	UFPR	Trimble NETR5	TRM55971. 00
DUBO	Tps NETG3	AOAD/M_T	YAR3	Leica GRX1200GGPRO	LEIAR25

图8-3-4给出了2014年2月1日32颗GPS卫星的卫星端宽巷FCB改正值。从图中可知,绝大多数卫星的宽巷FCB改正值为负值,只有2颗卫星的为正值。并且有约一半卫星的宽巷FCB改正值在0.5周以上,6颗卫星达到1周以上,说明在固定宽巷模糊度时进行FCB改正是十分必要的。

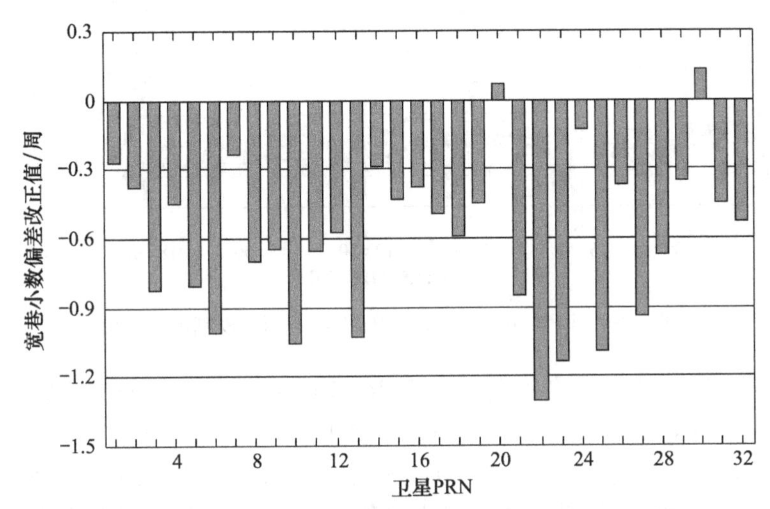

图8-3-4 2014年2月1日32颗GPS卫星的卫星端宽巷FCB改正值

2. 单系统与双系统模糊度固定解性能比较

为了便于对比分析,采用三种方案进行精密单点定位处理:第一种是GPS单系统PPP浮点解方案,在此方案中,观测值使用GPS单系统非差观测值,模糊度不进行固定;第二种是GPS单系统PPP固定解方案,在此方案中,观测值使用GPS单系统星间单差观测值,模糊度采用IMCM进行固定;第三种是GPS/GLONASS模糊度固定解方案,在此方案中,观测值使用GPS星间单差观测值和GLONASS非差观测值,GPS模糊度采用IMCM进行固定,GLONASS模糊度保持浮点数。

为了比较GPS单系统与GPS/GLONASS组合系统精密单点定位浮点解中GPS浮点窄巷模糊度值的解算状况,图8-3-5给出了2014年2月1日BJFS站数据GPS浮点解与GPS/GLONASS浮点解中各GPS卫星的窄巷模糊度浮点值,其中不同的灰度曲线代表不同的卫星。图中将24h数据分成8个时段处理,每个时段3h。为了便于表示,GPS浮点解与GPS/GLONASS浮点解中相同时段相同卫星的窄巷模糊度浮点值减去了同一个整数,从而使图中各GPS卫星窄巷模糊度浮点值接近零值。由图8-3-5可知,与GPS浮点解相比,GPS/GLONASS浮点解中计算得到的GPS窄巷模糊度浮点值能够更快地收敛到稳定值,表明将GLONASS观测值引入GPS中,可以改善GPS浮点窄巷模糊度的估计值。

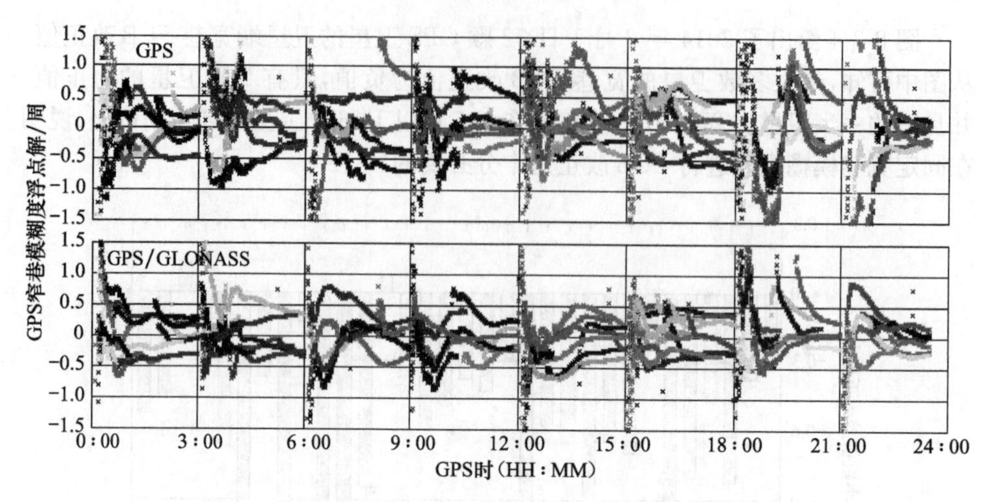

图 8-3-5 PPP 浮点解中各 GPS 卫星的窄巷模糊度浮点值

图 8-3-6 给出了 2014 年 2 月 1 日 KIR0、BJFS、RCMN 三个测站数据 GPS 浮点解、GPS 固定解和 GPS/GLONASS 固定解的定位误差。每个测站分 8 个时段处理，每个时段 3h。作为代表，这三个测站分别分布在高纬度、中纬度和低纬度地区。从图 8-3-6 中可以清楚地看到三种方案中东、北、高程三个方向的位置解收敛情况。在绝大多数情况下，和 GPS 浮点解相比，GPS 固定解在模糊度固定成整数后，东、北、高程三个方向的定位误差显著减小。然而，在有些时段，如 BJFS 站 3:00～6:00、BJFS 站 21:00～24:00、RCMN 站 0:00～3:00、RCMN 站 12:00～15:00，模糊度固定成整数后，GPS 固定解定位误差并没有迅速减小，甚至在 1dm

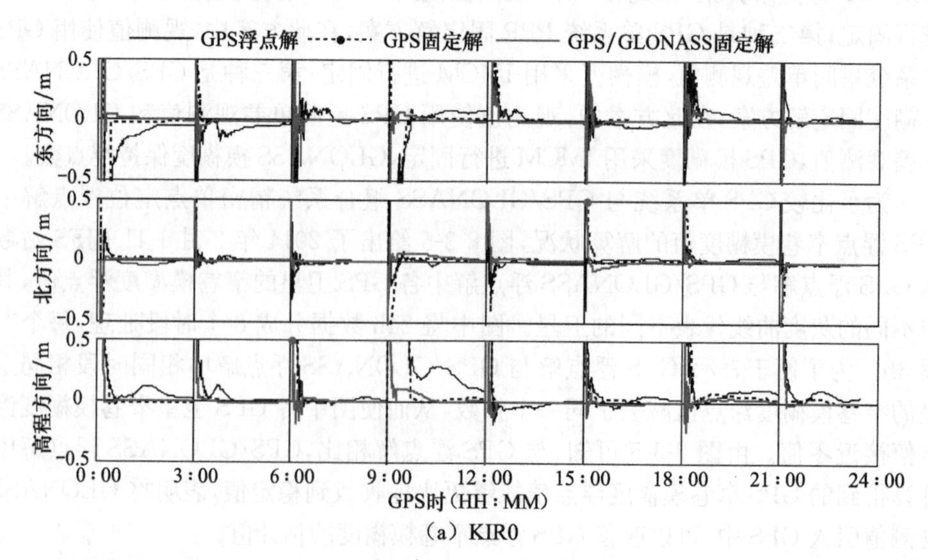

(a) KIR0

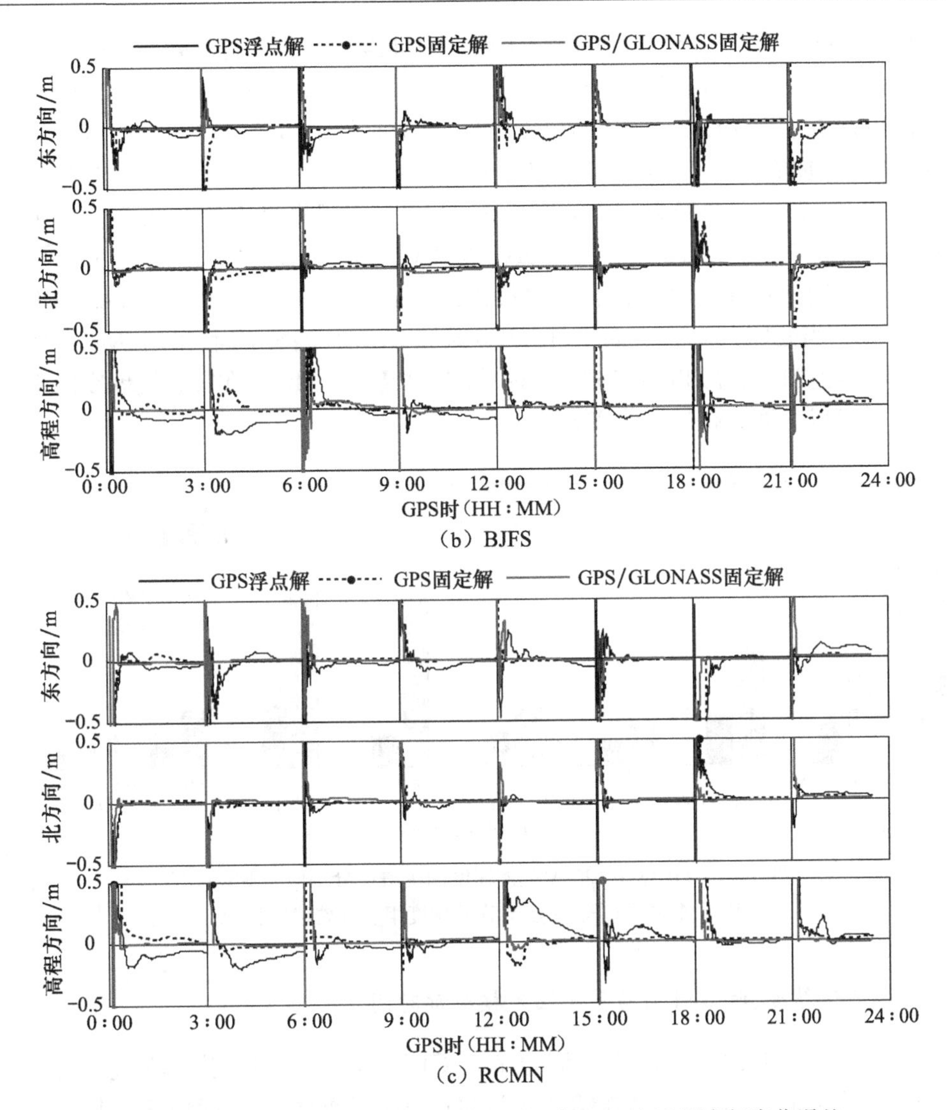

(b) BJFS

(c) RCMN

图 8-3-6　GPS 浮点解、GPS 固定解和 GPS/GLONASS 固定解定位误差

观测数据来自高纬度测站(a)KIR0;中纬度测站(b)BJFS;低纬度测站(c)RCMN

以上。这主要是因为在这些时段中,GPS 浮点解的解算精度很差,收敛时间很长,尤其是高程方向,导致部分 GPS 卫星的模糊度固定错误。引入 GLONASS 观测值后,GPS/GLONASS 固定解在这些时段均取得了较好的结果。在所有时段中,和 GPS 浮点解、GPS 固定解相比,GPS/GLONASS 固定解定位精度更高,收敛时间更短。

3. 改进的 MCM 固定整周模糊度

该算例采用 IMCM 选择最优的 GPS 浮点窄巷模糊度组合进行模糊度固定。

为了证明 IMCM 在 GPS/GLONASS 固定解中能够显著提高计算效率，图 8-3-7 给出了使用 2014 年 2 月 1 日 BJFS 站 8 个时段数据，分别采用 MCM 和 IMCM 时，测试 GPS 浮点窄巷模糊度组合耗费的时间。每个时段中的耗费时间是指各历元测试时间的累加值。计算机配置是 2.9GHz 的 G2020 英特尔奔腾处理器和 4GB 的随机访问内存。图中结果表明，采用 IMCM 时，测试模糊度的时间要明显短于 MCM。图 8-3-7 也给出了 8 个时段数据测试 GPS 浮点窄巷模糊度组合的平均时间，结果表明，当采用 IMCM 时，获得最优组合的时间缩短 67%，从 45.4s 减少到了 14.9s。当处理 2014 年 2 月 1 日 KIR0 站和 RCMN 站数据时，采用 IMCM 使测试模糊度耗费时间分别减少 59%和 64%。可以看出，IMCM 在窄巷模糊度固定过程中，是可以显著提高计算效率的。

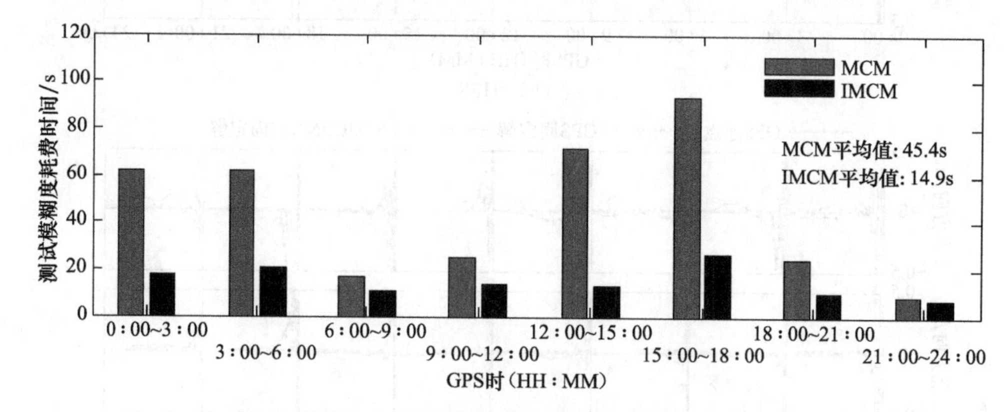

图 8-3-7　GPS/GLONASS 模糊度固定解中分别使用 MCM 与 IMCM 测试 GPS 浮点窄巷模糊度组合耗费时间情况

4. 定位精度、收敛时间与首次固定模糊度时间

为了评估 GPS 浮点解、GPS 固定解与 GPS/GLONASS 固定解的定位精度，图 8-3-8 给出了 20 个 IGS 站连续 2 天共 320 组时段数据(每个时段 3h)中三种方案的定位误差分布。图中每个误差值是指各时段最后 40 个历元(20min)定位误差的 RMS 统计值。从图中可知，较大定位误差(大于 0.03m)所占百分比中 GPS/GLONASS 固定解最小，GPS 固定解次之，GPS 浮点解最大。据统计，与 GPS 浮点解相比，GPS 固定解平均定位精度在东、北、高程三个方向上分别有 43%、8%、43%的提高。与 GPS 固定解相比，GPS/GLONASS 固定解平均定位精度在东、北、高程三个方向上分别有 38%、25%、44%的提高。据统计，GPS 浮点解、GPS 固定解与 GPS/GLONASS 固定解平均三维定位精度分别为 0.051m、0.031m 与 0.019m。

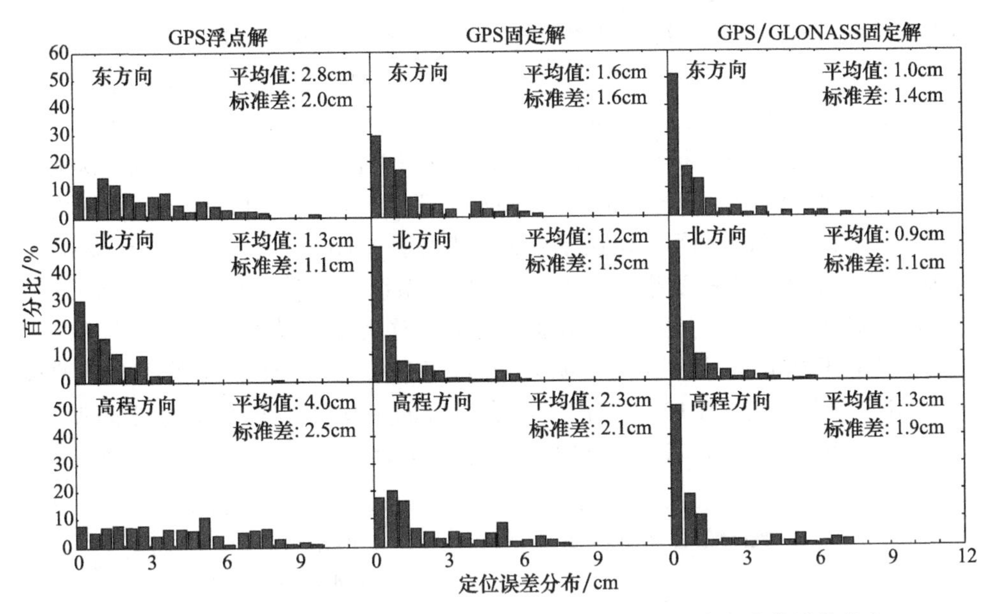

图 8-3-8　GPS 浮点解、GPS 固定解与 GPS/GLONASS 固定解定位误差分布

图 8-3-9 给出了收敛时间的分布情况。当定位误差收敛到 0.1m 并保持在 0.1m 以内时，认为位置解已经收敛。从图中可知，GPS/GLONASS 固定解中收敛时间小于 10min 时段的百分比要远大于 GPS 固定解。图 8-3-9 也给出了所有时

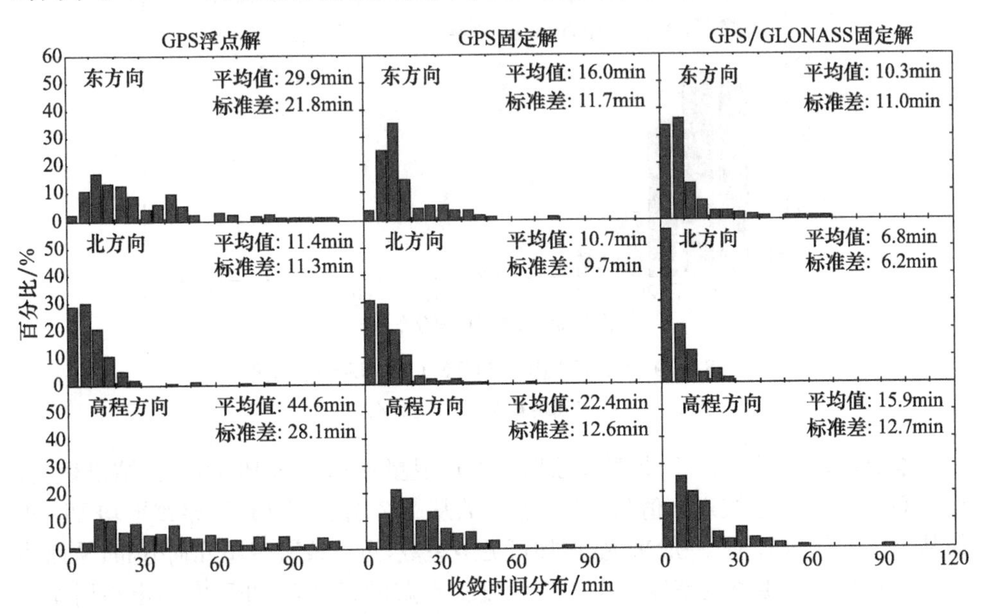

图 8-3-9　GPS 浮点解、GPS 固定解与 GPS/GLONASS 固定解收敛时间分布
收敛的标准定义为当定位误差收敛到 0.1m 并保持在 0.1m 以内时

段的平均收敛时间。根据统计结果可知，与 GPS 浮点解相比，GPS 固定解东、北、高程三个方向的平均收敛时间分别缩短 47%、6%、50%。与 GPS 固定解相比，GPS/GLONASS 固定解三个方向的平均收敛时间分别缩短 36%、36%、29%。

首次固定模糊度时间(time to first fix，TTFF)是指从第一个历元到首次成功获得模糊度固定解历元所经历的时间间隔。TTFF 和收敛时间是不同的，因为在获得首个模糊度固定解后，定位误差可能仍然大于 0.1m。TTFF 是一个反映获得模糊度固定解效率的重要指标。因此，有必要系统地评估 GPS 单系统与 GPS/GLONASS 组合系统两个固定模糊度方案中的首次固定模糊度时间。图 8-3-10 给出了 TTFF 的分布，从图中可以明显看出，GPS/GLONASS 方案的 TTFF 要远小于 GPS 方案。图 8-3-10 还给出了所有时段的平均 TTFF，统计结果表明，将 GLONASS 引入 GPS 中，平均 TTFF 缩短了 27%，由 20.1min 减少为 14.6min。

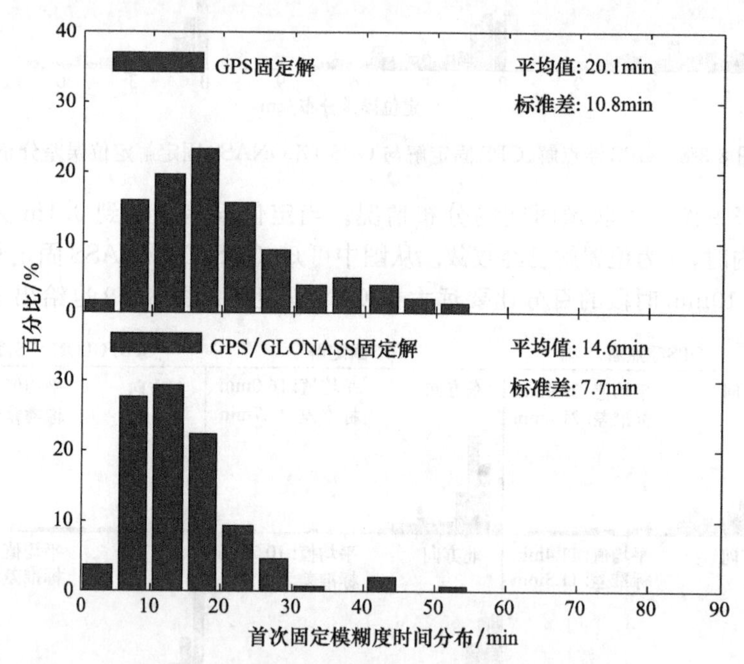

图 8-3-10　GPS 固定解与 GPS/GLONASS 固定解首次固定模糊度时间分布

本节还计算了 320 组 3h 时段数据的平均卫星数和平均 PDOP 值，结果表明，增加 GLONASS 系统观测值后，平均卫星数从 7.7 增加到 13.5，导致平均 PDOP 值从 2.7 下降到 1.8。一般来说，增加可见卫星数，可以改善卫星几何分布，从而使 PPP 浮点解获得更高的精度。由于模糊度浮点解的精度对 PPP 中固定整周模糊度的成功率和可靠性有较大影响，所以 GPS/GLONASS 双系统组合模糊度固定解相比于 GPS 单系统模糊度固定解更具有优势。

8.4 本章小结

本章归纳了几种典型的 GPS 精密单点定位模糊度固定解方法，对它们的模糊度固定解模型及公式进行了详细介绍。基于 CNES 精密产品讨论了 GPS/GLONASS 组合精密单点定位模糊度整数解方法。在 GPS/GLONASS 固定解中，首先使用 GPS 星间单差与 GLONASS 非差消电离层组合观测值计算模糊度浮点解，然后将 GPS 模糊度固定成整数，而所有的 GLONASS 模糊度保持浮点解，发展了一种改进的最小星座方法（IMCM）来提高 GPS 模糊度固定的效率。

利用全球 20 个 IGS 站连续 2 天的数据，从定位精度、收敛时间、首次固定模糊度时间三个方面对 GPS 浮点解、GPS 固定解与 GPS/GLONASS 固定解的性能进行了对比分析。共处理了 320 组 3h 时段数据，结果表明，GPS/GLONASS 固定解性能最好。和 GPS 浮点解相比，GPS 固定解在东、北、高程三个方向定位精度分别提高了 43%、8%、43%，收敛时间分别减少了 47%、6%、50%。与 GPS 固定解相比，GPS/GLONASS 固定解在东、北、高程三个方向定位精度分别提高了 38%、25%、44%，收敛时间分别减少了 36%、36%、29%。将 GLONASS 引入 GPS 中，平均首次固定模型度时间减少了 27%。结果还表明，使用 IMCM 时，计算效率提高了 50%以上。

第9章　四系统组合精密单点定位及软件实现

9.1　概　述

GNSS多系统组合可以增加可见卫星的数量和改善卫星几何分布，已经被证实是一种有效的提高定位性能的途径，特别是在卫星可视条件差的场合，GNSS多系统组合定位显得尤为必要。随着GPS现代化计划的实施、GLONASS的复苏、BDS区域系统的建成、Galileo系统的稳步发展，GPS/GLONASS/BDS/Galileo四系统联合定位将成为GNSS发展的必然趋势。GLONASS星座在2012年已恢复到初始设计的24颗卫星；中国的BDS已发射了16颗二代卫星和5颗新一代卫星；Galileo卫星发射进程也明显提速，已经发射了12颗卫星，计划近一年内再发射6颗卫星。可以预计，当四大GNSS全部建成后，卫星数量总和将超过120颗，目前已经超过了80颗。除了上述这些卫星系统都已经开始发送真实信号，IGS通过GNSS多系统试验项目(MGEX)已经开始提供上述卫星系统的精密轨道和钟差数据，为四系统联合精密单点定位的实现创造了条件。

本章首先在GPS/GLONASS双系统精密单点定位传统模型的基础上发展GPS/GLONASS/BDS/Galileo四系统组合精密单点定位的模型，在此基础上设计与实现多模GNSS精密单点定位软件，可以实现不同星座组合的精密单点定位处理，最后通过静态和动态试验数据，验证四系统组合精密单点定位的优势。

9.2　四系统组合PPP模型

对于一颗GNSS卫星 j，第 $i(i=1,2)$ 频率上的测码伪距和载波相位观测值可以表示为

$$P_i^j=\rho^j+c\mathrm{d}t-c\mathrm{d}T^j+d_{\mathrm{orb}}^j+d_{\mathrm{trop}}^j+d_{\mathrm{ion}/\mathrm{L}i}^j+d_{\mathrm{mult}/P_i}^j+b_{i/P}^j+\varepsilon_{P_i}^j \tag{9-2-1}$$

$$\Phi_i^j=\rho^j+c\mathrm{d}t-c\mathrm{d}T^j+d_{\mathrm{orb}}^j+d_{\mathrm{trop}}^j-d_{\mathrm{ion}/\mathrm{L}i}^j+N_i^j+d_{\mathrm{mult}/\Phi_i}^j+b_{i/\Phi}^j+\varepsilon_{\Phi_i}^j \tag{9-2-2}$$

式中，P_i 是第 i 个频率上的伪距观测值，m；Φ_i 是第 i 个频率上的载波相位观测值，m；ρ 是卫星与测站之间的几何距离，m；c 是光速，m/s；$\mathrm{d}t$ 是接收机钟差，s；$\mathrm{d}T$ 是卫星钟差，s；d_{orb} 是卫星轨道误差，m；d_{trop} 是对流层延迟，m；$d_{\mathrm{ion}/\mathrm{L}i}$ 是第 i 个

频率上的电离层延迟,m;$b_{i/P}$是第 i 个频率上测码伪距中的硬件延迟偏差,m;N_i是第 i 个频率上的载波相位观测值模糊度,m;$b_{i/\Phi}$是第 i 个频率上接收机端与卫星端的初始相位偏差以及载波相位硬件延迟偏差;ε_{P_i} 和 ε_{Φ_i} 包含多路径误差与测量噪声,m。

在精密单点定位中,一般使用消电离层观测值组合来消除一阶电离层延迟误差的影响,传统模型利用两个频率上的测码伪距和载波相位观测值进行消电离层组合的公式为

$$P_{\mathrm{IF}}^j=(f_1^2\cdot P_1^j-f_2^2\cdot P_2^j)/(f_1^2-f_2^2) \tag{9-2-3}$$

$$\Phi_{\mathrm{IF}}^j=(f_1^2\cdot \Phi_1^j-f_2^2\cdot \Phi_2^j)/(f_1^2-f_2^2) \tag{9-2-4}$$

式中,P_{IF}是测码伪距消电离层组合观测值,m;Φ_{IF}是载波相位消电离层组合观测值,m;f_1 和 f_2 是载波相位的两个频率,Hz。由于 GLONASS 采用频分多址技术,对于不同的 GLONASS 卫星,f_1 和 f_2 是不同的。对于观测等式(9-2-1)和(9-2-2),按照式(9-2-3)和式(9-2-4)进行消电离层组合。以 GPS 系统时间作为参考时间,将各卫星系统的接收机钟差表达成 GPS 接收机钟差与系统时间差和的形式,类似 7.2 节的推导过程,则四系统精密单点定位的观测方程可表示为

$$P_{\mathrm{IF}}'^{\mathrm{g}}=\rho^{\mathrm{g}}+c\mathrm{d}\tilde{t}+d_{\mathrm{trop}}^{\mathrm{g}}+\varepsilon_{P_{\mathrm{IF}}}^{\mathrm{g}} \tag{9-2-5}$$

$$\Phi_{\mathrm{IF}}'^{\mathrm{g}}=\rho^{\mathrm{g}}+c\mathrm{d}\tilde{t}+d_{\mathrm{trop}}^{\mathrm{g}}+\widetilde{N}_{\mathrm{IF}}^{\mathrm{g}}+\varepsilon_{\Phi_{\mathrm{IF}}}^{\mathrm{g}} \tag{9-2-6}$$

$$P_{\mathrm{IF}}'^{\mathrm{r}}=\rho^{\mathrm{r}}+c\mathrm{d}\tilde{t}+c\mathrm{d}\tilde{t}_{\mathrm{sys}}^{\mathrm{r,g}}+d_{\mathrm{trop}}^{\mathrm{r}}+\varepsilon_{P_{\mathrm{IF}}}^{\mathrm{r}} \tag{9-2-7}$$

$$\Phi_{\mathrm{IF}}'^{\mathrm{r}}=\rho^{\mathrm{r}}+c\mathrm{d}\tilde{t}+c\mathrm{d}\tilde{t}_{\mathrm{sys}}^{\mathrm{r,g}}+d_{\mathrm{trop}}^{\mathrm{r}}+\widetilde{N}_{\mathrm{IF}}^{\mathrm{r}}+\varepsilon_{\Phi_{\mathrm{IF}}}^{\mathrm{r}} \tag{9-2-8}$$

$$P_{\mathrm{IF}}'^{\mathrm{b}}=\rho^{\mathrm{b}}+c\mathrm{d}\tilde{t}+c\mathrm{d}\tilde{t}_{\mathrm{sys}}^{\mathrm{b,g}}+d_{\mathrm{trop}}^{\mathrm{b}}+\varepsilon_{P_{\mathrm{IF}}}^{\mathrm{b}} \tag{9-2-9}$$

$$\Phi_{\mathrm{IF}}'^{\mathrm{b}}=\rho^{\mathrm{b}}+c\mathrm{d}\tilde{t}+c\mathrm{d}\tilde{t}_{\mathrm{sys}}^{\mathrm{b,g}}+d_{\mathrm{trop}}^{\mathrm{b}}+\widetilde{N}_{\mathrm{IF}}^{\mathrm{b}}+\varepsilon_{\Phi_{\mathrm{IF}}}^{\mathrm{b}} \tag{9-2-10}$$

$$P_{\mathrm{IF}}'^{\mathrm{e}}=\rho^{\mathrm{e}}+c\mathrm{d}\tilde{t}+c\mathrm{d}\tilde{t}_{\mathrm{sys}}^{\mathrm{e,g}}+d_{\mathrm{trop}}^{\mathrm{r}}+\varepsilon_{P_{\mathrm{IF}}}^{\mathrm{e}} \tag{9-2-11}$$

$$\Phi_{\mathrm{IF}}'^{\mathrm{e}}=\rho^{\mathrm{e}}+c\mathrm{d}\tilde{t}+c\mathrm{d}\tilde{t}_{\mathrm{sys}}^{\mathrm{e,g}}+d_{\mathrm{trop}}^{\mathrm{e}}+\widetilde{N}_{\mathrm{IF}}^{\mathrm{e}}+\varepsilon_{\Phi_{\mathrm{IF}}}^{\mathrm{e}} \tag{9-2-12}$$

式中,上标 g、r、b、e 分别代表 GPS、GLONASS、BDS、Galileo 卫星;$\mathrm{d}t_{\mathrm{sys}}^{\mathrm{r,g}}$、$\mathrm{d}t_{\mathrm{sys}}^{\mathrm{b,g}}$、$\mathrm{d}t_{\mathrm{sys}}^{\mathrm{e,g}}$分别是 GPS-GLONASS、GPS-BDS、GPS-Galileo 系统时间差参数,s。利用式(9-2-5)～式(9-2-12)估计出的"接收机钟差项 $c\mathrm{d}\tilde{t}$"为接收机钟差与消电离层组合的硬件延迟偏差平均项之和;估计出的"系统时间差项 $c\mathrm{d}\tilde{t}_{\mathrm{sys}}$"为各 GNSS 与 GPS 间的系统时间差以及系统间的消电离层组合硬件延迟偏差平均项之和;估计出的"消电离层组合模糊度项 $\widetilde{N}_{\mathrm{IF}}$"为消电离层组合模糊度与消电离层组合的硬件延迟偏差项之和。

式(9-2-5)～式(9-2-12)中,ρ 可以表达成卫星坐标和测站坐标差的平方和再开根号的形式,既然卫星坐标可以通过精密卫星轨道数据进行计算获得,该项通过线性化可以直接表达成三维接收机坐标的线性形式。对流层延迟可以分为干分量和湿分量两部分(Davis et al,1985),前者利用 Hopfield 模型改正,后者作为一个未知

参数进行估计。但在估计之前先利用 Niell 投影函数(Niell,1996)将其射线方向的湿分量投影到天顶方向,这样所有卫星射线方向的对流层湿延迟通过这一个参数进行表达,从而避免了每个射线方向对流层湿延迟利用一个独立的未知参数进行估计,减少了未知参数的个数。上述等式中,利用 MGEX 提供的精密卫星轨道和钟差数据可以减弱卫星轨道误差和卫星钟误差。使用消电离层组合观测值消去了电离层一阶误差的影响,其他误差参照第 4 章中介绍的误差处理方式进行处理。需要注意的是,在上述观测模型中,由于 GLONASS 采用频分多址技术,所以 GLONASS 伪距观测值和载波相位观测值存在通道间或频率间偏差(inter-channel biase,ICB),载波相位观测值中的 ICB 会被模糊度项吸收,而伪距观测值中的 ICB 对于不同 GLONASS 卫星是不同的,因而不会被接收机钟差完全吸收,如果处理不当,伪距观测值中的 ICB 会残留在观测值残差中,影响定位精度(Shi et al,2013)。在四系统精密单点定位处理中,可以降低 GLONASS 伪距观测值的权重,或者直接去掉 GLONASS 伪距观测值(Cai et al,2015a),降低其影响。

在上述四系统组合精密单点定位中,采用卡尔曼滤波方法进行数据处理。将 ρ 线性化后,式(9-2-5)~式(9-2-12)可以用做卡尔曼滤波滤波的观测方程,待估参数包括三个位置参数、一个接收机钟差、三个系统时间差、一个天顶对流层湿延迟以及和 GPS、GLONASS、BDS、Galileo 观测卫星数量相等的模糊度参数。需要注意的是,在原始观测等式中给出了硬件延迟偏差项,而在消电离层组合观测等式中并没有出现该项,主要是因为在模糊度浮点解中,硬件延迟偏差会被接收机钟差、系统时间差和模糊度项吸收。因而,估计出的系统时间差参数中会包含部分硬件延迟偏差的影响,其大小和具体的接收机类型有关。作者曾对 GPS-GLONASS 系统时间差的时间变化特性进行了详细分析(Cai et al,2008),9.4 节将对 GPS-GLONASS、GPS-BDS、GPS-Galileo 系统时间差随时间变化特征进行对比分析。

在卡尔曼滤波处理中,需要确定观测值和待估参数的随机模型。消电离层组合观测值是两个频率上原始观测值的线性组合,假设不同频率上的观测值线性无关,那么消电离层组合观测值的初始方差可以通过误差传播定律得到。在进行参数估计前需要设置各卫星各类观测值的初始方差。初始方差值的不同实际上意味着在处理时不同类观测值的初始权不同。由于卫星高度角不同会造成观测值精度差异,实际的权重还取决于卫星的高度角,也就是在处理时,对于某颗卫星的观测值采用依赖于卫星高度角的随机模型。对于待估参数的随机模型,可以进行如下设定:动态接收机坐标和接收机钟差可以模拟为随机游走或者一阶高斯马尔可夫过程(Axelrad et al,1996;Brown et al,1997),系统时间差和天顶对流层延迟可以模拟为随机游走过程(Dodson et al,1996;Cai 和 Gao,2008),模糊度参数和静态接收机坐标可以模拟为常数。

当四个卫星系统观测值并不都可用时,只需将缺少观测值的那个卫星系统的系统时间差参数默认为零，上述四系统精密单点定位观测模型仍然适用。因此，上述观测模型可兼容用于单系统、双系统、三系统组合精密单点定位。

9.3　多模 PPP 软件设计与实现

PPP 定位技术经过约 20 年时间的发展，技术上已经取得了显著进展，并在科学研究与工程实践中发挥着越来越重要的作用。国内外科研机构已经开发出了几款 PPP 数据处理软件，比较有代表性的 PPP 处理软件有：美国喷气推进实验室的 GIPSY 软件、加拿大卡尔加里大学高扬教授团队开发的精密单点定位软件 P^3、瑞士伯尔尼大学天文研究所开发的 Bernese 软件中的 PPP 处理模块、加拿大 Waypoint 公司开发的 GrafNav、武汉大学卫星导航定位技术研究中心开发的 PANDA 软件、武汉大学张小红教授开发的 TriP 软件等。除此之外，美国喷气推进实验室开发的 APPS-PPP、加拿大自然资源部开发的 CSRS-PPP、加拿大新不伦瑞克大学开发的 GAPS-PPP、西班牙 GMV 公司开发的 magicGNSS 已能提供 PPP 在线处理服务。此外，一些机构提供了开源代码软件，如美国德克萨斯大学开发的 GPSTK、日本东京海洋大学开发的 RTKLIB 和西班牙加泰罗尼亚科技大学开发的 gLAB，这些软件的开发成功在很大程度上促进了 PPP 技术在科学研究与工程实践中的应用，在多个领域发挥了重要作用。

虽然目前已有一些精密单点定位软件可供商业化或科学研究使用，但大多数软件为英文界面，操作相对复杂，需要用户具备一定的 PPP 理论基础。更重要的是，这些软件的设计原本只是针对 GPS 观测数据，尽管部分软件正在升级以处理多系统数据，但在同时处理 GPS、GLONASS、BDS 和 Galileo 多系统数据方面其功能还有待完善。

多模 GNSS 融合精密单点定位软件（Multi-GNSS Intergrated Positioning Software for PPP，MIPS-PPP）是在借鉴国内外现有 PPP 软件的基础上进行设计的，旨在开发出一款功能完整、界面友好、操作简便、稳定可靠并能联合处理多 GNSS 观测数据的处理软件。该软件由作者组织开发与实现。它的一个主要特点是能分别处理或联合处理当前 GPS、GLONASS、BDS、Galileo 多系统观测数据，并能提供多种产品数据输出，包括内插后的卫星轨道与钟差改正值、各种误差改正值、所有参数估计结果、观测值残差等，以便用户能够在此基础上进行进一步科学研究或者工程计算。软件采用中文界面，适合我国用户使用。下面从算法流程、软件界面、软件功能几个方面进行介绍。

9.3.1　算法流程

MIPS-PPP 处理软件的实现经过以下几个步骤：

1）数据导入

通过测站多模 GNSS 接收机采集多系统观测数据，IGS 网站下载多系统混合的精密卫星轨道与钟差产品数据，并导入软件中。卫星和接收机的天线相位改正数据来源于 IGS 提供的“.atx”文件。

2）数据预处理

数据预处理包括精密卫星轨道与钟差数据的插值计算、观测数据的粗差剔除、相位观测值的周跳探测、精密单点定位中的各种误差改正计算、近似测站位置坐标的计算、初始整周未知数的确定等。

3）滤波处理

建立多模 GNSS 融合精密单点定位的函数模型和随机模型，包括观测值的随机模型和参数的随机模型。设置滤波参数，通过卡尔曼滤波进行参数估计。

4）结果输出

结果输出部分包括测站三维位置坐标、接收机钟差、对流层湿延迟和整周模糊度参数，多系统融合处理中还包括系统时间差参数。为了方便利用该软件开展进一步分析与研究工作，结果输出部分还包括一些“中间数据”。

MIPS-PPP 软件数据处理流程如图 9-3-1 所示。

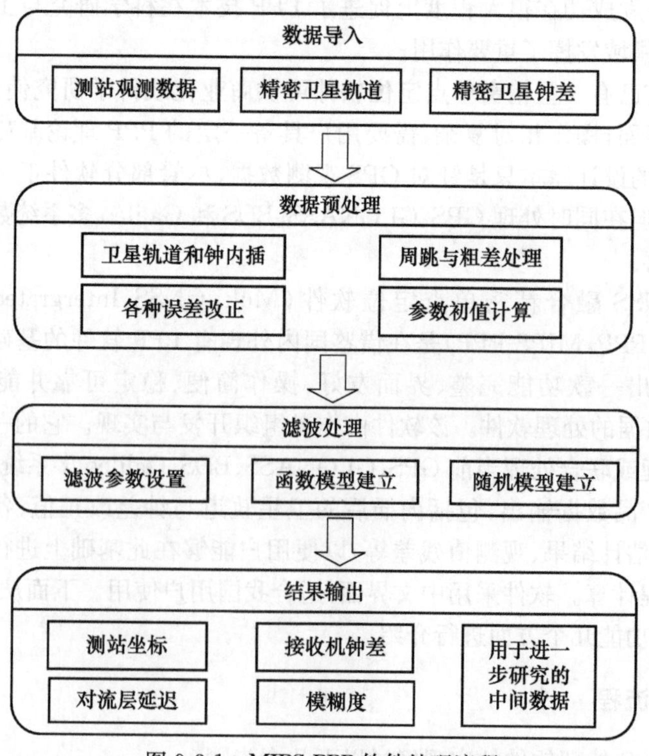

图 9-3-1　MIPS-PPP 软件处理流程

9.3.2　MIPS-PPP 软件功能

MIPS-PPP 作为一款精密单点定位处理软件，其操作简便、功能完整。软件具备的主要功能如下：

(1) 项目管理功能：在 PPP 定位中，每一个测站的数据处理都可以作为一个独立的项目来进行，用于区分不同时段不同测站的处理结果。这就要求软件具有完善的项目管理功能，能同时对多个项目进行操作。包括新建项目、打开原项目、项目保存和项目关闭等基本功能。

(2) 系统设置功能：该功能包括系统选择功能和处理设置功能。多模 PPP 数据处理软件要求可以对多种卫星系统的组合观测值进行处理。当前的软件版本已能对 GPS、GLONASS、BDS、Galileo 单系统数据进行处理；对 GPS/GLONASS、GPS/BDS、GPS/Galileo 双系统数据进行处理；对 GPS/GLONASS/BDS、GPS/GLONASS/Galileo 三系统以及 GPS/GLONASS/BDS/Galileo 四系统数据进行处理。未来还将拓展该功能拟对任意卫星系统组合观测值进行处理。合理的参数设置是保证定位结果精确性与可靠性的重要前提，在精密单点定位处理中需要设置的参数较多，如气象参数、截止高度角、采样间隔、截止 PDOP 值等。

(3) 数据导入功能：精密单点定位解算需要的数据分别是格式为“.O”的观测文件以及格式为“.SP3”的精密星历文件和格式为“.CLK”的精密卫星钟差文件。此外，还需要进行天线相位中心改正数据的输入，文件格式为“.atx”。

(4) 数据处理功能：这是整个 MIPS-PPP 数据处理软件的核心功能，该功能对多模 PPP 函数模型与随机模型采用卡尔曼滤波方法进行实现，在卡尔曼滤波处理前，进行卡尔曼滤波各参数的设置。

(5) 结果显示功能：精密单点定位数据处理完成后可以显示多种参数估值，包括测站位置误差、接收机钟差、系统时间差、对流层延迟、模糊度。除此之外，还可以显示卫星数目、DOP 值等。

(6) 文件导出功能：在精密单点定位处理完成后，需要将各参数估计结果以文件的形式导出，除此之外，本软件还可以导出中间数据以便用户在此基础上开展进一步分析与研究工作，包括与观测历元对应的内插后的卫星轨道与钟差改正值、精密单点定位中的各项误差改正值、观测值残差等。

MIPS-PPP 软件功能的主要模块划分如图 9-3-2 所示。

9.3.3　MIPS-PPP 软件界面

MIPS-PPP 软件基于 Microsoft Visual C++2010(VS2010)平台进行开发。VS2010 的 MFC 库支持三种不同的应用程序，分别是基于对话框的应用程序、单文档应用程序和多文档应用程序。MIPS-PPP 软件基于多文档应用程序进行开

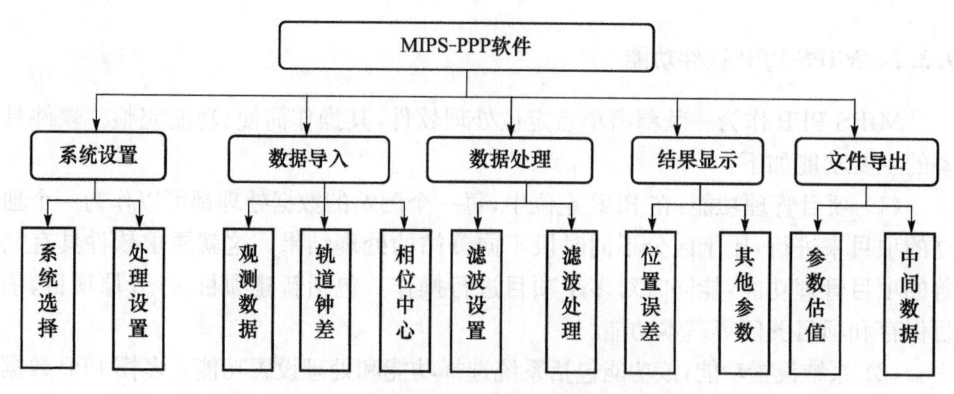

图 9-3-2　MIPS-PPP 软件功能分析模块图

发。利用多文档应用程序开发的商用软件，其最大的优点就是可以让用户打开多个文档同时运行，并且支持各个文档窗口之间的灵活切换，操作方便。另外，软件的主窗口还采用动态窗口分割方式，使得即使在同一个文档上，用户也可以根据需求利用不同的分割子窗口来显示不同类型的文档或图表。采用这种文档设计方式，是为了最大效率地显示精密单点定位数据处理过程中各项参数和指标，满足用户的需求。MIPS-PPP 软件界面友好、功能齐全，下面对软件的主要界面设计内容进行展示。

MIPS-PPP 软件的主界面如图 9-3-3 所示，主要由六部分组成，分别是标题栏、菜单栏、工具栏、导航区、主窗口以及状态栏。每个部分都实现了特定的软件功能。

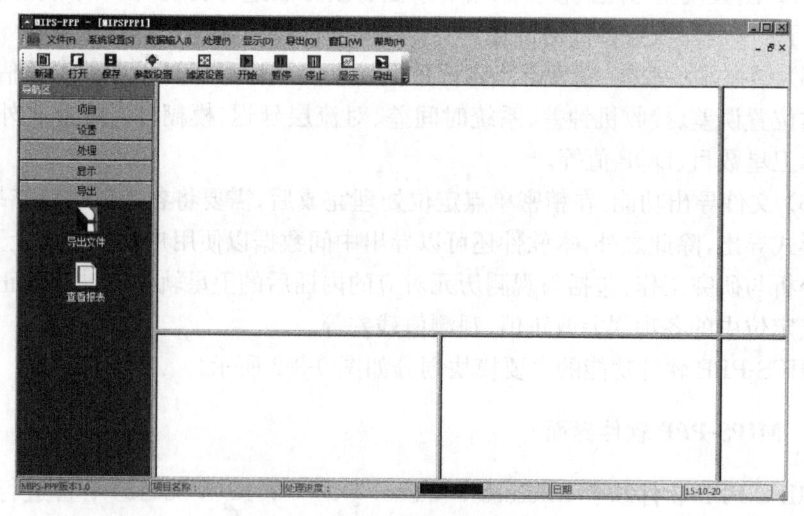

图 9-3-3　MIPS-PPP 软件主界面

其中菜单栏如图 9-3-4 所示，菜单栏主要用于实现软件功能，包括项目管理、系统设置、数据输入、数据处理、结果显示、文件导出几个主要功能。

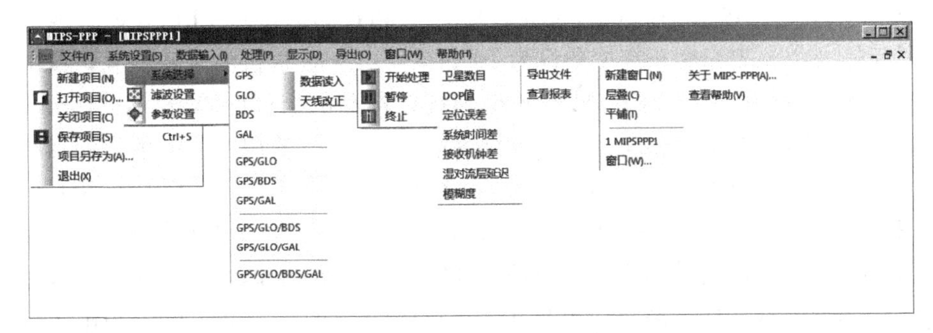

图 9-3-4　MIPS-PPP 软件菜单界面

导航区如图 9-3-5 所示，设置导航区的目的是满足大多数用户对一款软件在实际操作中便捷性的需求，它能使用户方便地进行各项操作，其功能与菜单栏、工具栏保持一致。加入导航区，也会使得整个软件界面布局更加美观和人性化。

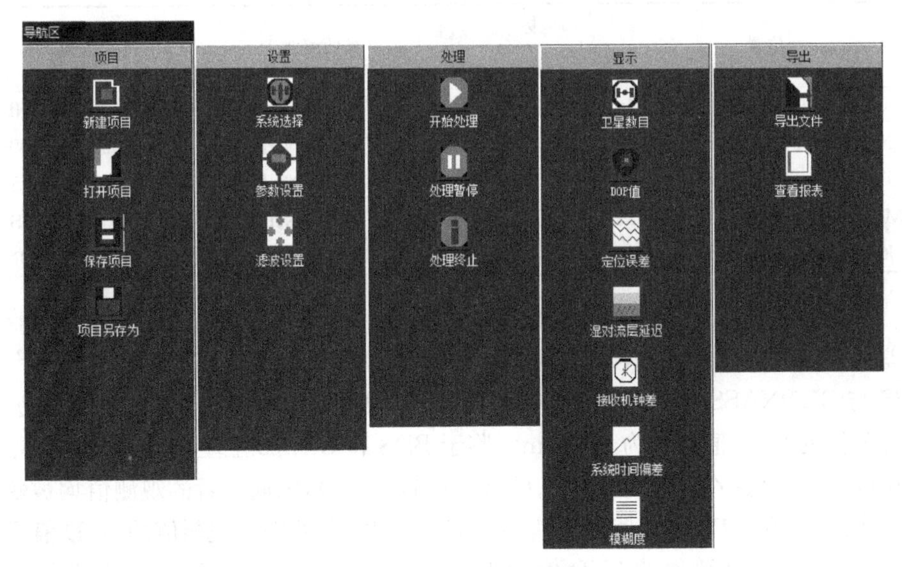

图 9-3-5　MIPS-PPP 软件导航区界面

9.4　数据处理与结果分析

9.4.1　数据获取

使用 2014 年 3 月 8～23 日连续 16 天 5 个测站的数据进行分析。表 9-4-1 中给出了测站位置、接收机和天线信息。所有的测站均配备 GNSS 多系统接收机，可以接收 GPS、GLONASS、BDS 和 Galileo 四系统观测值。采用 GPS L1/L2、GLONASS G1/G2、BDS B1/B2、Galileo E1/E5A 双频观测值进行 PPP 处理。观测值采样间隔为 30s，卫星截止高度角设为 10°。采用 ESOC 提供的四系统混合精密卫星轨道和钟差产品进行 PPP 处理，轨道和钟差产品的采样间隔分别为 15min 和 5min，轨道产品中四系统的卫星坐标均参考"IGS08"。使用由 IGS 生成和发布的"IGS08. atx"文件进行 GPS 和 GLONASS 天线相位中心偏差改正。而 BDS 和 Galileo 采用由 MGEX 推荐的天线相位中心偏差改正值。由于表 9-4-1 中大多数测站的精确坐标不可知，这些测站的精确坐标值通过在线定位用户服务(online positioning user service，OPUS)软件计算得到。OPUS(http://www.ngs.noaa.gov/OPUS)由美国的国家大地测量局开发。使用 16 天数据 OPUS 估计结果的平均值作为这些测站的精确坐标对 PPP 定位精度进行评估。OPUS 得到的测站坐标参考属于"IGS08"，与 PPP 解的坐标参考一致，无需进行坐标转换。

表 9-4-1　测站信息

测站	位置	坐标		接收机类型	天线类型
		纬度	经度		
CSU1	中国长沙	28°10′13.7″	112°55′30.9″	Trimble NetR9	TRM55971.00 NONE
JFNG	中国武汉	30°30′56.0″	114°29′27.7″	Trimble NetR9	TRM59800.00 NONE
CUT0	澳大利亚珀斯	−32°00′14.0″	115°53′41.3″	Trimble NetR9	TRM59800.00 SCIS
GMSD	日本中种子町	30°33′23.2″	131°00′56.0″	Trimble NetR9	TRM59800.00 SCIS
NNOR	澳大利亚新诺卡	−31°02′55.5″	116°11′33.8″	SEPT POLARX4	SEPCHOKE_MC NONE

采用卡尔曼滤波方法进行四系统组合 PPP 解算。天顶对流层湿延迟、接收机钟差和系统时间差参数的波谱密度值分别设置为 $10^{-9}\,m^2/s$、$10^5\,m^2/s$、$10^{-7}\,m^2/s$。GPS 与 GLONASS 伪距观测值的 STD 值分别设置为 0.3m 和 0.6m，二者载波相位观测值的 STD 值均设为 0.002m。鉴于 BDS 和 Galileo 卫星精密轨道和钟差产品精度相对较低(Zhao et al，2013；Geng et al，2010b)，因而二者的观测值均被赋予了较小的权，和 GPS 观测值相比缩小了 75%，即它们的伪距观测值的 STD 值设为 0.6m，载波相位观测值的 STD 值设为 0.004m。采用 MIPS-PPP 软件进行 PPP 处理。

9.4.2　静态结果与分析

为了对比分析不同星座组合的定位结果，采用单独 GPS、单独 BDS、GPS/BDS、GPS/GLONASS、GPS/BDS/GLONASS 和 GPS/BDS/GLONASS/Galileo 六种不同的卫星系统组合，对 2014 年 3 月 23 日 JFNG 站数据进行静态 PPP 处理。

图 9-4-1 给出了六种处理方案的 PPP 定位误差。从图中可知，与 GPS 相比，BDS 单系统 PPP 定位误差需要更长的时间收敛到稳定值。与 GPS 单系统 PPP 相比，GPS/BDS PPP 的收敛情况有所改善。由于 GLONASS 相位观测值的权要大于 BDS 相位观测值的权，所以 GPS/GLONASS 与 GPS/BDS/GLONASS PPP 结果相差不大，导致它们相应的误差曲线几乎完全一致。从图中还可以看出，进一步引入 Galileo 观测值后，定位结果并没有明显变化。表 9-4-2 给出了采用 3h 时段数据进行 PPP 处理的东、北、高程三个坐标分量以及三维定位误差的 RMS 统计值。RMS 统计值是根据定位结果的最后 15min 位置解误差计算得到的。结果表明，三系统或四系统 PPP 的定位精度相比 GPS 或 BDS 单系统，有一定程度提高。

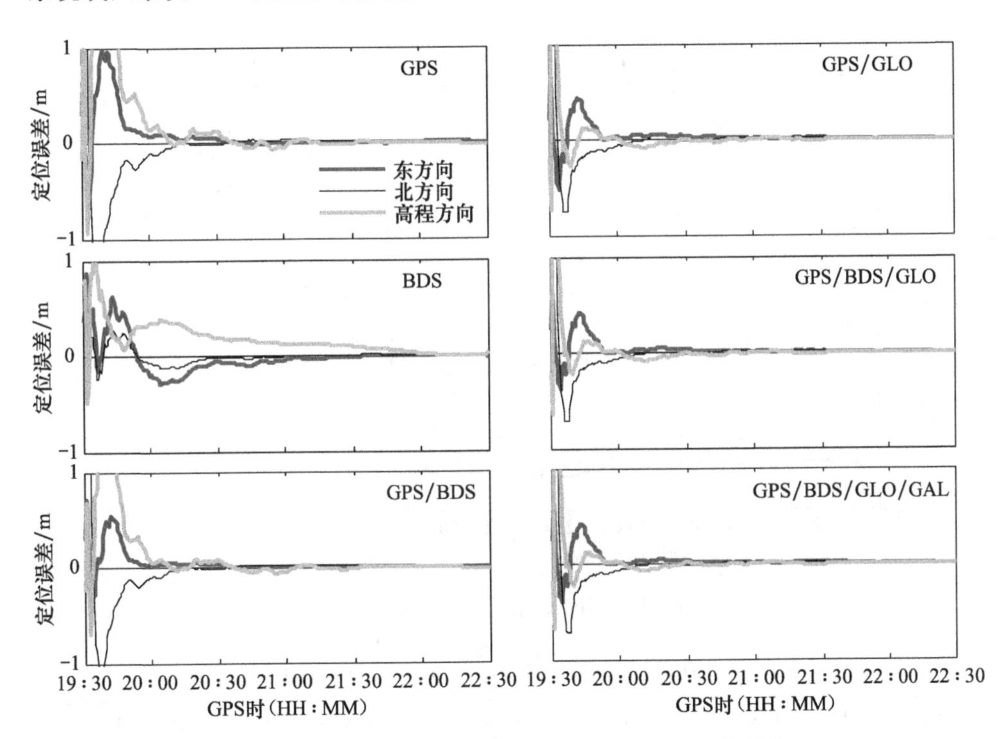

图 9-4-1　JFNG 站六种不同处理方案的 PPP 定位误差

GLO、GAL 分别表示 GLONASS 和 Galileo 系统

表 9-4-2　JFNG 站 PPP 定位误差 RMS 统计值(单位:m)

方向	GPS	BDS	GPS/BDS	GPS/GLO	GPS/BDS/GLO	GPS/BDS/GLO/GAL
东方向	0.010	0.007	0.003	0.003	0.003	0.004
北方向	0.007	0.002	0.004	0.009	0.008	0.008
高程方向	0.009	0.008	0.013	0.004	0.005	0.004
三维坐标	0.015	0.011	0.014	0.010	0.010	0.010

图 9-4-2 给出了每种 PPP 处理方案的卫星数与 PDOP 值，表 9-4-3 给出了各方案的平均卫星数与平均 PDOP 值。从图 9-4-2 中可知，BDS 单系统的 PDOP 值在大多数情况下要大于 GPS 单系统，前者拥有更多的可见卫星数，这是因为所有地球赤道上空的 BDS GEO 卫星均位于测站的南侧。双系统组合可以增加可见卫星数，显著减小 PDOP 值。从双系统到三系统组合，PDOP 值进一步减小，但是减小的程度较小。进一步增加 Galileo 系统后，PDOP 值只有很轻微的改善，这是因为该时段 JFNG 站只有平均 2.5 颗 Galileo 卫星可用。从 PDOP 值的变化情况，并结合表 9-4-2 可以看出，多系统组合增加了可见卫星数，改善了卫星几何分布，从而改善了 PPP 的性能。

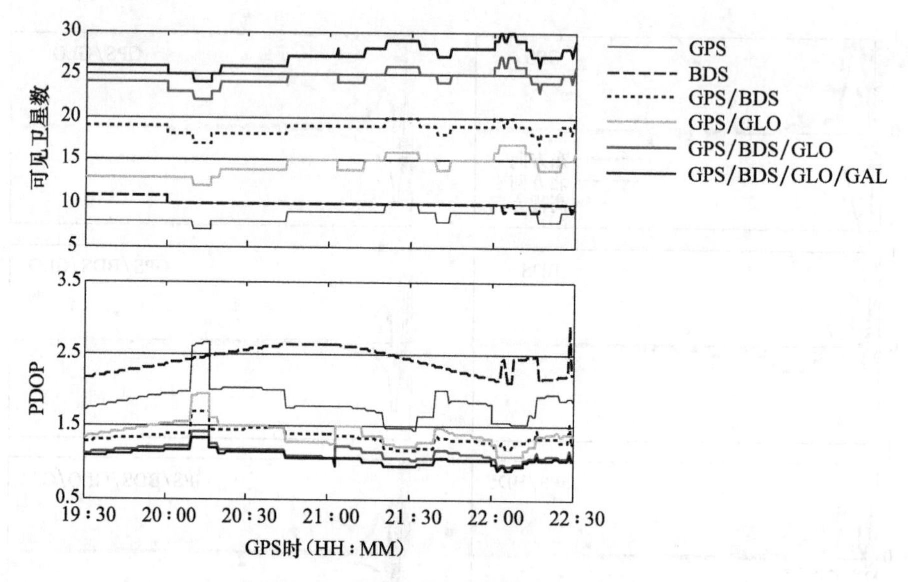

图 9-4-2 JFNG 站卫星数与 PDOP 值

表 9-4-3 JFNG 站六种方案的平均卫星数与平均 PDOP 值

参数	GPS	BDS	GPS/BDS	GPS/GLO	GPS/BDS/GLO	GPS/BDS/GLO/GAL
卫星数量	8.6	10.1	18.7	14.3	24.4	26.9
PDOP	1.8	2.4	1.4	1.4	1.1	1.1

由于观测值残差包含观测噪声和其他非模型误差，其值可以用来评估定位模型。图 9-4-3 中给出了四系统组合 PPP 处理中消电离层测码伪距与载波相位观测值残差，图中不同的颜色代表不同的卫星。由于 GLONASS 伪距观测值在四系统 PPP 模型中没有使用，所以其相应的残差值在图 9-4-3 中空缺。从图中可知，大多数的 GPS 和 BDS 伪距残差在 −3～3m 内变动，而 BDS 相位残差的变动范围要显著小于 GPS 和 GLONASS。由于 Galileo 的残差值只来源于 3 颗卫星，多余观测

较少,故其残差值相对较小。图 9-4-3 每个子图均给出了观测值残差的 RMS 统计值,统计结果表明,BDS、Galileo 和 GPS 相比具有更小的伪距观测值残差,而二者的载波相位观测值残差要比 GPS 和 GLONASS 的一半还要小。一般地,观测值残差和卫星高度角密切相关。BDS 与 Galileo 残差较小,在一定程度上是由于二者大多数卫星高度角较高。总体而言,四个卫星系统的残差值在合理的范围内变动,表明四系统组合 PPP 模型已经恰当地处理了来自于不同卫星系统观测值的各种误差与偏差。

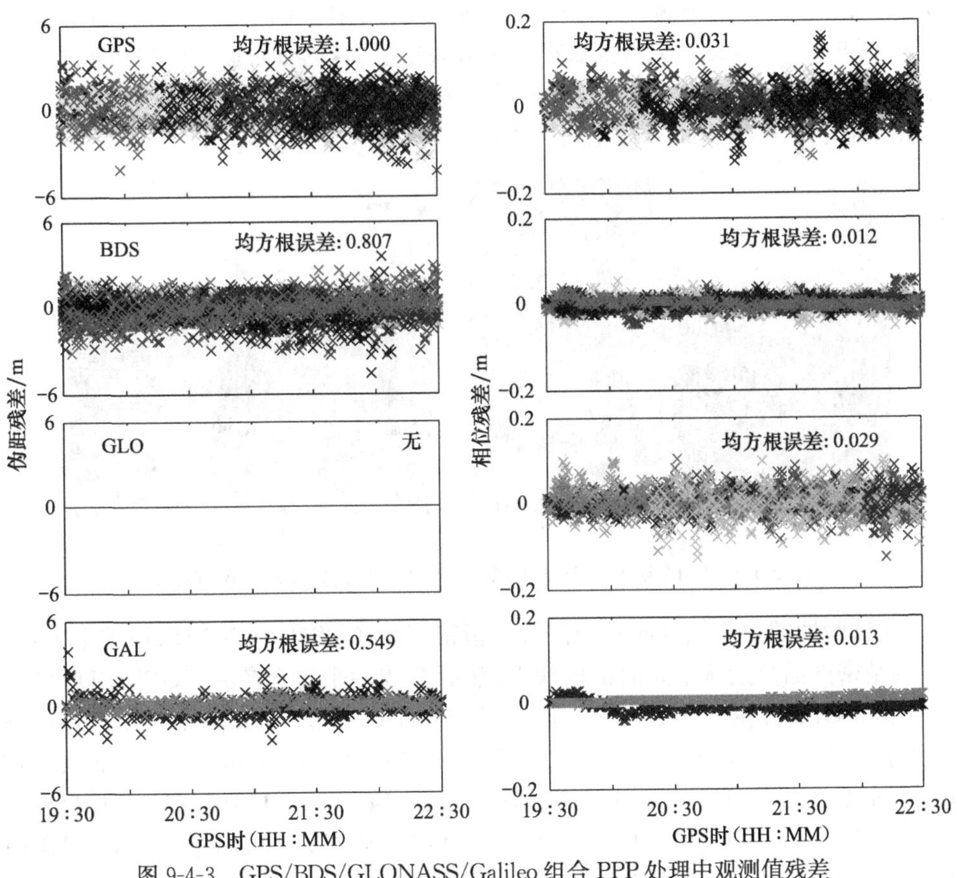

图 9-4-3 GPS/BDS/GLONASS/Galileo 组合 PPP 处理中观测值残差

9.4.3 动态结果与分析

2014 年 8 月 16 日在中南大学新校区内进行了四系统组合 PPP 动态试验。试验从当地时间 18:00:00(GPS 时 10:00:00)开始,持续 2h。试验时间事先进行计划,目的是能够同时跟踪到当时全部可用的 3 颗 Galileo IOV 在轨验证卫星。需要注意的是,根据欧洲 GNSS 服务中心(European GNSS Service Center)的一个公告，自 2014 年 5 月 27 日起，第四颗 IOV 卫星 E20 由于一些原因暂停提供服务（链接地址：http://www.gsc-europa.eu）。因而，在进行动态试验时，E20 不可用，只有 3 颗 Galileo IOV 卫星可用。

图 9-4-4 提供了动态试验基站和流动站的观测设备与环境。如图 9-4-4(b)所示，流动站位于中南大学新校区内，在流动站端，一辆电动自行车携带一台“Trimble NetR9”GNSS 接收机和一个“Trimble Zephyr Model2”天线，电动自行车以约 10km/h 的速度沿一条道路往返行驶。如图 9-4-4(a)所示，基站位于中南大学校本部采矿楼楼顶，在基站端，装有一台和流动站同型号的 GNSS 接收机和一个“TRM55971.00”天线。天线安装在一个天线罩里面，进行防护。使用厘米级精度的双差 RTK 技术来获得流动站的参考坐标。基站和流动站的距离小于 2.5km。动态数据的采样率为 1Hz，截止高度角设为 10°。

(a) 基站

(b) 流动站

图 9-4-4　2014 年 8 月 16 日四系统 PPP 动态试验设备与观测环境

在试验期间由于缺少四系统混合的精密产品，GPS、GLONASS、BDS 和 Galileo 的精密产品分别从不同的机构获得，然后合成一个混合产品。GPS/BDS 的精密产品由 GFZ 提供，GLONASS 的精密产品由 IAC 提供，Galileo 的精密产品由德国的慕尼黑工业大学天文和物理大地测量研究所（Institute of Astronomical and Physical Geodesy of the Technische Universität München，IAPG/TUM）提供。所有这些后处理的精密轨道和钟差产品的采样间隔分别为 15min 和 5min。采用模糊度固定的双差 RTK 解作为参考坐标来评估 PPP 精度。在卡尔曼滤波中，动态接收机坐标模拟为随机游走过程，波谱密度值设为 $10^2 m^2/s$，其他参数设定和 9.4.2 节的静态处理过程一样。

图 9-4-5 给出了动态试验中单独 GPS、单独 BDS、GPS/BDS、GPS/GLONASS、GPS/BDS/GLONASS 以及四系统 PPP 在东、北、高程三个方向的定位误差。图 9-4-6 给出了数据处理中各方案相对应的可见卫星数与 PDOP 值，表 9-4-4 给出了整个时段中可见卫星数与 PDOP 值的平均值。GPS、GLONASS、BDS、Galileo

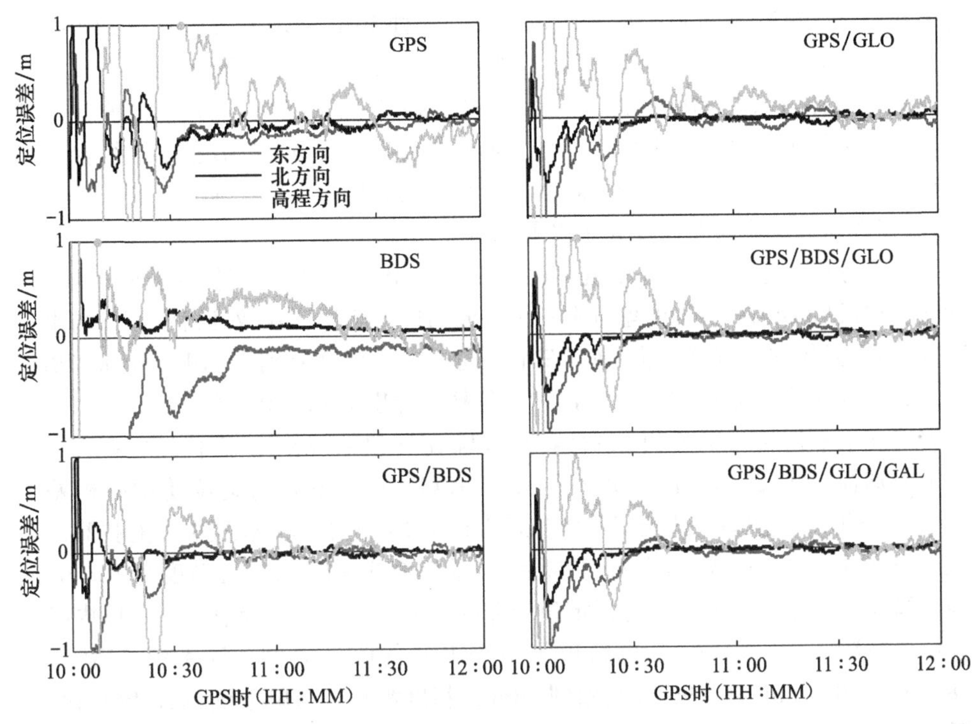

图 9-4-5　六种不同星座组合方案动态 PPP 定位误差

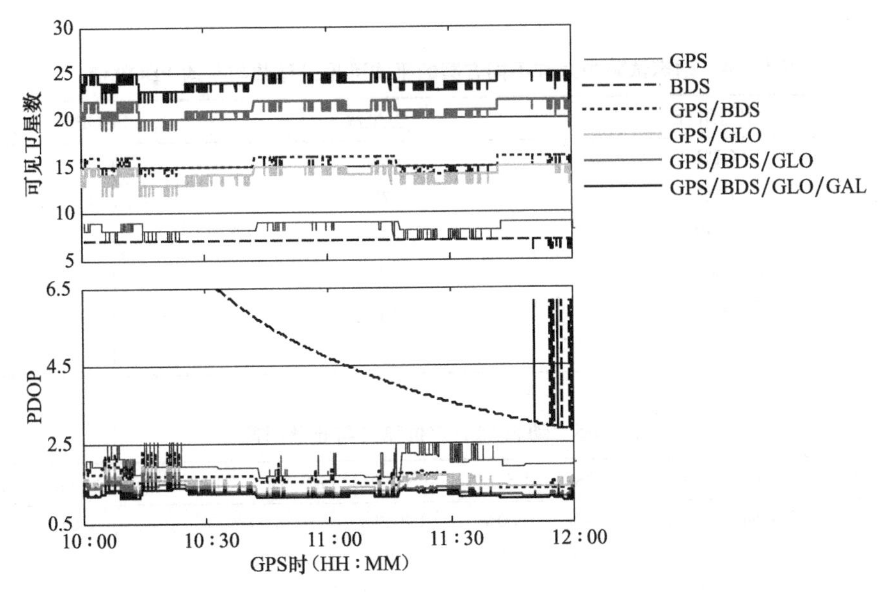

图 9-4-6　动态试验中六种不同方案的可见卫星数与 PDOP 值

的平均可见卫星数分别为 8.4、5.8、7.0、3.0，六种 PPP 处理方案的平均 PDOP 值分别为 1.9、5.4、1.6、1.4、1.3、1.2。在整个动态处理中，由于 BDS 卫星 C02、C04 以及 C05 残差过大，对其进行了剔除，导致 BDS 卫星数量减少，PDOP 值显著增大。从图中结果可知，与 GPS 单系统、BDS 单系统 PPP 解相比，多系统组合 PPP 的误差曲线在东、北、高程三个方向上均更快地收敛到稳定值。对于所有的处理方案，高程方向的定位误差均要大于水平方向。

为了分析动态 PPP 定位精度，表 9-4-5 中给出了最后 1h 定位误差的 RMS 统计值。在最后 1h 中，所有处理方案三个方向的位置解均已收敛到稳定值。结果表明，BDS 单系统 PPP 在东、北、高程三个方向的定位精度分别为 0.141m、0.079m、0.206m，GPS 单系统 PPP 三个方向的定位精度分别为 0.090m、0.058m、0.234m，二者精度水平相当。GPS 和 BDS 组合后，与 GPS 单系统相比，定位精度在三个方向上分别提高了 50%、57%、52%。GPS/GLONASS PPP 的定位精度要稍差于 GPS/BDS PPP。三系统组合 PPP 与 GPS/BDS PPP 相比，定位精度稍有提高。在三系统 PPP 中增加 3 颗 Galileo 卫星后，四系统 PPP 的三维定位精度有 1.3cm 的轻微提高。收敛的标准定义为当定位误差收敛到 0.1m 并保持在 0.1m 以内时认为位置滤波收敛。表 9-4-5 也给出了三个方向的收敛时间。四系统 PPP 需要 38.5min、20.5min、117.9min 收敛到 1dm 的精度水平。与单系统、双系统相比，三系统水平方向的收敛时间大大缩短。鉴于动态 PPP 高程方向定位精度要差于平面位置精度，收敛标准过于严格，导致 GPS 单系统与 BDS 单系统在该时段内未有效收敛。

表 9-4-4　动态试验中六种不同方案的平均可见卫星数与平均 PDOP 值

卫星组合	卫星数	PDOP
GPS	8.4	1.9
BDS	7.0	5.4
GPS/BDS	15.4	1.6
GPS/GLO	14.2	1.4
GPS/BDS/GLO	21.2	1.3
GPS/BDS/GLO/GAL	24.2	1.2

表 9-4-5　动态 PPP 定位精度与收敛时间

参数	方向	GPS	BDS	GPS/BDS	GPS/GLO	GPS/BDS/GLO	GPS/BDS/GLO/GAL
定位精度/m	东方向	0.090	0.141	0.045	0.059	0.041	0.040
	北方向	0.058	0.079	0.025	0.033	0.026	0.021
	高程方向	0.234	0.206	0.112	0.128	0.109	0.096
	三维位置	0.257	0.262	0.123	0.145	0.119	0.106

续表

参数	方向	GPS	BDS	GPS/BDS	GPS/GLO	GPS/BDS/GLO	GPS/BDS/GLO/GAL
收敛时间/min	东方向	84.3	120.0	73.6	74.3	38.5	38.5
	北方向	86.2	82.0	20.8	20.7	20.6	20.5
	高程方向	120.0	120.0	119.8	118.3	117.9	117.9

9.4.4 定位精度与收敛时间评估

为了评估四系统 PPP 静态定位性能，采用 5 个测站连续 16 天的数据进行 PPP 处理，并将其结果与单独 GPS、单独 BDS、GPS/BDS、GPS/GLONASS、GPS/BDS/GLONASS 五种方案的结果进行对比分析。为了评估短时间 PPP 性能，对 3h 时段数据进行 PPP 解算。对连续 16 天的数据，每天分成 8 个时段，所以每个时段长 3h。每个时段数据单独处理，故共利用 640 组数据的结果对 PPP 定位精度和收敛时间进行统计评估。图 9-4-7 给出了东、北、高程三个分量上各时段最后一个历元的定位误差分布，表 9-4-6 给出了定位误差的平均值、STD 值和 RMS 统计值。结果表明，BDS 单系统 PPP 定位精度要差于 GPS。和 GPS 相比，GPS 与 BDS 组合后，根据 RMS 统计值，定位精度在东、北、高程三个方向上分别提高了 28%、6%、7%。和 GPS/BDS PPP 相比，GPS/GLONASS PPP 定位精度稍有改善。对于 GPS/BDS/GLONASS 三系统组合 PPP，和 GPS/BDS PPP 相比，定位精度在三个方向上分别提高了 25%、20%、19%；和 GPS/GLONASS PPP 相比，定位精度在三个方向上分别提高了 9%、8%、10%。由于 Galileo 可用卫星数量较少，进一步和 Galileo 组合后，定位精度没有明显改善。对于所有的 PPP 处理方案，由于卫星星座结构，北方向定位精度最高，高程方向定位精度最差。

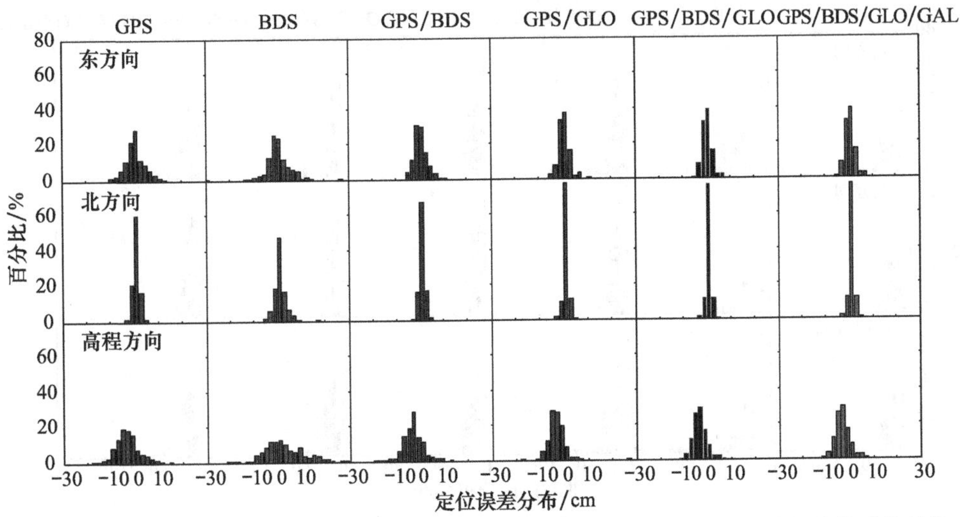

图 9-4-7　使用 5 个测站连续 16 天共 640 组 3h 时段数据六种 PPP 处理方案的定位误差分布

表 9-4-6 使用 5 个测站连续 16 天共 640 组 3 小时时段数据六种 PPP 处理方案定位误差统计

方向	参数	GPS	BDS	GPS/BDS	GPS/GLO	GPS/BDS/GLO	GPS/BDS/GLO/GAL
东方向/cm	平均值	0.8	0.8	0.5	0.5	0.5	0.5
	标准差	3.8	5.2	2.8	2.3	2.0	2.0
	均方根误差	3.9	5.2	2.8	2.3	2.1	2.1
北方向/cm	平均值	0.9	1.1	1.0	1.0	0.9	0.9
	标准差	1.3	2.4	1.1	0.9	0.8	0.8
	均方根误差	1.6	2.7	1.5	1.3	1.2	1.2
高程方向/cm	平均值	−3.2	2.6	−3.3	−3.4	−3.2	−3.2
	标准差	4.7	7.9	4.1	3.4	2.9	2.8
	均方根误差	5.7	8.3	5.3	4.8	4.3	4.2

图 9-4-8 给出了收敛时间的分布，单位是 min；表 9-4-7 对收敛时间进行了统计。收敛的定义与 9.4.3 节的定义相同，即当东、北、高程三个方向的定位误差收敛到 0.1m 并保持在 0.1m 以内时，认为该方向位置滤波已经收敛。收敛时间即第一个历元到位置解收敛历元所经历的时间段。从图 9-4-8 中可以明显看出，和 GPS 单系统 PPP 相比，BDS 单系统 PPP 需要更长的收敛时间。采用上述收敛标准后，BDS 单系统 PPP 中，高程方向经 3h 处理后仍然没有收敛的时段数占总时段数的 13%，而 GPS 单系统 PPP 只有 2%。根据 RMS 统计结果，和 GPS 单系统相比，GPS/BDS 组合 PPP 的收敛时间在东、北、高程三个方向上分别缩短了 26%、13%、14%。而 GPS/GLONASS 组合 PPP 的收敛时间相比于 GPS 单系统，在三个方向上分别缩短了 50%、29%、33%。和双系统组合 PPP 相比，三系统组合 PPP 的收敛时间进一步缩短。与定位误差统计结果相似，进一步引入 Galileo 观测值后，收敛时间基本没有变化。同样，对于所有的 PPP 处理方案，北方向收敛时间最短。

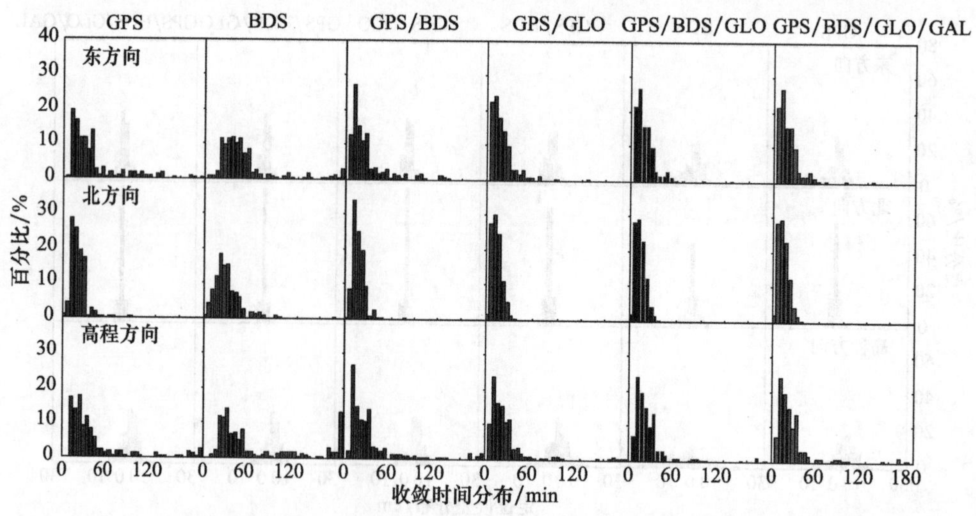

图 9-4-8 使用 5 个测站连续 16 天共 640 组 3h 时段数据六种 PPP 处理方案的收敛时间分布

表 9-4-7　使用 5 个测站连续 16 天共 640 组 3h 时段数据六种 PPP 处理方案收敛时间统计

方向	参数	GPS	BDS	GPS/BDS	GPS/GLO	GPS/BDS/GLO	GPS/BDS/GLO/GAL
东方向/min	平均值	36.1	50.6	26.4	19.5	18.9	18.9
	标准差	30.8	35.7	23.4	13.6	12.8	12.8
	均方根误差	47.4	61.9	35.2	23.7	22.8	22.8
北方向/min	平均值	20.0	30.6	17.6	14.5	14.4	14.4
	标准差	9.2	17.2	7.6	5.9	5.8	5.8
	均方根误差	22.0	35.1	19.2	15.7	15.5	15.5
高程方向/min	平均值	39.2	70.5	33.0	26.2	25.4	25.3
	标准差	38.1	56.8	33.5	25.4	22.4	22.3
	均方根误差	54.6	90.5	47.0	36.5	33.9	33.7

9.4.5　系统时间差估值分析

为了分析系统时间差的时变特性，计算了 5 个测站的系统时间差估值(system time difference estimates，STDE)。需要注意的是，这里使用的是 24h 数据，而不是 3h 时段数据，目的是避免频繁的收敛过程。图 9-4-9 给出了 JFNG 站连续 16 天数据的 STDE。当一个历元中只观测到一颗 Galileo 卫星时，这个历元在估计 STDE 时，没有多余观测。为了保证可靠性，当只有最少 2 颗 Galileo 卫星可用时，才输出 GPS/Galileo STDE。在 2014 年 3 月 9 日、14 日、16 日、17 日，所有测站的 GPS/Galileo STDE 和其他天的结果有一个较大的偏差，为了保证一致性，这 4 天的 GPS/Galileo STDE 中分别移除了 176ns、−6ns、163ns、−10737ns 的偏差值。使用其他机构提供的产品重新计算 GPS/Galileo STDE 后，发现这种现象是由 Galileo 卫星

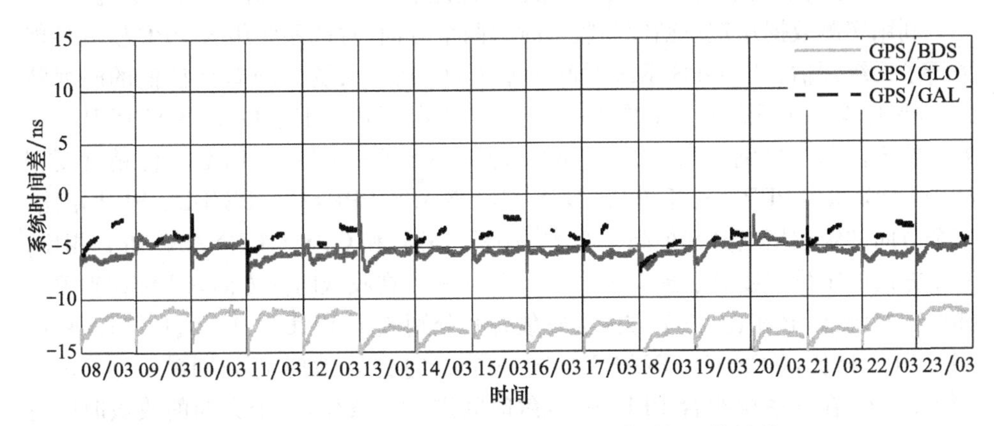

图 9-4-9　JFNG 站连续 16 天数据的系统时间差估计值
GPS/Galileo STDE 在 2014 年 3 月 9 日、14 日、16 日、17 日分别移除了 176ns、−6ns、163ns、−10737ns 的偏差

钟差改正值不稳定造成的。从图 9-4-9 中可以看出,GPS/BDS、GPS/GLONASS 和 GPS/Galileo 的 STDE 收敛后具有较好的日稳定性,而且三者还具有较好的日重复性。表 9-4-8 给出了 5 个测站 16 天数据的 STDE 统计结果。所有测站的 GPS/BDS 和 GPS/Galileo STDE 的 STD 值接近 1ns,约为 GPS/GLONASS STDE 的 1.6 倍。对于平均值,所有测站的同一 STDE 相互之间有几纳秒的偏差。这是由于不同接收机系统之间硬件延迟偏差不同,而不同测站的 STDE 中会包含硬件延迟偏差。

表 9-4-8　16 天数据的系统时间差平均值与 STD 统计值(单位:ns)

站点	GPS/BDS		GPS/GLONASS		GPS/Galileo	
	均值	STD	均值	STD	均值	STD
JFNG	−12.567	0.993	−5.520	0.620	−4.057	0.983
CSU1	−3.793	0.967	−1.130	0.597	−4.219	1.085
CUT0	−1.765	0.915	−0.312	0.660	2.195	1.055
GMSD	−6.253	0.924	−4.542	0.562	−1.758	0.921
NNOR	8.346	0.906	0.893	0.537	5.472	0.993

9.5　本章小结

本章在 GPS/GLONASS 双系统组合精密单点定位模型的基础上,将其拓展建立了 GPS/GLONASS/BDS/Galileo 四系统组合 PPP 模型,该模型可以同时处理 4 个 GNSS 的观测值,也可以兼容处理单系统、双系统、三系统组合观测值。开发了 MIPS-PPP 多模 GNSS 精密单点定位软件,该软件除了可以输出各参数的估计结果,还可以导出中间数据,以便用户在此基础上开展进一步分析与研究工作。

利用实测数据从定位精度与收敛时间两个方面,对四系统组合 PPP 模型性能进行了系统评估。以 GPS 系统时间为基准,研究了系统时间差估计值的时变特性。3h 时段数据静态定位结果表明:和单独 GPS PPP 相比,GPS/BDS PPP 三个方向的定位精度分别提高了 28%、6%、7%;GPS/GLONASS PPP 定位精度要稍高于 GPS/BDS PPP。对于 GPS/BDS/GLONASS PPP,和 GPS/BDS PPP 相比,三个方向的定位精度分别提高了 25%、20%、19%;和 GPS/GLONASS PPP 相比,三个方向的定位精度分别提高了 9%、8%、10%。在收敛时间方面,GPS/BDS PPP 和单独 GPS PPP 相比,三个方向的收敛时间分别减少了 26%、13%、14%;和单独 GPS PPP 相比,GPS/GLONASS PPP 三个方向的收敛时间分别减少了 50%、29%、33%;在三系统组合 PPP 中,收敛时间进一步减少,三个方向的收敛时间分别只有 22.8min、15.5min、33.9min。和静态定位结果相似,动态定位中三系统组合 PPP 定位精度显著提高、收敛时间大幅缩短。由于受到卫星数量的限制,进一步加入少量 Galileo 卫星,四系统组合 PPP 性能相比三系统组合没有明显改善。

第10章　基于多模精密单点定位技术的水汽三维层析

10.1　概　　述

水汽在自然界能量流动和水循环中扮演着极其重要的角色，作为多种天气现象的主要载体，水汽在大气中的含量和分布是天气和气候研究中的重要因子。尽管水汽在大气中的含量很少，但它因时因地而异并且变化剧烈。由于受到地球引力的作用，水汽几乎全部聚集于对流层区域。在天气和气候研究中，传统大气探测手段存在着各自的缺陷难以提供连续、准确、精细的对流层水汽分布信息。例如，在无线电探空技术中，由于费用高昂，探空气球一般一天释放两次，所以探空数据的时间分辨率一般为12h，且地面站分布不均，无法满足中小尺度上的应用需求；太阳光度计只能在晴天无云的环境下使用；星载的微波辐射计在陆地上会受到地表背景的强烈干扰；地基的微波辐射计也因价格昂贵而难以实现业务化应用。与上述传统的水汽探测技术相比，地基GNSS气象学具有高时间分辨率、全天候、低成本、稳定可靠且不受天气条件影响等优势，可以很好地弥补传统水汽探测能力的不足。GNSS卫星信号穿过对流层时，可以说每一次卫星信号的穿越便是对对流层水汽的一次直接测量，GNSS多系统组合可以显著增加穿过对流层的卫星信号数量，改善卫星的空间几何分布，从而提高GNSS探测水汽的能力。基于GNSS技术，发展水汽的三维层析技术具有重要的意义。水汽三维层析技术可以反演水汽的三维空间分布，更加直观地反映空间水汽分布状态、大气水汽的输送及降水过程中水汽的变化，通过同化技术为气象预报提供初始湿度场。高分辨率、高精度的三维水汽分布信息可服务于中尺度强对流天气预报，尤其是极端恶劣天气的短时临近预报，提高中尺度暴雨短期数值预报的精度和降水预报的能力。

国内外学者在水汽三维层析方面已经开展了卓有成效的研究工作，Bevis等(1992)首次提出将GPS用于气象学遥感大气水汽的研究，并推导了天顶对流层湿延迟和大气可降水量(precipitable water vapor，PWV)之间的关系(Bevis et al，1994)，这些研究工作奠定了GNSS技术遥感大气水汽的理论基础。在此基础上，国际上众多研究机构和学者展开了一系列的试验研究，进一步验证了该技术的可行性。Flores等(2000)首次实现了层析方法反演水汽的三维空间分布。借助于层析技术再一次拓展了GNSS技术在气象学中的应用价值，使得水汽的研究技术朝着三维甚至四维方向发展(Champollion et al，2005)。上海天文台的宋淑丽等

(2004;2005)利用 GPS 观测数据采用精密单点定位技术的数据处理方法获取中性大气湿延迟，最先在国内完成了水汽三维层析试验，并且利用水汽的三维分布分析了长三角地区入梅季节水汽的输送及变化。作者领导的课题组基于精密单点定位技术在对流层水汽三维层析方面开展了应用研究，提出了联合利用迭代重构算法与非迭代重构算法进行水汽三维层析的方法(Xia et al,2013)，并利用无线电探空和 COSMIC(Constellation Observing System for Meteorology, Ionosphere and Climate)掩星历史数据来优化水汽三维层析计算(Ye et al,2016)。近年来水汽三维层析逐渐引起了国内学者的广泛关注。

本章首先阐述利用 GNSS 精密单点定位技术进行水汽三维层析的原理和方法，然后利用香港卫星定位参考站网 15 个测站的 GNSS 观测数据进行水汽三维层析试验与结果分析。通过本章展示多模 GNSS 精密单点定位技术在水汽三维层析方面的应用。

10.2 水汽三维层析原理

对流层延迟作为精密定位中的主要误差源，在进行数据处理时需要进行消除。对流层属于非色散介质，不能像电离层延迟那样通过双频观测值的组合进行消除，在精密单点定位中通常是将其作为未知参数同其他参数一并求解。在实际参数估计过程中是将每个测站的天顶延迟作为一个未知参数进行估计。根据水汽含量的不同，对流层可分为干对流层和湿对流层。因此，对流层天顶方向总延迟由两部分组成:天顶方向干延迟和天顶方向湿延迟。天顶方向干延迟的变化主要依赖于大气温度和大气气压，这可以通过地面测站的气象观测数据获取，所以天顶方向干延迟能够通过对流层延迟改正模型精确地求出。常用的对流层延迟改正模型有霍普菲尔德(Hopfield)模型、布兰克(Black)模型、萨斯塔莫宁(Saastamoinen)模型。天顶湿延迟由于受到水汽的影响，其变化规律难以确定，通常是在精密单点定位数据处理中将其作为一个独立的未知参数来进行估计，也可以估计对流层天顶总延迟，将其减去天顶干延迟来间接获得天顶湿延迟。

实际上，GPS 信号在穿越对流层的过程中还受到大气各向异性的影响，为了更加精确地求出天顶方向湿延迟还需要考虑大气水平梯度。许多高精度的 GNSS 数据处理软件中均考虑了大气的水平梯度参数。通过精密单点定位方法求得测站天顶方向的湿延迟后，通过投影函数可以将天顶方向的对流层湿延迟转换为卫星信号方向的斜路径湿延迟，再通过水汽转化因子将斜路径湿延迟转换为斜路径水汽含量。

对流层水汽三维层析实际上是通过将 GNSS 地面网上空的对流层在水平和垂直方向上划分成网格(图 10-2-1)，并假设每个独立的网格内的水汽密度值在一定的时间内为常量，利用各个信号路径方向对流层延迟的积分观测值反演各个网格内的水汽密度值。基于斜路径方向上的水汽含量等于 GNSS 信号经过的所有网格水汽含量之和的原理，便可获得水汽三维层析的等式：

$$\mathrm{SWV}^p = \sum_{i=1}^{i_n} \sum_{j=1}^{j_n} \sum_{k=1}^{k_n} l_{i,j,k}^p \rho_{i,j,k} \tag{10-2-1}$$

式中，i、j、k 分别表示纬度、经度和高程方向划分的网格标识；i_n、j_n、k_n 分别表示信号穿过东西方向、南北方向、垂直方向的网格数量；$l_{i,j,k}^p$ 表示卫星信号 p 所穿越第 (i,j,k) 网格的距离；$\rho_{i,j,k}$ 表示相应网格的水汽密度。

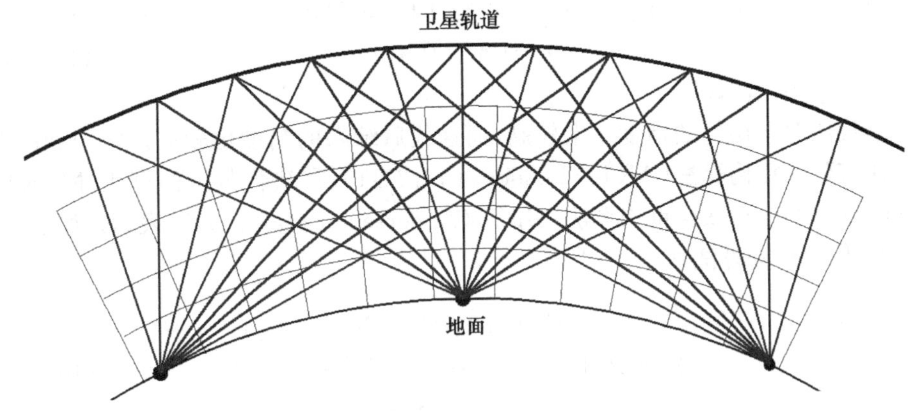

图 10-2-1　对流层水汽三维层析原理图

式(10-2-1)可以表达为一种更加简洁的形式，即

$$\mathrm{SWV} = l \cdot \rho \tag{10-2-2}$$

由于卫星几何分布、地面网测站的空间分布及层析时间分辨率的限制，实际中总会有某些网格没有信号穿过导致层析方程病态不适定，需要选择一个合理的重构算法并附加水平和垂直约束才能反演出较准确的层析结果。重构技术已经在对流层水汽的反演当中被广泛使用。通常重构算法可以分为两类：迭代重构算法和非迭代重构算法。非迭代重构算法通过加入水平约束条件、垂直约束条件、边界条件，利用如奇异值分解等方法求解层析方程，这种非迭代解法虽然对于层析初值不敏感，但是层析结果的精度较差。

设水平约束方程为

$$B \cdot \rho = 0 \tag{10-2-3}$$

式中，B 为水平平滑约束矩阵。

垂直约束方程为

$$H \cdot \rho = C \tag{10-2-4}$$

式中，H 为垂直约束矩阵，C 为水汽密度先验值。

联合式(10-2-2)可以得到非迭代重构方程：

$$\begin{bmatrix} \mathrm{SWV} \\ 0 \\ C \end{bmatrix} = \begin{bmatrix} l \\ B \\ H \end{bmatrix} \rho + \begin{bmatrix} \Delta_1 \\ \Delta_2 \\ \Delta_3 \end{bmatrix} \tag{10-2-5}$$

假设 A 是一个 $n\times m$ 的矩阵,它能分解为

$$\underset{n\times m}{A} = \underset{n\times n}{U}\,\underset{n\times m}{\Lambda}\,\underset{m\times m}{V^{\mathrm{T}}} \tag{10-2-6}$$

式中,U 是 $n\times n$ 的正交矩阵,V 是 $m\times m$ 的正交矩阵,Λ 是 $n\times m$ 对角奇异值矩阵。

令 $A=[l,B,H]^{\mathrm{T}}$,水汽密度值 ρ 可以通过下面的等式获得(Xia et al,2013):

$$\rho = V\Lambda^{-1}U^{\mathrm{T}} \cdot y \tag{10-2-7}$$

式中,$y=[\mathrm{SWV},0,C]^{\mathrm{T}}$。

迭代法对于初值的精度要求较高,而迭代后结果的精度也较高。常用到的迭代算法有代数重构算法(ART)(Bender et al,2011)、乘法代数重构算法(MART)(Fougere,1995)和联合重构算法(SIRT)(Andersen et al,1984),其表达式如下。

1) 代数重构算法

$$\rho_j^{k+1} = \rho_j^k + \frac{\lambda \cdot l_{i,j}\left(\mathrm{SWV}_i - \sum_{j=1}^{j_n} \rho_j^k \cdot l_{i,j}\right)}{\sum_{j=1}^{n} l_{i,j}^2} \tag{10-2-8}$$

式中,λ 为松弛因子。

2) 乘法代数重构算法

$$\rho_j^{k+1} = \rho_j^k \left(\frac{\mathrm{SWV}_i}{\sum_{j=1}^{j_n} \rho_j^k l_{i,j}}\right)^{\frac{\lambda \cdot l_{i,j}}{\sqrt{\sum_{j=1}^{j_n} l_{i,j}^2}}} \tag{10-2-9}$$

3) 联合重构算法

$$\rho_j^{k+1} = \rho_j^k + \sum_{j=1}^{j_n} l_{i,j} \cdot \lambda \left(\frac{\mathrm{SWV}_i - \sum_{j=1}^{j_n} l_{i,j}\rho_{ij}}{\sum_{j=1}^{j_n} l_{i,j}^2}\right) \tag{10-2-10}$$

非迭代重构算法能够解算出所有网格内的水汽密度值,但由于非迭代重构算法中应用了多种约束条件,其解算结果只是一种近似解,与真实值存在着差异。迭代重构算法尽管精度较高,但其对初始值有较高的精度要求。考虑到迭代法与非迭代法各有优缺点,可以联合使用非迭代与迭代算法进行三维层析(Xia et al,2013)。在本章中,非迭代法采用奇异值分解算法,迭代法采用乘法代数重构算法。奇异值分解获得的结果作为乘法代数重构的初值,通过这种方式可以很好弥补两种方法自身的缺陷。

10.3　试验与分析

试验数据使用的是香港卫星定位参考站网(satellite positioning reference station network,SatRef)15 个测站 2014 年年积日 152、182、213、244、274、305 天的观测数据,数据采样率为 30s,卫星截至高度角设为 10°。由于水汽主要分布在近地表 10km 以下,所以水汽层析高度设为距地表 10km,每 500m 划分为一层。水平网格的划分方案如下:纬度范围 22.2°N～22.6°N,间隔为 0.08°,共划分为 5 个网格;经度范围 113.85°E～114.36°E,间隔为 0.085°,共划分为 6 个网格。层析时间窗口取值为 30min,精密单点定位计算使用的是欧空局(ESA)发布的精密卫星轨道和钟差数据,投影函数使用 GMF 投影函数(Boehm et al,2006),转换因子 Π 直接使用 GPT2w 模型(Böhm et al,2015)计算。利用探空数据来验证 GNSS 反演结果,其中探空数据使用的是美国怀俄明大学在线提供的香港京士柏探空站的探空数据。层析初值由试验前 3 天的探空资料内插到对应的层析高度上,并取其 3 天的平均值。层析水平网格划分如图 10-3-1 所示。

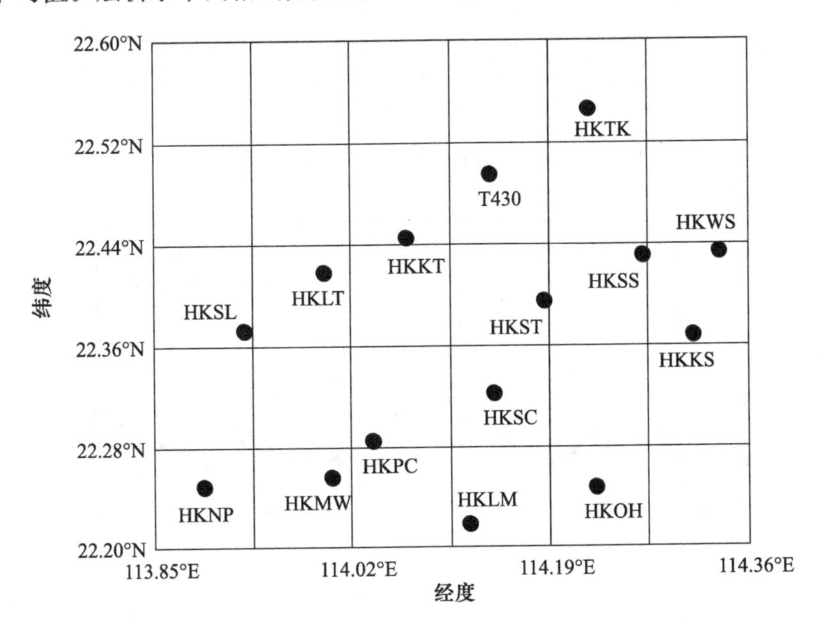

图 10-3-1　香港卫星定位参考站网三维层析水平网格划分示意图

图 10-3-2 和图 10-3-3 分别给出了 2014 年年积日 152 天 GPS 时 06:00～20:00 GPS 和 GPS/GLONASS 组合系统在层析窗口 30min 内穿过网格合格的信号总数和对应层析时间窗口有信号穿越的网格总数。图 10-3-2 中黑线表示仅在 GPS 单系统下各个层析窗口内穿越网格的信号数量,灰线表示 GPS/GLONASS

组合系统的信号数量,试验中部分 GLONASS 卫星信号不理想,在数据处理时进行了剔除。可以看出,在组合系统下,相同的层析时间窗口观测获得的信号数量明显增多。在 GPS 单系统和 GPS/GLONASS 组合系统下有信号穿越的网格数量明显增加,特别是在某些时段,如图 10-3-3 中 14:00~14:30 时有信号穿越的网格数量由 459 个增加到 508 个,信号穿过更多的网格可以增加这些网格层析结果的精度和可靠性。

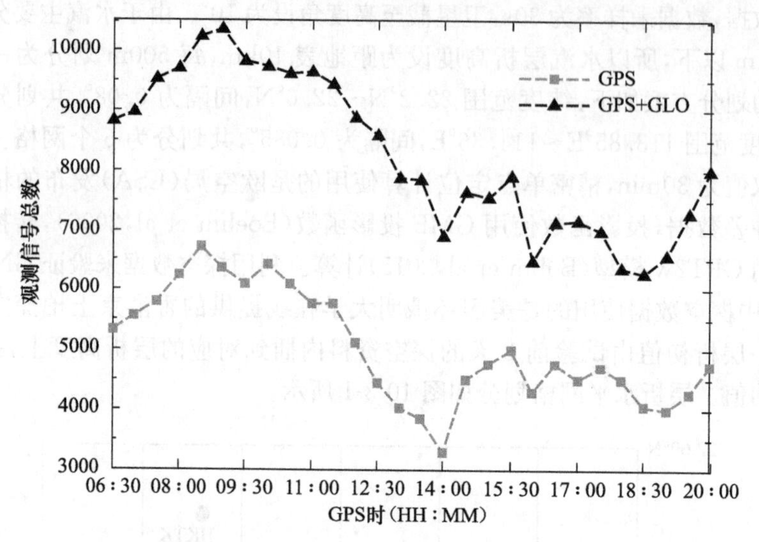

图 10-3-2 层析窗口 30min 内合格的信号总数

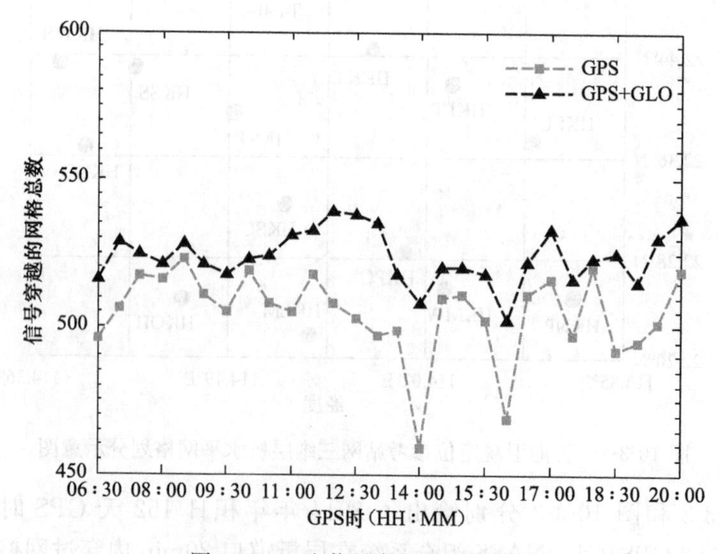

图 10-3-3 有信号穿越的网格数量

图 10-3-4 给出了 2014 年年积日 152、182、213、244、274、305 天 12:00~12:30 时

GPS 单系统层析廓线、GPS/GLONASS 组合系统层析廓线和探空廓线的对比图，从图中可以看出三者之间均能较好地符合。较 GPS 单系统，组合系统大多数情况下在探空站附近内插的廓线与探空廓线符合得更好，如图 10-3-4(c)在高程 7km 位置处，GPS 单系统结果与探空数据结果存在较大偏差，但组合系统在此处与探空数据符合得很好，说明组合系统结果更加稳定可靠。从图中还可以看出，在低高度处 GNSS 层析解较探空数据的偏差较大，其原因在于探空数据的时间分辨率低、GNSS 反演水汽的精度限制以及水汽密度值在低高度处变化较大。

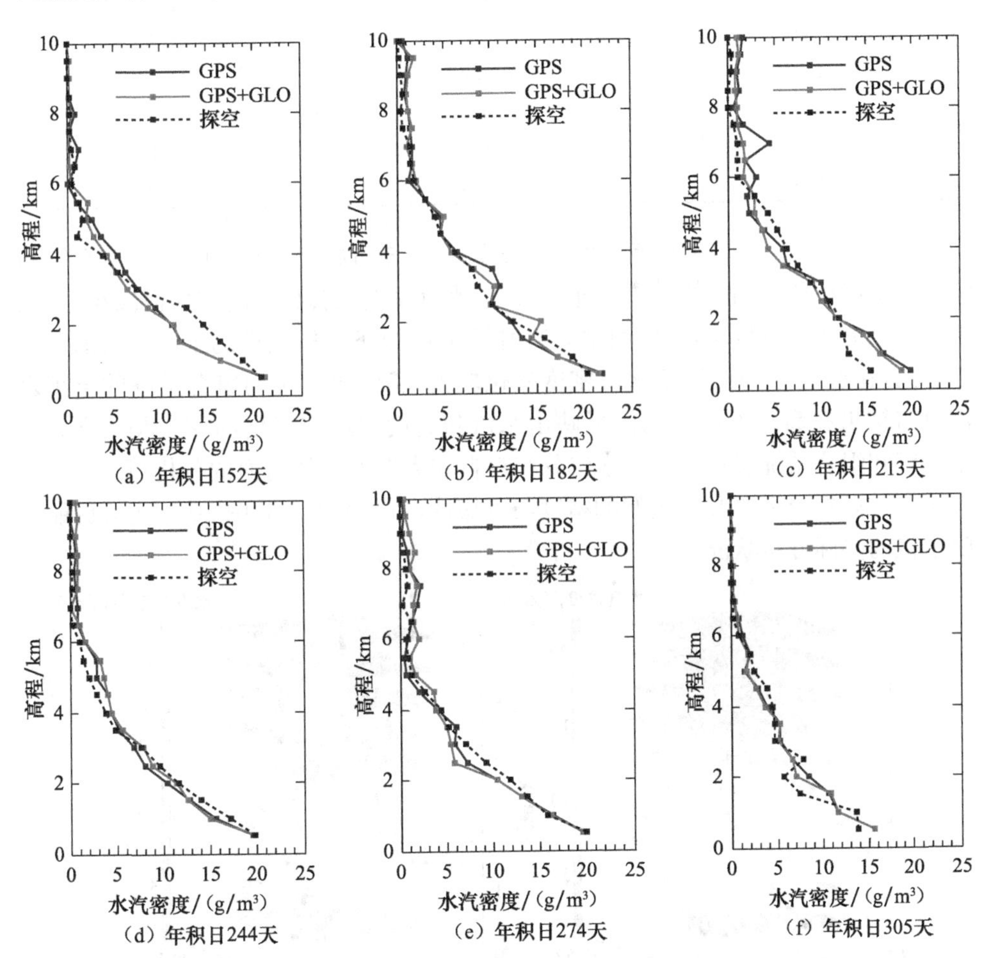

图 10-3-4　GPS 单系统和 GPS/GLONASS 组合系统层析廓线和探空廓线的对比

为了评价组合系统对于层析水汽三维分布整体精度的影响，层析计算中排除了 HKSC 站的观测数据，将该站数据处理获得的斜路径水汽含量(slant-path water vapor，SWV)作为参考值来进行层析解的检核。在式(10-2-1)中利用 HKSC

站观测的信号在各个网格中的截距求解 SWV 并与 SWV 参考值做差，表 10-3-1 统计了 GPS 单系统和 GPS/GLONASS 组合系统层析解计算的 SWV 与参考值偏差的标准偏差(STD)值。由表可以看出，除年积日 244 天，组合系统所得偏差的 STD 值较 GPS 单系统有明显的减小，平均改善率为 36%。

表 10-3-1　层析计算与 PPP 计算获得的 SWV 偏差 STD(单位：mm)

年积日	GPS	GPS+GLONASS
152	2.2	1.5
182	1.3	1.1
213	4.2	1.0
244	0.3	1.2
274	1.4	0.9
305	1.5	1.2

图 10-3-5 给出了 2014 年年积日 152 天 GPS 时 12:00～12:30 GPS 单系统和组合系统层析获得的三维水汽分布图，由于水汽密度随着高度的增加而减小，且在高层区域分布比较均匀，所以图中只给出了 5km 以下层析获得的水汽分布图。可以看出，在近地表 3km 以下水汽密度变化较大，GPS 单系统和组合系统的层析水汽分布结果在高程方向上均能反映出水汽随高度的递减变化，而在 2km 处 GPS 单系统和组合系统层析获得的水汽分布存在较大偏差。从前面的分析可知，GPS/GLONASS 组合系统具有更好的精度与可靠性，由此可以判断图 10-3-5(b)更能反映水汽的实际分布状况。

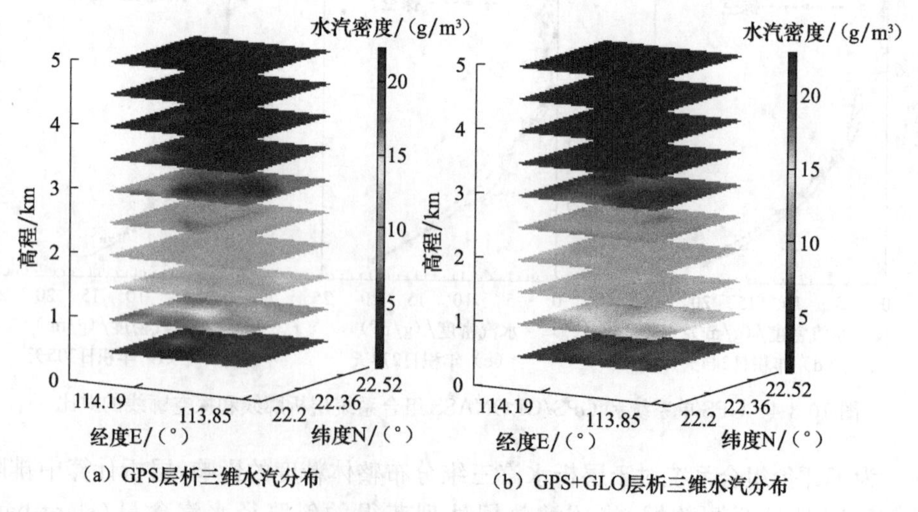

图 10-3-5　2014 年年积日 152 天 GPS 时 12:00～12:30 GPS 单系统和组合系统层析三维水汽分布

10.4 本章小结

本章阐述了多模 GNSS 精密单点定位技术在反演对流层水汽三维空间分布方面的应用，介绍了利用 GNSS 精密单点定位技术进行对流层水汽三维层析的原理及联合使用非迭代与迭代重构算法进行层析实验的算法。采用香港卫星定位参考站网 15 个测站共 6 天的 GNSS 原始观测数据，获取测站信号路径方向上的斜路径湿延迟用于水汽三维层析，对比分析了 GPS 单系统和 GPS/GLONASS 组合系统下的层析解，结果表明，较 GPS 单系统，GPS/GLONASS 组合系统情况下，层析窗口中合格信号数量和有信号穿越的网格数量均有明显增加；通过探空数据的检验，层析结果与探空数据之间符合得较好。较 GPS 单系统，组合系统的结果更加稳定可靠；GPS 单系统和组合系统的层析水汽分布结果在高程方向上均能反映出水汽随高度的递减变化，试验结果显示，GPS/GLONASS 组合系统可以明显提高层析水汽整体的分布精度，平均改善率为 36%。由于受到观测数据的限制，计算中只用到了 GPS 和 GLONASS 双系统的数据。可以预计，联合 GPS、GLONASS、BDS 和 Galileo 四系统观测数据进行水汽反演将更具有优势。

参考文献

北斗办(中国卫星导航系统管理办公室). 2013a. 北斗卫星导航系统空间信号接口控制文件公开服务信号 B1I(2.0 版). http://www.beidou.gov.cn[2013-12-10]

北斗办(中国卫星导航系统管理办公室). 2013b. 2013 北斗卫星导航系统发展报告(Ver. 2.2). http://www.beidou.gov.cn[2013-12-10]

蔡昌盛,戴吾蛟,匡翠林. 2011. GPS/GLONASS 组合系统的 PDOP 计算和分析. 测绘通报,(11):5～7

蔡昌盛,李征航,张小红. 2002. SA 取消前后 GPS 单点定位精度对比分析. 测绘信息与工程,27(3):24～25

曹芬. 2011. GEO 卫星实时精密定轨方法及其试验研究. 西安:中国科学院研究生院硕士学位论文

测量平差教研室. 1996. 测量平差基础. 3 版. 北京:测绘出版社

柴霖. 2007. GLONASS 的最新进展及可用性分析. 电讯技术,47(4):76～81

陈永就. 2015. GNSS 广播星历的精度评定. 测绘与空间地理信息,38(6):191～196

崔先强. 2002. 噪声协方差矩阵加权估计的 Sage 自适应滤波. 测绘科学,27(2):26～30

杜玉军,王泽民,孙伟. 2009. Galileo 在轨验证卫星 GIOVE-A/B 信号质量分析. 测绘信息与工程,34(6):22～24

方杨,王广兴,杜玉军,等. 2009. 三种粗差检测方法的比较及分析. 测绘通报,(9):4～6

耿涛,赵齐乐. 2009. 基于全球激光观测资料的 COMPASS-M1 轨道质量评定. 武汉大学学报(信息科学版),34(11):1290～1292

郭睿,周建华,胡小工,等. 2011. 一种地球静止轨道卫星的快速恢复定轨方法. 测绘学报,40(增刊):19～25

郝金明,刘伟平,杨力,等. 2015. 北斗卫星导航系统精密定轨技术研究现状. 测绘科学技术学报,32(3):221～225

洪樱,欧吉坤,彭碧. 2006. GPS 卫星精密星历和钟差三种内插方法的比较. 武汉大学学报(信息科学版),31(6):516～518

黄勇,胡小工,黄珹,等. 2008. 利用 CAPS 测距数据确定 GEO 卫星变轨期间的轨道. 中国科学:物理学力学天文学,38(12):1750～1758

胡国荣,欧吉坤. 1999. 改进的高动态 GPS 定位自适应卡尔曼滤波方法. 测绘学报,28(4):290～294

姜卫平,邹璇,唐卫明. 2012. 基于 CORS 网络的单频 GPS 实时精密单点定位新方法. 地球物理学报,55(5):1549～1556

焦文海,丁群,李建文,等. 2011. GNSS 开放服务的监测评估. 中国科学:物理学力学天文学,41(5):521～527

匡翠林. 2008. 利用 GPS 非差数据精密确定低轨卫星轨道的理论及方法研究. 武汉:武汉大学博

士学位论文

李鹤峰，党亚民，秘金钟，等. 2013. BDS与GPS，GLONASS多模融合导航定位时空统一. 大地测量与地球动力学，33(4)：73～78

李洪涛，许国昌，薛鸿印，等. 1999. GPS应用程序设计. 北京：科学出版社

李建文. 2001. GLONASS卫星导航系统及GPS/GLONASS组合应用研究. 郑州：中国人民解放军信息工程大学硕士学位论文

李敏. 2011. 多模GNSS融合精密定轨理论及其应用研究. 武汉：武汉大学博士学位论文

李敏，赵齐乐，葛茂荣. 2008. GIOVE-A卫星精密定轨仿真研究. 武汉大学学报(信息科学版)，33(8)：818～820

李敏，施闯，赵齐乐，等. 2011. 多模全球导航卫星系统融合精密定轨. 测绘学报，(S1)：26～30

李志刚，杨旭海，施浒立，等. 2008. 转发器式卫星轨道测定新方法. 中国科学(G辑)，(12)：1711～1722

刘春保. 2016. 2015年全球导航卫星发展回顾. 国际太空，(446)：29～35

刘红新. 2006. CHAMP卫星定轨方法研究. 上海：同济大学博士学位论文

刘基余. 2010. GLONASS现代化的启迪. 遥测遥控，31(5)：1～6

刘经南，叶世榕. 2002. GPS非差相位精密单点定位技术探讨. 武汉大学学报(信息科学版)，27(3)：234～240

刘经南，陈俊勇，张燕平，等. 1999. 广域差分GPS原理和方法. 北京：测绘出版社

刘经南，曾旭平，夏林元，等. 2004. 导航卫星自主定轨的算法研究及模拟结果. 武汉大学学报(信息科学版)，29(12)：1040～1043

刘林. 2000. 航天器轨道理论. 北京：国防工业出版社

刘伟平，郝金明，李建文，等. 2014. 多GNSS融合的北斗卫星精密定轨. 测绘学报，43(11)：1132～1138

刘智敏，林文介. 2004. GPS非差相位精密单点定位技术的发展. 桂林工学院学报，24(3)：340～344

鹿智萃. 2012. 卫星自主定轨中摄动力模型及插值方法研究. 武汉：华中科技大学硕士学位论文

孟祥广，郭际明. 2010. GPS/GLONASS及其组合精密单点定位研究. 武汉大学学报(信息科学版)，35(12)：1409～1413

欧吉坤. 1999. 粗差的拟准检定法(QUAD法). 测绘学报，23(1)：15～20

欧吉坤，刘吉华，孙保琪，等. 2007. 镜面投影法确定地球同步卫星精密轨道. 武汉大学学报(信息科学版)，32(11)：975～979

潘林，蔡昌盛. 2014. 北斗广播星历精度评估. 测绘通报，(9)：16～18

施闯，李敏，楼益栋，等. 2008. 利用区域基准站进行导航卫星近实时精密定轨研究. 武汉大学学报(信息科学版)，33(7)：697～700

施闯，赵齐乐，李敏，等. 2012. 北斗卫星导航系统的精密定轨与定位研究. 中国科学：地球科学，42(6)：854～861

石鹏卿. 2013. GPS精密单点定位收敛时间的影响因素研究与分析. 西安：长安大学硕士学位论文

宋淑丽，朱文耀，丁金才，等. 2004. 上海GPS综合应用网对可降水汽量的实时监测及其改进数值

预报初始场的试验. 地球物理学报,47(4):631～638
宋淑丽,朱文耀,丁金才,等. 2005. 上海GPS网层析水汽三维分布改善数值预报湿度场. 科学通报,50(20):2271～2277
宋小勇. 2009. COMPASS导航系统卫星定轨研究. 西安:长安大学博士学位论文
唐龙,张小红,吕翠仙,等. 2011. 精密单点定位估计GPS卫星的P1-C1码偏差及稳定性分析. 全球定位系统,36(2):1～5
王晓海. 2006. GPS迈向现代化. 中国航天,(9):40～43
魏子卿,葛茂荣. 1998. GPS相对定位数学模型. 北京:测绘出版社
文援兰. 2001. 航天器精密轨道抗差估计理论与应用的研究. 郑州:中国人民解放军信息工程大学博士学位论文
徐绍铨,张华海,杨志强,等. 2003. GPS测量原理及应用. 武汉:武汉大学出版社
徐天河,杨元喜. 2000. 改进的Sage自适应滤波方法. 测绘科学,25(3):21～24
许尤楠. 1989. GPS卫星的精密定轨. 北京:解放军出版社
杨旭海,李志刚,冯初刚,等. 2008. GEO卫星机动后的星历快速恢复方法. 中国科学:物理学力学天文学,38(12):1759～1765
杨元喜. 1993. 抗差估计理论及其应用. 北京:解放军出版社
杨元喜. 2010. 北斗卫星导航系统的进展、贡献与挑战. 测绘学报,39(1):1～6
杨元喜,文援兰. 2003. 卫星精密轨道综合自适应抗差滤波技术. 中国科学(D辑),(11):1112～1119
叶世榕. 2002. GPS非差相位精密单点定位理论与实现. 武汉:武汉大学博士学位论文
於宗俦,李明峰. 1996. 多维粗差的同时定位与定值. 武汉测绘科技大学学报,21(4):323～329
曾旭平. 2004. 导航卫星自主定轨研究及模拟结果. 武汉:武汉大学博士学位论文
张宝成. 2014. GNSS非差非组合精密单点定位的理论方法与应用研究. 测绘学报,43(10):1099
张宝成,Odijk D. 2015. 一种能实现单频PPP-RTK的GNSS局域参考网数据处理算法. 地球物理学报,58(7):2306～2319
张宝成,Teunissen J G P,Odijk D,等. 2012. 精密单点定位整周模糊度快速固定. 地球物理学报,55(7):2203～2211
张成军,贾学东. 2009. 接收机钟跳对GPS定位的影响及探测方法. 测绘通报,(12):7～9
张小红,鄂栋臣. 2005. 用PPP技术确定南极Amery冰架的三维运动速度. 武汉大学学报(信息科学版),30(10):909～912
张小红,李星星. 2010a. 非差模糊度整数固定解PPP新方法及实验. 武汉大学学报(信息科学版),35(6):657～660
张小红,刘经南. 2006. 基于精密单点定位技术的航空测量应用实践. 武汉大学学报(信息科学版),31(1):20～22
张小红,左翔,李盼. 2013a. 非组合与组合PPP模型比较及定位性能分析. 武汉大学学报(信息科学版),38(5):561～565
张小红,郭斐,李盼,等. 2012. GNSS精密单点定位中的实时质量控制. 武汉大学学报(信息科学版),37(8):940～944
张小红,郭斐,李星星,等. 2010b. GPS/GLONASS组合精密单点定位研究. 武汉大学学报(信息

科学版),35(1):9～12
张小红,潘宇明,左翔,等. 2015. 一种改进的抗差 Kalman 滤波方法在精密单点定位中的应用. 武汉大学学报(信息科学版),40(7):858～864
张小红,朱锋,李盼,等. 2013b. 区域 CORS 网络增强 PPP 天顶对流层延迟内插建模. 武汉大学学报(信息科学版),38(6):679～683
赵齐乐. 2004. GPS 导航星座及低轨卫星的精密定轨理论和软件研究. 武汉:武汉大学博士学位论文
赵齐乐. 2006. 均方根信息滤波和平滑及其在低轨卫星星载 GPS 精密定轨中的应用. 武汉大学学报(信息科学版),31(1):12～15
赵齐乐,耿涛,李俊义,等. 2009. 历史轨道约束信息下的区域站 GPS 卫星轨道确定. 大地测量与地球动力学,29(5):81～84
郑艳丽. 2013. GPS 非差精密单点定位模糊度固定理论与方法研究. 武汉:武汉大学博士学位论文
周兵. 2016. 北斗卫星导航系统发展现状与建设构想. 无线电工程,46(4):1～4
周江文. 1989. 经典误差理论与抗差估计. 测绘学报,18(2):115～120
周江文,黄幼才,杨元喜,等. 1997. 抗差最小二乘法. 武汉:华中理工大学出版社
周建华,陈刘成,胡小工,等. 2010. GEO 导航卫星多种观测资料联合精密定轨. 中国科学:物理学力学天文学,40(5):520～527
周善石,胡小工,吴斌. 2010. 区域监测网精密定轨与轨道预报精度分析. 中国科学,40(6):800～808
周忠谟,易杰军,周琪. 1999. GPS 卫星测量原理及应用. 北京:测绘出版社
邹璇,唐卫明,施闯,等. 2014. 区域地基增强 PPP-RTK 模糊度快速固定方法研究. 大地测量与地球动力学,34(1):78～83
Abdel-Salam M A. 2005. Precise point positioning using un-differenced code and carrier phase observations. Calgary:Doctoral Dissertation of University of Calgary
Andersen A H,Kak A C. 1984. Simultaneous algebraic reconstruction technique (SART):A superior implementation of the ART algorithm. Ultrasonic Imaging,6(1):81～94
Ashby N,Spilker J J. 1996. Introduction to relativistic effects on the global positioning system//Parkinson B W,Spilker J J. Global Positioning System:Theory and Applications. Progress in Astronautics and Aeronautics. Washington:American Institute of Aeronautics and Astronautics,1:623～697
Axelrad P,Brown R G. 1996. GPS navigation algorithms//Parkinson B W,Spilker J J. Global Positioning System:Theory and Applications. Progress in Astronautics and Aeronautics. Washington:American Institute of Astronautics and Aeronautics,163:409～433
Baarda W. 1968. A Test Procedure for Use in Geodetic Networks. Delft:Rijkscommissie voor Geodesie
Bastos L,Landau H. 1988. Fixing cycle slips in dual-frequency kinematic GPS-applications using Kalman filtering. Manuscr Geodaet,13(4):249～256
Bender M,Dick G,Ge M R,et al. 2011. Development of a GNSS water vapour tomography system

using algebraic reconstruction techniques. Advances in Space Research, 47(10): 1704～1720
Bevis M, Businger S, Chiswell S, et al. 1994. GPS Meteorology: Mapping zenith wet delays onto precipitable water. Journal of Applied Meteorology, 33(3): 379～386
Bevis M, Businger S, Herring T A, et al. 1992. GPS Meteorology: Remote sensing of atmospheric water vapor using the global positioning system. Journal of Geophysical Research: Atmospheres(1984-2012), 97(D14): 15787～15801
Blewitt G. 1990. An automatic editing algorithm for GPS data. Geophysical Research Letters, 17(3): 199～202
Boehm J, Niell A. 2006. Global Mapping Function(GMF): A new empirical mapping function based on numerical weather model data. Geophysical Research Letters, 25(33): 14
Brown R G, Hwang P Y. 1997. Introduction to Random Signals and Applied Kalman Filtering. New York: Wiley
Böhm J, Möller G, Schindelegger M, et al. 2015. Development of an improved empirical model for slant delays in the troposphere (GPT2w). GPS Solutions, 19(3): 433～441
Cai C, Gao Y. 2007. Performance analysis of precise point positioning based on combined GPS and GLONASS. Proceedings of ION GNSS, Texas: 858～865
Cai C, Gao Y. 2008. Estimation of GPS/GLONASS system time difference with application to PPP. Proceedings of ION GNSS, Savannah: 2880～2887
Cai C, Gao Y. 2009. A combined GPS/GLONASS navigation algorithm for use with limited satellite visibility. The Journal of Navigation, 62(4): 671～685
Cai C, Gao Y. 2013a. Modeling and assessment of combined GPS/GLONASS precise point positioning. GPS Solutions, 17(2): 223～236
Cai C, Gao Y. 2013b. GLONASS-based precise point positioning and performance analysis. Advances in Space Research, 51(3): 514～524
Cai C, Liu Z, Luo X. 2013c. Single-frequency ionosphere-free precise point positioning using combined GPS and GLONASS observations. Journal of Navigation, 66(3): 417～434
Cai C, Luo X, Liu Z. 2014a. Galileo signal and positioning performance analysis based on four IOV satellites. Journal of Navigation, 67(5): 810～824
Cai C, Luo X, Zhu J. 2014b. Modified algorithm of combined GPS/GLONASS precise point positioning for applications in open-pit mines. Transactions of Nonferrous Metals Society of China, 24(5): 1547～1553
Cai C, Pan L, Gao Y. 2014c. A precise weighting approach with application to combined L1/B1 GPS/BeiDou positioning. Journal of Navigation, 67(5): 911～925
Cai C, Gao Y, Pan L, et al. 2014d. An analysis on combined GPS/COMPASS data quality and its effect on single point positioning accuracy under different observing conditions. Advances in Space Research, 54(5): 818～829
Cai C, Gao Y, Pan L, et al. 2015a. Precise point positioning with quad-constellations: GPS, BeiDou, GLONASS and Galileo. Advances in Space Research, 56(1): 133～143

Cai C, He C, Santerre R, et al. 2015b. A comparative analysis of measurement noise and multipath for four constellations: GPS, BeiDou, GLONASS and Galileo. Survey Review, doi: 10. 1179/1752270615Y. 0000000032

Cai C, Liu Z, Xia P, et al. 2013d. Cycle-slip detection and repair for undifferenced GPS observations under high ionospheric activity. GPS Solutions, 17(2): 247～260

Cao W, Hauschild A, Steigenberger P, et al. 2010. Performance evaluation of integrated GPS/GIOVE precise point positioning. Proceedings of ION NTM, San Diego: 540～552

Caspary W, Borutta H. 1987. Robust estimation in deformation models. Survey Review, 29(223): 29～45

Champollion C, Masson F, Bouin M N, et al. 2005. GPS water vapour tomography: Preliminary results from the ESCOMPTE field experiment. Atmospheric Research, 74(1): 253～274

Chen K, Gao Y. 2008. Ionospheric effect mitigation for real-time single-frequency precise point positioning. Journal of the Institute of Navigation, 55(3): 205～213

Collins P. 2008. Isolating and estimating undifferenced GPS integer ambiguities. Proceedings of the National Technical Meeting of the Institute of Navigation, San Diego, 4890(504): 720～732

Collins P, Bisnath S, Francois L, et al. 2010. Undifferenced GPS ambiguity resolution using the decoupled clock model and ambiguity datum fixing. Navigation, 57(2): 123～135

Collins P, Lahaye F, Kouba J, et al. 2001. Real-time WADGPS corrections from undifferenced carrier phase. Proceedings of ION-NTM, California: 254～260

Cook R D, Weisberg S. 1982. Residuals and Influence in Regression. New York: Chapman and Hall

Dach R, Hugentobler U, Fridez P, et al. 2007. Bernese GPS Software Version 5. 0 User Manual. Berne: University of Berne

Davis J L, Herring T A, Shapiro I I, et al. 1985. Geodesy by radio interferometry: Effects of atmospheric modeling errors on estimates of baseline length. Radio Science, 20(6): 1593～1607

de Bakker P F, Tiberius C C, van der Marel H, et al. 2012. Short and zero baseline analysis of GPS L1 C/A, L5Q, GIOVE E1B, and E5aQ signals. GPS Solutions, 16(1): 53～64

Defraigne P, Baire Q. 2011. Combining GPS and GLONASS for time and frequency transfer. Advances in Space Research, 47(2): 265～275

Diessongo T H, Schüler T, Junker S. 2014. Precise position determination using a Galileo E5 single-frequency receiver. GPS Solutions, 18(1): 73～83

Dodson A H, Shardlow P J, Hubbard L C M, et al. 1996. Wet tropospheric effects on precise relative GPS height determination. Journal of Geodesy, 70(4): 188～202

Estey L H, Meertens C M. 1999. TEQC: The multi-purpose toolkit for GPS/GLONASS data. GPS Solutions, 3(1): 42～49

European Union. 2015. European GNSS (Galileo) open service signal in space interface control document (OS-SIS-ICD). Brussels: European Union

Farrell W E. 1972. Deformation of the earth by surface loads. Reviews of Geophysics & Space

Physics,10(3):761～797

Flores A,Ruffini G,Rius A. 2000. 4D tropospheric tomography using GPS slant wet delays. Annales Geophysicae,18(2):223～234

Fougere P F. 1995. Ionospheric radio tomography using maximum entropy. Radion Science, 30(3):429～444

Gabor M J,Nerem R S. 1999. GPS carrier phase ambiguity resolution using satellite-satellite single difference. Proceedings of the 12th International Technical Meeting of the Satellite Division of the Institute of Navigation,Nashville:1569～1578

Gao Y. 2005. Advanced estimation methods and analysis. University of Calgary:Lecture Notes: 45～48

Gao Y,Shen X. 2002. A new method for carrier phase based precise point positioning. Journal of the Institute of Navigation,49(2):109～116

Gao Y,Lahaye F,Héroux P. 2001. Modeling and estimation of C1-P1 bias in GPS receivers. Journal of Geodesy,(74):621～626

Gao Y,McLellan J F,Abousalem M A. 1997. Single-point GPS positioning accuracy using precise GPS data. Australian Surveyor,42(4):185～192

Ge M,Gendt G,Rothacher M,et al. 2007. Resolution of GPS carrier-phase ambiguities in precise point positioning (PPP) with daily observations. Journal of Geodesy,82(7):389～399

Ge M,Zhang H,Jia X,et al. 2012. What is achievable with the current compass constellation. GPS World,2012(1):29～34

Gendt G,Altamimi Z,Dach R,et al. 2011. GGSP:Realisation and maintenance of the Galileo terrestrial reference frame. Advances in Space Research,47(2):174～185

Geng J,Bock Y. 2013. Triple-frequency GPS precise point positioning with rapid ambiguity resolution. Journal of Geodesy,87(5):449～460

Geng J,Meng X,Dodson A H,et al. 2010a. Integer ambiguity resolution in precise point positioning:Method comparison. Journal of Geodesy,84(9):569～581

Geng J,Meng X,Dodson A H,et al. 2010b. Rapid re-convergences to ambiguity-fixed solutions in precise point positioning. Journal of Geodesy,84(12):705～714

Geng J,Teferle F N,Meng X,et al. 2011. Towards PPP-RTK:Ambiguity resolution in real-time precise point positioning. Advances in Space Research,47:1664～1673

Geng J,Teferle F N,Shi C,et al. 2009. Ambiguity resolution in precise point positioning with hourly data. GPS Solutions,13(4):263～270

GLONASS-ICD. 2008. Global Navigation Satellite System GLONASS Interface Control Document. Version 5. 1. Moscow

GNSS Almanac. 2015. Orbit Data and Resources on Active GNSS Satellites. http://gpsworld.com/the-almanac[2015-4-13]

Goad C. 1985. Precise positioning with the global position system. Proceedings of 3rd International Symposium on Inertial Technology for Surveying and Geodesy,Banff:745～756

GPS Space Segment. 2015. Current and Future Satellite Generations. http://www. gps. gov/systems/gps/space[2015-4-13]

Guo F, Zhang X, Wang J, et al. 2016. Modeling and assessment of triple-frequency BDS precise point positioning. Journal of Geodesy, doi: 10. 1007/s00190-016-0920-y

Habrich H. 1999. Geodetic applications of the Global Navigation Satellite System (GLONASS) and of GLONASS/GPS combinations. Berne: University of Berne

Hackel S, Steigenberger P, Hugentobler U, et al. 2015. Galileo orbit determination using combined GNSS and SLR observations. GPS Solutions, 19(1): 15～25

Hauschild A, Montenbruck O, Sleewaegen J M, et al. 2012. Characterization of compass M-1 signals. GPS Solutions, 16(1): 117～126

Hesselbarth A, Wanninger L. 2008. Short-term stability of GNSS satellite clocks and its effects on precise point positioning. Proceedings of ION GNSS 2008, Savannah: 1855～1863

Hofmann-Wellenhof B, Lichtenegger H, Wasle E. 2008. GNSS-Global Navigation Satellite Systems GPS, GLONASS, Galileo and More. Wien: SpringerWienNewYork

Hu C, Chen W, Gao S, et al. 2005. Data processing for GPS precise point positioning. Transactions of Nanjing University of Aeronautics & Astronautics, 22(2): 124～131

Huber P J. 1964. Robust estimation of a location parameter. The Annals of Mathematical Statistics, 35(1): 73～101

IAC. 2016. Information and analysis center for positioning, navigation and timing. http://www. glonass-ianc. rsa. ru[2016-5-12]

ICD-GPS-200H. 2013. Global Positioning System Directorate System Engineering & Integration-Interface Specification ICD-GPS-200

IGS. 2016. Data & Products. http://www. igs. org/products[2016-5-30]

Jazwinski A H. 1969. Stochastic Processes and Filtering Theory. New York: Academic Press

Jokinen A, Feng S, Ochieng W, et al. 2012. Fixed ambiguity precise point positioning (PPP) with FDE RAIM. Position Location and Navigation Symposium, IEEE/ION: 643～658

Jokinen A, Feng S, Schuster W, et al. 2013. GLONASS aided GPS ambiguity fixed precise point positioning. Journal of Navigation, 66(3): 399～416

Kalman R E. 1960. A new approach to linear filtering and prediction problems. Transactions of the ASME—Journal of Basic Engineering, 82(D): 35～45

Kang J, Lee Y, Park J, et al. 2002. Application of GPS/GLONASS combination to the revision of digital map. Proceedings of FIG XXII International Congress, Washington: 19～26

Kim D, Langley R B. 2001. Quality control techniques and issues in GPS applications: Stochastic modelling and reality test. International Symposium on GPS/GNSS (The 8th GNSS workshop), Jeju: 9

Kjørsvik N S, Øvstedal O, Gjevestad J G O. 2007. Kinematic precise point positioning during marginal satellite availability. Proceedings of the IAG General Assembly, Perugia: 691～699

Kleusberg A, Georgiadou Y, van den Heuvel F, et al. 1993. GPS data preprocessing with DIPOP

3. 0. Fredericton: University of New Brunswick

Kouba J. 2009. A Guide to Using International GNSS Service (IGS) Products. International GNSS. http://www.igs.org[2016-10-1]

Kouba J, Héroux P. 2000. Precise point positioning using IGS orbit products. GPS Solutions, 5 (2): 12~28

Kozlov D, Tkachenko M, Tochilin A. 2000. Statistical characterization of hardware biases in GPS+GLONASS receivers. Proceedings of ION GPS, Salt Lake City: 817~826

Krarup T, Juhl J, Kubik K. 1980. Götterdämmerung over least squares adjustment. The 14th Congress of International Archives of Photogrammetry, Hamburg: 369~378

Lacy M C D, Reguzzoni M, Sansò F, et al. 2008. The Bayesian detection of discontinuities in a polynomial regression and its application to the cycle-slip problem. Journal of Geodesy, 82 (9): 527~542

Laurichesse D. 2011. The CNES real-time PPP with undifferenced integer ambiguity resolution demonstrator. Proceedings of 24th International Technical Meeting of the Satellite Division of the Institute of Navigation (ION GNSS 2011), Portland: 654~662

Laurichesse D, Mercier F, Berthias J P, et al. 2009. Integer ambiguity resolution on undifferenced GPS phase measurements and its application to PPP and satellite precise orbit determination. Navigation, 56(2): 135~149

Le A Q, Tiberius C. 2007. Single-frequency precise point positioning with optimal filtering. GPS Solutions, 11(1): 61~69

Leick A. 2004. GPS Satellite Surveying. New York: Wiley

Leonid P, Boy J. 2004. Study of the atmospheric pressure loading signal in very long baseline interferometry observations. Journal of Geophysical Research, 109(B3): 287~294

Li B, Feng Y, Shen Y. 2010. Three carrier ambiguity resolution: Distance-independent performance demonstrated using semi-generated triple frequency GPS signals. GPS Solutions, 14(2): 177~184

Li P, Zhang X. 2014a. Integrating GPS and GLONASS to accelerate convergence and initialization times of precise point positioning. GPS Solutions, 18(3): 461~471

Li P, Zhang X. 2014b. Modeling and performance analysis of GPS/GLONASS/BDS precise point positioning. Proceedings of China Satellite Navigation Conference, Nanjing: 251~263

Li W, Teunissen P J G, Zhang B, et al. 2013a. Precise point positioning using GPS and COMPASS observations. Proceedings of China Satellite Navigation Conference, Wuhan: 367~378

Li X, Zhang X, Ge M. 2011. Regional reference network augmented precise point positioning for instantaneous ambiguity resolution. Journal of Geodesy, 85(3): 151~158

Li X, Zhang X, Guo F. 2009. Study on precise point positioning based on combined GPS and GLONASS. Proceedings of ION GNSS, Savannah: 2449~2459

Li X, Ge M, Zhang H, et al. 2013b. A method for improving uncalibrated phase delay estimation and ambiguity-fixing in real-time precise point positioning. Journal of Geodesy, 87(5): 405~416

Li Y, Gao Y, Shi J. 2016. Improved PPP ambiguity resolution by COES FCB estimation. Journal of Geodesy, doi:10.1007/s00190-016-0885-x

Lichtenegger H, Hofmann-Wellenhof B. 1989. GPS-data preprocessing for cycle-slip detection. Proceedings of Global Positioning System: An Overview, IAG Symposium 102, New York: 57～68

Liu Z. 2011. A new automated cycle slip detection and repair method for a single dual-frequency GPS receiver. Journal of Geodesy, 85(3): 171～183

Liu Z, Chen W. 2009. Study of the ionospheric TEC rate in Hong Kong region and its GPS/GNSS application. Proceedings of the International Technical Meeting on GNSS Global Navigation Satellite System—Innovation and Application, Beijing: 129～137

Mader G L. 1999. GPS antenna calibration at the national geodetic survey. GPS Solutions, 3(1): 50～58

Mader G L. 2001. A comparison of absolute and relative GPS antenna calibrations. GPS Solutions, 4(4): 37～40

Mao Y, Du Y, Song X, et al. 2011. GEO and IGSO joint precise orbit determination. Science China Physics Mechanics & Astronomy, 54(6): 1009～1013

McCarthy D D. 1989. IERS Standards, IERS Technical Note 3. Pair: IERS

McCarthy D D. 1996. IERS Conventions, IERS Technical Note 21. Pair: IERS

McCarthy D D, Petit G. 2004. IERS Conventions, IERS Technical Note 32. Frankfurt: IERS Conventions Centre

Mehra R K. 1970. On the identification of variances and adaptive Kalman filtering. IEEE Transactions on Automatic Control, 15(2): 175～184

Melbourne W G. 1985. The case for ranging in GPS based geodetic systems. Proceedings of the 1st International Symposium on Precise Positioning with the Global Positioning System, Rockville: 373～386

Melgard T, Vigen E, Jong K D, et al. 2009. G2—The first real-time GPS and GLONASS precise orbit and clock service. Proceedings of International Technical Meeting of the Satellite Division of the Institute of Navigation, Savannah, 5538(1): 1885～1891

MGEX. 2016. Galileo constellations. http://mgex.igs.org/IGS_MGEX_Status_GAL.html [2016-1-20]

Miao Y, Sun Z W, Wu S N. 2011. Error analysis and cycle-slip detection research on satellite-borne GPS observation. Journal of Aerospace Engineering, 24(1): 95～101

Mohamed A H, Schwarz K P. 1999. Adaptive Kalman filtering for INS/GPS. Journal of Geodesy, 73(4): 193～203

Montenbruck O, Gill E. 2001. Satellite Orbit Models, Methods, and Application. New York: Springer

Montenbruck O, Hauschild A, Steigenberger P, et al. 2013. Initial assessment of the COMPASS/BeiDou-2 regional navigation satellite system. GPS Solutions, 17(2): 211～222

Montenbruck O, Steigenberger P, Khachikyan R, et al. 2014. IGS-MGEX: Preparing the ground for multi-constellation GNSS science. Espace, 9(1): 42～49

Morley T G. 1997. Augmentation of GPS with pseudolites in a marine environment. Calgary: University of Calgary

Muellerschoen R J, Bar-Sever Y E, Bertiger W I, et al. 2001. NASA's global DGPS for high precision users. GPS World, 12(1): 14～20

Niell A E. 1996. Global mapping functions for the atmosphere delay at radio wavelengths. Journal of Geophysical Research Atmospheres, 101(B2): 3227～3246

Odijk D, Teunissen P J G, Khodabandeh A. 2014. Single-frequency PPP-RTK: Theory and experimental results. International Association of Geodesy Symposia, 139: 571～578

Oleynik E G, Mitrikas V V, Revnivykh S G, et al. 2006. High-accurate GLONASS orbit and clock determination for the assessment of system performance. Proceedings of ION GNSS, Fort Worth: 2065～2079

Pan L, Cai C, Santerre R, et al. 2014. Combined GPS/GLONASS precise point positioning with fixed GPS ambiguities. Sensors, 14(9): 17530～17547

Parkinson B W, Klobuchar J A. 1996. Ionospheric effects on GPS//Parkinson B W, Spilker J J. Global Positioning System: Theory and Applications. Progress in Astronautics and Aeronautics. Washington: American Institute of Aeronautics and Astronautics: 491～493

Píriz R, Calle D, Mozo A, et al. 2009. Orbits and clocks for GLONASS precise-point-positioning. Proceedings of International Technical Meeting of the Satellite Division of the Institute of Navigation, Texas: 2415～2424

Píriz R, Fernández V, Auz A, et al. 2006. The galileo system test bed V2 for orbit and clock modeling. Proceedings of 19th International Technical Meeting of the Satellite Division of the Institute of Navigation (ION GNSS 2006), Fort Worth: 549～562

Qu L, Zhao Q, Li M, et al. 2013. Precise point positioning using combined Beidou and GPS observations. Proceedings of China Satellite Navigation Conference, Wuhan: 241～252

Rabbel W, Schuh H. 1986. The influence of atmospheric loading on VLBI-experiments. Journal of Geophysical Research, 59: 164～170

Rabbel W, Zschau J. 1985. Static deformations and gravity changes at the Earth's surface due to atmospheric loading. Journal of Geophysical Research, 56: 81～99

Rao G S. 2007. Error analysis of satellite-based global navigation system over the low-latitude region. Current Science, 93(7): 927～930

Rim H J, Schutz B E. 2002. Geoscience Laser Altimeter System (GLAS): Precision Orbit Determination (POD). Austin: The University of Texas at Austin

Rocken C, Sokolovskiy S, Johnson J M, et al. 2001. Improved mapping of tropospheric delays. Journal of Atmospheric and Oceanic Technology, 18(7): 1205～1213

Rothacher M, Springer T, Beutler G. 2000. Computation of precise GLONASS orbits for IGEX-98. Geodesy Beyond, 2000, 121: 26～31

Roßbach U. 2000. Positioning and navigation using the Russian satellite system GLONASS. Munich: University of the Federal Armed Forces Munich

Schmitz M, Wubbena G, Boettcher G. 2002. Test of phase center variations of various GPS antennas and some results. GPS Solutions, 6(1): 18～27

Schuster W, Bai J, Feng S, et al. 2012. Integrity monitoring algorithms for airport surface movement. GPS Solutions, 16(1): 65～75

Seeber G. 1993. Satellite Geodesy: Foundations, Methods and Applications. Berlin: Walter de Gruyter

Shen X. 2002. Improving ambiguity convergence in carrier phase-based precise point positioning. Proceedings of ION GPS, Portland, 49(2): 1532～1539

Shen X, Gao Y. 2006. Analyzing the impacts of Galileo and modernized GPS on precise point positioning. Proceedings of ION NTM, California: 837～846

Shi C, Yi W, Song W, et al. 2013. GLONASS pseudorange inter-channel biases and their effects on combined GPS/GLONASS precise point positioning. GPS Solutions, 17(4): 439～451

Shi J. 2012. Precise point positioning integer ambiguity resolution with decoupled clocks. Calgary: University of Calgary

Shrestha S M. 2003. Investigations into the estimation of tropospheric delay and wet refractivity using GPS measurements. Calgary: University of Calgary

Steigenberger P, Hugentobler U, Montenbruck O, et al. 2011. Precise orbit determination of GIOVE-B based on the CONGO network. Journal of Geodesy, 85(6): 357～365

Tegedor J, Øvstedal O, Vigen E. 2014. Precise orbit determination and point positioning using GPS, GLONASS, Galileo and BeiDou. Journal of Geodetic Science, 4 (1): 65～73

Teunissen P J G. 1995. The least-squares ambiguity decorrelation adjustment: A method for fast GPS integer ambiguity estimation. Journal of Geodesy, 70(1-2): 65～82

Teunissen P J G, Khodabandeh A. 2015. Review and principles of PPP-RTK methods. Journal of Geodesy, 89(3): 217～240

Teunissen P J G, Salzmann M A. 1988. Performance analysis of Kalman filters. NASA STI/Recon Technical Report: 89～92

Tolman B W, Kerkhoff A, Rainwater D, et al. 2010. Absolute precise kinematic positioning with GPS and GLONASS. Proceedings of ION GNSS, Portland: 2565～2576

Van Dam T M, Wahr J M. 1987. Displacements of the Earth's surface due to atmospheric loading: Effects on gravity and baseline measurements. Journal of Geophysical Research Solid Earth, 92(B2): 1281～1286

Van Dam T M, Blewitt G, Heflin M B. 1994. Atmospheric pressure loading effects on global positioning system coordinate determinations. Journal of Geophysical Research, 99(B12): 23939～23950

Wang J, Stewart M P, Tsakiri M. 1999. Adaptive Kalman Filtering for Integration of GPS with GLONASS and INS. Berlin: Springer

Wanninger L. 2012. Carrier-phase inter-frequency biases of GLONASS receivers. Journal of Geodesy, 86(2): 139～148

Weber R, Slater J A, Fragner E, et al. 2005. Precise GLONASS orbit determination within the

IGS/IGLOS-pilot project. Advances in Space Research, (36): 369～375

Wei M, Schwarz K P. 1995. Fast ambiguity resolution using an integer nonlinear programming method. Proceedings of the 8th International Technical Meeting of the Satellite Division of the Institute of Navigation (ION GPS 1995), Palm Springs: 1101～1110

Wu J T, Wu S C, Hajj G A, et al. 1993. Effects of antenna orientation on GPS carrier phase. Manuscripta Geodaetica, 18(2): 91～98

Wu Y, Jin S G, Wang Z M, et al. 2009. Cycle slip detection using multi-frequency GPS carrier phase observations: A simulation study. Advances in Space Research, 46(2010): 144～149

Wübbena G. 1985. Software developments for geodetic positioning with GPS using TI 4100 code and carrier measurements. Proceedings of the 1st International Symposium on Precise Positioning with the Global Positioning System, Rockville: 403～412

Xia P, Cai C, Liu Z. 2013. GNSS troposphere tomography based on two-step reconstructions using GPS observations and COSMIC profiles. Annales Geophysicae, (31): 1805～1815

Yamada H, Takasu T, Kubo N, et al. 2010. Evaluation and calibration of receiver inter-channel biases for RTK-GPS/GLONASS. Proceedings of ION GNSS, Portland: 1580～1587

Yang Y, Li J, Wang A, et al. 2014. Preliminary assessment of the navigation and positioning performance of BeiDou regional navigation satellite system. Science China: Earth Sciences, 57(1): 144～152

Ye S, Xia P, Cai C. 2016. Optimization of GPS water vapor tomography technique with radiosonde and COSMIC historical data. Annales Geophysicae, 34: 789～799

Zhang J. 1999. Investigations into the estimation of residual tropospheric delay in a GPS Network. Calgary: University of Calgary

Zhang X, Li P, Guo F. 2013a. Ambiguity resolution in precise point positioning with hourly data for global single receiver. Advances in Space Research, 51(1): 153～161

Zhang X, Guo B, Guo F, et al. 2013b. Influence of clock jump on the velocity and acceleration estimation with a single GPS receiver based on carrier-phase-derived Doppler. GPS Solutions, 17(4): 549～559

Zhao Q, Guo J, Li M, et al. 2013. Initial results of precise orbit and clock determination for COMPASS navigation satellite system. Journal of Geodesy, 87(5): 475～486

Zhou S, Hu X, Wu B, et al. 2011. Orbit determination and time synchronization for a GEO/IGSO satellite navigation constellation with regional tracking network. Science China Physics Mechanics & Astronomy, 54(6): 1089～1097

Zumberge J F, Heflin M B, Jefferson D C, et al. 1997. Precise point positioning for the efficient and robust analysis of GPS data from large networks. Journal of Geophysical Research, 102 (B3): 5005～5017

附录　中英文及缩写对照

交替二进制偏移载波:alternative binary offset carrier,AltBOC
反电子欺骗:anti-spoofing,AS
原子时:atomic time,AT
国际原子时:international atomic time,ATI
北斗导航卫星系统:BeiDou Navigation Satellite System,BDS
北斗时:BeiDou time,BDT
北斗卫星观测试验网:BeiDou experimental tracking stations,BETS
国际时间局:Bureau International de l'Heure,BIH
德国联邦制图和测地局:Bundesamt für Kartographie und Geodäsie,BKG
美国地壳动力学数据信息系统:Crustal Dynamics Data Information System,CDDIS
码分多址:code division multiple access,CDMA
卫星数据接收与定位:Collecte Localisation Satellites,CLS
法国国家空间研究中心:France's Centre National d'Etudes Spatiales,CNES
欧洲定轨中心:Center for Orbit Determination in Europe,CODE
GIOVE 观测协作网:cooperative network for GIOVE observation,CONGO
同步中心:central synchronize,CS
协议地球极:Conventional Terrestrial Pole,CTP
码间偏差:differential code bias,DCB
德国航空太空中心:Deutsches Zentrum für Luft- und Raumfahrt,DLR
年积日:day-of-year,DOY
欧洲航天局:European Space Agency,ESA
欧洲航天控制中心:European Space Operations Center,ESOC
向前和向后移动窗口滤波算法:forward and backward moving window averaging,FBMWA
小数部分偏差:fractional-cycle biases,FCB
频分多址:frequency division multiple access,FDMA
完全操作能力:full operational capability,FOC
俄罗斯联邦航天局:Federal Space Agency,FSA
地球静止轨道:geostationary Earth orbit,GEO

Galileo 试验传感器站:Galileo experimental sensor stations,GESS
无几何距离:geometry-free,GF
德国地学研究中心:Deutsches Geo Forschungs Zentrum Potsdam,GFZ
GPS-Galileo 系统时间差:GPS to Galileo time offset,GGTO
Galileo 在轨试验卫星:Galileo In-Orbit Validation Element,GIOVE
全球导航卫星系统:Global Navigation Satellite System,GNSS
GPS 时:GPS time,GPST
Galileo 系统时间:Galileo system time,GST
Galileo 大地参考框架:Galileo Terrestrial Reference Frame,GTRF
信息分析中心:Information and Analytical Center,IAC
基于新息的自适应估计:innovation-based adaptive estimation,IAE
国际大地测量协会:International Association of Geodesy,IAG
德国慕尼黑工业大学/天文和物理大地测量研究所:Institute of Astronomical and Physical Geodesy of the Technische Universität München,IAPG/TUM
频率间偏差:inter-channel biase,ICB
接口控制文件:interface control document,ICD
国际地球自转服务:International Earth Rotation Service,IERS
消电离层:ionosphere-free,IF
GLONASS 会战:international GLONASS experiment,IGEX
国际 GLONASS 试点项目:international GLONASS-pilot project,IGLOS-PP
全球连续监测评估系统:international GNSS Monitoring and Assessment Service,iGMAS
国际 GNSS 服务:International GNSS Service,IGS
倾斜地球同步轨道:inclined geosynchronous orbit,IGSO
改进的最小星座方法:improved minimum constellation method,IMCM
在轨验证卫星:in-orbit validation,IOV
印度区域导航卫星系统:Indian Regional Navigation Satellite Systems,IRNSS
国际地球参考框架:International Terrestrial Reference Frame,ITRF
地球物理联合会:International Union of Geodesy and Geophysics,IUGG
美国喷气推进实验室:Jet Propulsion Laboratory,JPL
任务控制中心:mission control center,MCC
最小星座方法:minimum constellation method,MCM
中圆地球轨道:medium Earth orbit,MEO
GNSS 多系统试验网:multi-GNSS experiment,MGEX
麻省理工学院:Massachusetts Institute of Technology,MIT

墨尔本-维贝纳：Melbourne-Wübbena，MW
加拿大自然资源部：Natural Resources Canada，NRCan
在线定位用户服务：online positioning user service，OPUS
卫星导航数据处理软件：position and navigation data analysis，PANDA
卫星位置精度因子：position dilution of precision，PDOP
精密单点定位：precise point positioning，PPP
精密定位服务：precise positioning service，PPS
大气可降水量：precipitable water vapor，PWV
准天顶卫星系统：Quasi-Zenith Satellite System，QZSS
基于残差的自适应估计：residual-based adaptive estimation，RAE
均方根：root mean square，RMS
实时动态差分：real-time kinematic，RTK
选择可用性：selective availability，SA
香港卫星定位参考站网：satellite positioning reference station network，SatRef
斯克里普斯海洋学研究所：Scripps Institution of Oceanography，SIO
卫星激光测距：satellite laser ranging，SLR
标准定位服务：standard positioning service，SPS
标准偏差：standard deviation，STD
系统时间差估值：system time difference estimates，STDE
电离层残差的二次时间差法：second-order，time-difference phase ionospheric residual，STPIR
斜路径水汽含量：slant-path water vapor，SWV
总电子含量：total electron content，TEC
首次固定模糊度时间：time to first fix，TTFF
未校正的相位延迟偏差：uncalibrated phase delays，UPD
协调世界时：coordinated universal time，UTC
甚长基线干涉测量：very long baseline interferometry，VLBI
虚拟参考站：virtual reference stations，VRS